普通高等教育“十一五”国家级规划教材

21世纪计算机科学与技术实践型教程

丛书主编 陈明

陈杰华 编著

计算机网络应用基础

（第2版）

清华大学出版社
北京

内容简介

本书共分为8章，主要内容包括计算机网络基础、Internet应用基础、网页设计与制作、信息安全基础、电子商务、电子政务、信息检索与利用以及实验。为方便教学与上机实践，除第8章外，其余各章均附有简答题和上机题。

本书的一大特色是按课程教学方式来组织内容，因此既适合教师授课，也适合学生阅读，本书另一特色是面向应用需求，教学内容先进，力争帮助读者了解网络技术与应用的发展趋势以及最新的科学前沿内容。

本书内容丰富、图文并茂、讲解简明易懂、循序渐进、深入浅出，可作为高等学校非计算机专业学生学习“计算机网络应用”课程的教材，也可作为初学者、IT行业爱好者的辅助学习教材。

图书在版编目(CIP)数据

计算机网络应用基础/陈杰华编著．—2版．—北京：清华大学出版社，2020.9
21世纪计算机科学与技术实践型教程
ISBN 978-7-302-55866-8

Ⅰ．①计…　Ⅱ．①陈…　Ⅲ．①计算机网络－教材　Ⅳ．TP393

中国版本图书馆CIP数据核字(2020)第109995号

责任编辑：汪汉友
封面设计：傅瑞学
责任校对：徐俊伟
责任印制：杨　艳

出版发行：清华大学出版社
网　　址：http://www.tup.com.cn，http://www.wqbook.com
地　　址：北京清华大学学研大厦A座　　**邮　　编**：100084
社 总 机：010-62770175　　**邮　　购**：010-83470235
投稿与读者服务：010-62776969，c-service@tup.tsinghua.edu.cn
质量反馈：010-62772015，zhiliang@tup.tsinghua.edu.cn
课件下载：http://www.tup.com.cn，010-83470236
印 装 者：三河市国英印务有限公司
经　　销：全国新华书店
开　　本：185mm×260mm　　**印　　张**：19.25　　**字　　数**：457千字
版　　次：2013年9月第1版　2020年9月第2版　　**印　　次**：2020年9月第1次印刷
定　　价：49.80元

产品编号：081365-01

前　言

信息化社会的主要标志就是无所不在的互连网络，它已经深入人们的生产、生活、科研、学习等领域，是进行经济活动和人际交往的重要手段。在计算机基础教育中，如何让大学生形成计算机思维和操作技能，并通过计算机网络获取、表示、存储、传输、处理和解决现实问题，已成为衡量一个人信息素养和网络应用能力的重要标志。计算机网络基础理论知识、Internet 基本应用、网页设计与制作、信息安全基础、电子商务、电子政务、信息检索与利用、实验等知识和技能是大学生应知应会的，是形成信息素养的基本保证。在此基础上学生才能达到对计算机的认知能力、利用计算机解决问题能力、基于网络的协同能力和信息社会中的终身学习能力。

本书主要特点体现在如下 4 个方面。

(1) 适合教学。作为教材，本书内容组织和结构合理，条理清晰。同时，每章均配有习题，以方便学习。同时，教师可以利用所配电子教案等教学资源备课、讲课、指导学生上机实习。

(2) 章节结构合理。本书按照网络应用的顺序安排各章节，易于读者理解。每章均按照基本概念、网络架构、机器环境和软件应用来介绍网络应用，有利于对照学习，提高学习效率。本书采用循序渐进的模式，适合初、中级读者掌握网络应用知识，使之最终成为“高雅”的网民。

(3) 图文并茂，简明易懂。本书努力做到用通俗的语言来解释网络概念和应用知识。对绝大多数网络应用都附有插图，以方便读者学习，以帮助读者提高网络应用水平，为体验式学习奠定基础。

(4) 面向应用，内容先进。面向应用与需求是一个非常重要的原则，是应该长期坚持的根本方向。书中充分反映了信息社会的基本需求，深入分析了网络应用者应该具备的素质和能力并在此基础上确定学习内容，力争帮助学生了解网络技术与应用的发展趋势和最新的前沿科学内容。

本书最大的特色是按课程教学方式来组织内容，因此，既适合课堂授课，也适合自学。全书共分为 8 章，具体内容安排如下。

第 1 章内容包括计算机网络概述、数据通信基础、局域网、Internet、网络管理与网络安全。

第 2 章内容包括 Internet 信息服务、如何使用 Microsoft Edge 浏览器、电子邮件、搜索引擎、文件传输、电子公告板、即时通信、远程登录。

第3章内容包括网页制作基础、采集与处理网页素材，以及使用HTML、JavaScript、Dreamweaver制作网页。

第4章内容包括信息与信息安全的概念、技术、管理、道德与法规。

第5章内容包括电子商务概念，主要功能及工作模式，运行平台，支撑环境，标准、法规、法律及使用实例。

第6章内容包括电子政务概念、国内外电子政务的发展历程、办公自动化系统、政府上网与电子政府、十二金工程、智慧城市与智能交通。

第7章内容包括信息检索系统的概念、工具及其使用、网络信息资源及其检索、综合利用。

第8章安排8个实验，包括使用百度搜索引擎、使用百度网盘、使用智联招聘网、使用HTML制作网页、使用JavaScript制作网页、使用金山毒霸、使用网易公开课、信息检索与利用等。

建议课堂教学的学时安排如表1所示。

表1 课堂教学学时安排(32学时)

序号	教学内容	讲课学时
1	第1章 计算机网络基础	4
2	第2章 Internet应用基础	6
3	第3章 网页设计与制作	8
4	第4章 信息安全基础	3
5	第5章 电子商务	4
6	第6章 电子政务	2
7	第7章 信息检索与利用	5

建议实验教学的学时安排如表2所示。

表2 实验教学的学时安排(16学时)

序号	教学内容	讲课学时
1	使用百度搜索引擎	2
2	使用百度网盘	2
3	使用智联招聘网	2
4	使用HTML制作网页	2
5	使用JavaScript制作网页	2
6	使用金山毒霸	2
7	使用网易公开课	2
8	信息检索与利用	2

本书是四川大学精品立项建设教材，由陈杰华老师制定全书的整体框架和统稿工作，

并编写主要文字，四川大学计算机教学中心的孟宏源和戴丽娟老师参与编写部分文字、资料整理、代码调试、图片制作、结构设计等工作。在编写过程中，得到四川大学教务处、计算机学院和计算机教学中心的领导和老师的许多帮助，同时清华大学出版社编校人员促成本书出版，为本书顺利出版做了很多工作，在此谨表衷心感谢！

另外，相关技术问题、索要例题与习题源程序文件、电子教案和教学素材，可以通过出版社联系我们，我们一定准时回复并尽可能为您提供帮助。

本书在编写过程中，借鉴、参考了国内外一些出版物和网络资料，在此表示由衷的敬意和感谢！由于作者水平有限，书中难免存在不足之处，恳请广大读者批评指正。

编　者

2020年8月

目　　录

第1章　计算机网络基础……………………………………………………………………… 1

1.1　计算机网络概述 ……………………………………………………………………… 1
1.1.1　网络产生与发展 ……………………………………………………………… 1
1.1.2　网络定义与功能 ……………………………………………………………… 3
1.1.3　网络分类 ……………………………………………………………………… 3
1.1.4　网络构成 ……………………………………………………………………… 5
1.1.5　网络体系结构 ………………………………………………………………… 8
1.2　数据通信基础 ………………………………………………………………………… 9
1.2.1　数据通信模型 ………………………………………………………………… 9
1.2.2　数据传输速率与误码率……………………………………………………… 12
1.2.3　多路复用技术………………………………………………………………… 12
1.3　局域网………………………………………………………………………………… 13
1.3.1　局域网简介…………………………………………………………………… 13
1.3.2　以太网………………………………………………………………………… 16
1.3.3　常用网络命令………………………………………………………………… 17
1.4　Internet ……………………………………………………………………………… 21
1.4.1　Internet 在国外的发展过程 ………………………………………………… 21
1.4.2　Internet 在国内的发展过程 ………………………………………………… 22
1.4.3　Internet 地址 ………………………………………………………………… 23
1.4.4　Internet 的接入方式 ………………………………………………………… 26
1.4.5　Internet 特点 ………………………………………………………………… 27
1.4.6　安装 IIS 信息服务 …………………………………………………………… 28
1.5　网络管理与网络安全………………………………………………………………… 31
1.5.1　网络管理……………………………………………………………………… 31
1.5.2　网络信息安全与保密………………………………………………………… 33
1.5.3　防火墙技术概述……………………………………………………………… 33
习题1 …………………………………………………………………………………………… 34

第2章 Internet应用基础 …… 35
2.1 Internet信息服务 …… 35
2.1.1 基本服务资源 …… 35
2.1.2 信息组服务 …… 36
2.1.3 万维网 …… 36
2.2 使用Microsoft Edge浏览器 …… 37
2.2.1 语音播放 …… 37
2.2.2 添加笔记 …… 38
2.2.3 查看源代码 …… 39
2.2.4 将信息从网页复制到文档中 …… 39
2.2.5 多窗口浏览 …… 40
2.2.6 删除“保存密码”提示 …… 41
2.2.7 导入收藏夹 …… 41
2.2.8 组合键 …… 41
2.3 电子邮件 …… 43
2.3.1 电子邮件特点 …… 43
2.3.2 电子邮件简介 …… 43
2.3.3 使用Outlook Express …… 44
2.3.4 免费电子邮箱 …… 47
2.4 搜索引擎 …… 50
2.4.1 搜索引擎的分类 …… 51
2.4.2 使用搜索引擎 …… 52
2.4.3 常用搜索引擎 …… 52
2.5 文件传输 …… 59
2.5.1 文件下载 …… 59
2.5.2 文件上传 …… 63
2.6 电子公告板 …… 63
2.6.1 电子公告板 …… 63
2.6.2 电子公告板示例 …… 64
2.7 即时通信 …… 66
2.7.1 即时通信概念 …… 66
2.7.2 腾讯QQ …… 66
2.7.3 飞信 …… 68
2.7.4 MSN与Skype …… 69
2.8 远程登录 …… 70
2.8.1 远程登录 …… 70
2.8.2 利用Windows 10实现远程登录 …… 70

习题 2 …… 73

第 3 章　网页设计与制作 …… 74

3.1　网页制作基础 …… 74
3.1.1　网站、网页、主页和网络服务器 …… 74
3.1.2　网站制作过程 …… 78
3.1.3　网页素材 …… 81
3.2　采集与处理网页素材 …… 84
3.2.1　多媒体素材 …… 84
3.2.2　处理多媒体素材 …… 85
3.3　使用 HTML 制作网页 …… 86
3.3.1　HTML 的基本知识 …… 86
3.3.2　页面结构 …… 87
3.3.3　结构标记 …… 88
3.3.4　文本格式编排 …… 96
3.3.5　本地图像 …… 97
3.3.6　有序表、无序表和定义表 …… 99
3.3.7　定位链接标记 …… 104
3.4　使用 JavaScript 制作网页 …… 105
3.4.1　数字时钟 …… 106
3.4.2　文字特效 …… 107
3.4.3　事件处理与键盘事件 …… 108
3.4.4　password 对象 …… 110
3.5　使用 Dreamweaver 制作网页 …… 112
3.5.1　Dreamweaver 简介 …… 112
3.5.2　使用图像 …… 116
3.5.3　使用媒体 …… 116
3.5.4　使用表格 …… 119
3.5.5　使用超级链接 …… 120
3.5.6　使用框架 …… 120
习题 3 …… 121

第 4 章　信息安全基础 …… 124

4.1　信息与信息安全的概念 …… 124
4.1.1　信息概念 …… 124
4.1.2　信息安全 …… 127
4.1.3　信息安全威胁 …… 130
4.2　信息安全技术 …… 134

4.2.1 信息保密技术 …… 134
4.2.2 信息安全认证 …… 137
4.2.3 访问控制 …… 141
4.2.4 网络安全 …… 142
4.3 信息安全管理 …… 150
4.3.1 风险分析 …… 150
4.3.2 安全策略 …… 150
4.3.3 系统防护 …… 151
4.3.4 实时检测 …… 151
4.3.5 应急响应和灾难恢复 …… 152
4.4 信息安全的道德与法规 …… 152
4.4.1 信息安全道德 …… 152
4.4.2 信息安全法律法规 …… 153
习题 4 …… 155

第 5 章 电子商务 …… 156

5.1 电子商务的相关知识 …… 156
5.1.1 电子商务的概念 …… 156
5.1.2 电子商务的特点 …… 157
5.1.3 国内外电子商务的发展现状及前景 …… 158
5.2 电子商务的主要功能及工作模式 …… 160
5.2.1 电子商务的功能 …… 160
5.2.2 电子商务交易模式 …… 161
5.2.3 电子商务工作流程 …… 163
5.3 电子商务运行平台 …… 166
5.3.1 门户网站平台 …… 166
5.3.2 仓储管理及配送系统 …… 167
5.3.3 金融工具 …… 171
5.4 电子商务的支撑环境 …… 171
5.4.1 电子商务安全技术平台 …… 172
5.4.2 电子支付体系 …… 173
5.5 电子商务标准、法规、法律 …… 176
5.5.1 电子数据交换标准 …… 176
5.5.2 安全交易标准 …… 177
5.5.3 电子商务相关法律 …… 178
5.6 电子商务使用实例 …… 180
5.6.1 网络银行 …… 180
5.6.2 网上购物 …… 184

5.6.3 网络拍卖 …… 188
习题 5 …… 189

第 6 章 电子政务 …… 191

6.1 电子政务概念 …… 191
6.1.1 引言 …… 191
6.1.2 电子政务特点 …… 194
6.1.3 电子政务与传统政务 …… 194
6.2 国内外电子政务的发展历程 …… 196
6.2.1 国外电子政务的发展历程 …… 196
6.2.2 国内电子政务的发展历程 …… 198
6.3 办公自动化系统 …… 200
6.3.1 办公自动化功能、目标与层次 …… 200
6.3.2 信息收集 …… 201
6.3.3 信息交换 …… 202
6.4 政府上网与电子政府 …… 202
6.4.1 政府上网 …… 202
6.4.2 电子政府 …… 203
6.4.3 电子政府职能 …… 203
6.4.4 政府网站 …… 205
6.5 十二金工程 …… 206
6.5.1 金桥工程 …… 206
6.5.2 金关工程 …… 206
6.5.3 金卡工程 …… 207
6.6 智慧城市与智能交通 …… 207
6.6.1 智慧城市 …… 207
6.6.2 智能交通 …… 208
习题 6 …… 209

第 7 章 信息检索与利用 …… 210

7.1 信息检索系统 …… 210
7.1.1 信息检索基础 …… 210
7.1.2 信息出版类型 …… 214
7.1.3 文献分类法 …… 216
7.1.4 信息检索对象 …… 218
7.1.5 信息检索手段 …… 218
7.1.6 信息检索方法 …… 219
7.1.7 信息检索过程 …… 220

7.1.8 信息检索途径 …… 223
7.1.9 信息检索步骤 …… 224
7.1.10 文献检索工具 …… 225
7.2 信息检索工具及其使用 …… 227
7.2.1 计算机信息检索系统基本知识 …… 227
7.2.2 计算机信息检索技术 …… 229
7.2.3 光盘库检索 …… 230
7.2.4 国内网络数据库的信息检索 …… 231
7.2.5 中国知识基础设施——知识创新网 …… 242
7.2.6 国外网络数据库的信息检索 …… 247
7.3 网络信息资源及其检索 …… 251
7.3.1 网络信息资源 …… 252
7.3.2 网络信息检索工具及其使用技巧 …… 252
7.3.3 专利信息检索 …… 253
7.3.4 数字图书馆 …… 255
7.3.5 搜索引擎 …… 257
7.4 信息资源的综合利用 …… 259
7.4.1 搜集、整理和分析信息资源 …… 259
7.4.2 如何撰写科技论文 …… 260
7.4.3 如何撰写学位论文 …… 261
习题7 …… 262

第8章 实验 …… 264

实验1 使用百度搜索引擎 …… 264
实验2 使用百度网盘 …… 271
实验3 使用智联招聘网 …… 275
实验4 使用HTML制作网页 …… 278
实验5 使用JavaScript制作网页 …… 282
实验6 使用金山毒霸 …… 284
实验7 使用网易公开课 …… 288
实验8 信息检索与利用 …… 293

参考文献 …… 294

第 1 章　计算机网络基础

教学目标

(1) 理解并掌握计算机网络的基本概念。

(2) 理解数据通信的基本概念。

(3) 理解并掌握局域网的基本概念。

(4) 掌握 Internet 的基本概念及主要接入方法。

(5) 理解网络管理与网络安全的概念与实现手段。

作为计算机技术和通信技术的完美结合,计算机网络已经成为人类生活中必不可少的部分,对社会发展有着深远的影响。在计算机通过网络连接起来后,信息交流和资源共享更加方便快捷。本章主要介绍一些网络方面的概念。

1.1　计算机网络概述

任何一项技术成就都将经历社会需求、科学研究与实验、工程实现直到最终形成商品的过程,计算机网络技术的发展也是如此。本节主要介绍计算机网络的产生与发展、定义、功能及分类、构成和体系结构。

1.1.1　网络产生与发展

计算机网络的产生与发展大致可划分为以下 4 个阶段。

1. 第一阶段(面向终端的计算机网络)

面向终端的计算机网络可以追溯到 20 世纪 60 年代末期,该时期广泛使用以大型主机为主的分时多终端系统。所谓分时多终端系统是指在一台主机上连接多个带有显示器和键盘的终端,同时允许多个用户共享大型主机中的硬软件资源,每个用户都可以通过终端以交互方式使用计算机。具体工作是,首先由主机以分时方式轮流查询终端的操作请求,然后由主机为终端用户提供所要求的服务。尤其是远程访问系统可以利用通信线路将远程终端与主机相连,从而使不同地域的终端用户都可以共享主机资源。例如,20 世纪 50 年代美国半自动地面环境防空系统;20 世纪 60 年代初期美国航空公司投入使用的,由一台中心计算机和两千多个终端组成的机票预订系统。

2. 第二阶段(计算机与计算机相连)

第一阶段的分时多终端系统并不是真正意义上的计算机网络,它只能实现多个终端用户共享一个主机的资源。将多台计算机连在一起并实现资源共享的是 1968 年诞生的 ARPANET。它最初这只是连接 4 台计算机的简单网络。在技术方面,ARPANET 能够实现多台计算机通过通信线路互连并实现信息交流。另外,美国施乐公司于 1972 年开发了 Ethernet(以太网)。

3. 第三阶段(开放式标准化的计算机网络)

从 20 世纪 70 年代中期开始,随着局域网、公用分组交换网、广域网的迅速发展,许多计算机生产商纷纷发展各自的计算机网络系统。但是,随之而来的是网络体系结构与网络协议的国际标准化问题。为此,IBM 公司于 1974 年提出第一个网络体系结构 SNA,其后国际标准化组织(ISO)制定了开放系统互连基本参考模型(Open System Interconnection Basic Reference Model,OSI/RM),国际标准号 ISO/IEC 7498,又称为 OSI 七层模型,如图 1-1 所示。在这一标准基础上,陆续出现许多计算机网络产品。

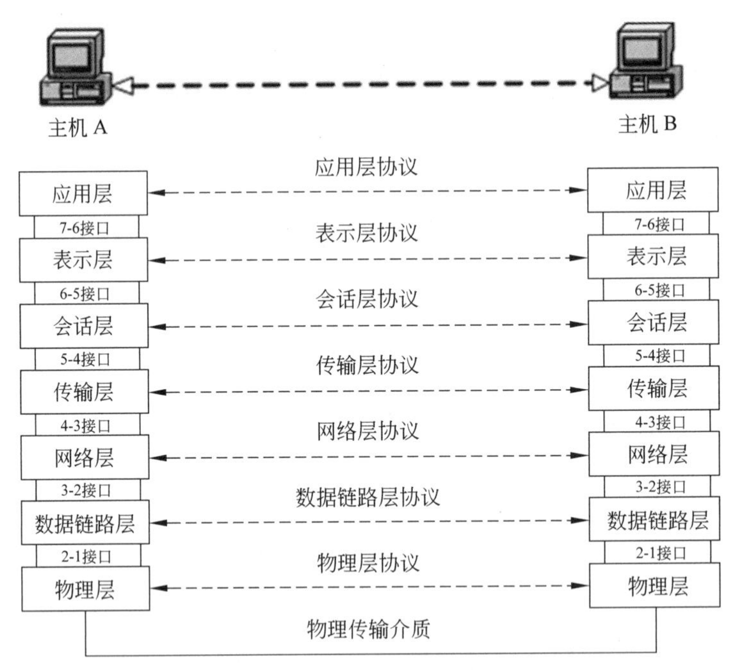

图 1-1 开放式标准化的计算机网络

4. 第四阶段(网络计算)

第四阶段是从 20 世纪 90 年代开始的,这时网络技术中最具挑战性的是 Internet 与异步传输模式(ATM)技术。其中,Internet 是在 ARPANET 基础上发展起来的,它对所有计算机开放,即只要遵循 TCP/IP 标准并申请 IP 地址就都可以通过通信线路和设备接入 Internet;ATM 技术是为满足多媒体传输要求而出现的一种通信技术,而网络计算通常是指以网络为中心的计算(Network Centric Computing)或者以网络为基础的计算

(Network Based Computing)。

1.1.2　网络定义与功能

1. 计算机网络的定义

计算机网络是用通信线路和通信设备将分布在不同地理位置、功能独立的计算机系统连接起来，在网络系统软件的控制管理下实现网络软、硬件资源共享和信息交换的系统。

随着计算机网络技术的发展，计算机网络逐渐渗透到社会的各个部门和领域，成为人类生活的一部分。网络中的任何计算机都具有独立自治的能力，是可以完全独立运行的系统。

2. 计算机网络的功能

计算机网络的主要功能包括数据通信、资源共享、安全可靠、兼容性强和分布处理。

(1) 数据通信。数据通信是计算机网络最基本的功能，主要完成计算机网络中各个站点之间的数据交换，包括电子邮件、电子公告牌、信息浏览、图文传真和电子数据交换等形式。计算机网络使得地理位置相距遥远的用户可以方便地进行通信，而这种通信方式是对电话、传真、普通信件等传统通信方式的补充。对远程用户而言，发送一封电子邮件要比发送一封普通信件快得多，也方便得多。

(2) 资源共享。建立计算机网络的重要目的之一就是要充分利用计算机中的全部软硬件资源。不同用户通过计算机网络可以实现对应用软件、数据文件、高速打印机、传真机、调制调解器、大容量磁盘等软硬件资源的共享。这种资源共享能够充分利用分散的资源，从而避免重复投资，降低使用成本，增强网络中计算机的处理能力。

(3) 安全可靠。网络中由软件或硬件手段进行加锁的服务器，可以达到程序和数据的高度安全。无盘工作站不允许用户向外复制数据，用户也不能安装自带的任何软件。

(4) 兼容性强。网络接口适于各种类型计算机和不同设备的互连，这使网络可以适应新技术的发展，增加新的计算机和设备，使整个网络的性能得到不断发展。

(5) 分布处理。网络可以将大型计算任务交给不同的计算机分别进行处理。用户可以根据自身的需要，合理选择网络资源，在本地计算机中迅速地进行处理，既方便了用户，又减少了网络主机的负担。

1.1.3　网络分类

计算机网络是一个非常复杂的软硬件系统，相应的分类方式有许多种，下面分别予以介绍。

1. 按地理范围分类

根据计算机之间互连的范围可将计算机网络分为局域网、广域网和互联网三类，如表1-1所示。

表 1-1 计算机网络的分类

分类	说　明
局域网	一般在 10km 以内，由一个单位或部门所建，其范围也就以一个单位或部门为限，速率大于 10Mbps
广域网	一般在 100km 以上，由若干部门或国家联合组建，能实现城市之间，国家之间和洲际之间的资源共享，速率大于 10Mbps
互联网	将若干个局域网互连起来，形成规模更大的网络。这样就解决了局域网处理范围太小的问题，从而在整个世界范围内实现数据通信和资源共享

广域网涉及 x.25 网、帧中继、SMDS、B-ISDN、ATM 网等。其中，x.25 网是一种典型的公用分组交换网，也是早期广域网中广泛使用的一种网络，其用户接口符合国际电报电话咨询委员会(CCITT)的 x.25 标准。广域网具有以下特点：

(1) 适应大容量数据传送与突发性通信要求；

(2) 适应综合数字业务服务的要求；

(3) 完善的通信服务与网络管理措施；

(4) 开放的设备接口机制与规范化的通信协议。

2. 按功能逻辑分类

根据功能逻辑不同，可将计算机网络分为通信子网和资源子网。其中，通信子网向网络提供数据通信功能，通常由传输介质、通信设备、网络协议等软硬件组成，如电信部门提供的各种通信网络；资源子网通常由计算机系统、终端机以及可共享的外部设备(例如打印机、大容量存储器等)组成，其目标是最大限度地提供给用户共享网络的数据处理能力及其他软硬件资源，如客户端的各种设施。

3. 按通信协议分类

通信协议是两台计算机在信息交换中所使用的一种公共语言规范。

一个网络通信协议主要由以下 3 个要素组成：

(1) 语法，即用户数据与控制信息的结构和格式；

(2) 语义，即需要发出何种控制信息以及完成的动作与做出的响应；

(3) 时序，即对事件实现顺序的详细说明。

根据通信协议不同，可将计算机网络分为使用 CSMA/CD 协议的以太网、使用令牌环协议的令牌环网、使用 x.25 协议的分组交换网和使用 TCP/IP 协议的 Internet。

4. 按传输介质分类

传输介质充当网络中数据传输的通道，通信介质决定传输的可靠性、网络的传输速率以及网卡的类型，其主要分为有线介质和无线介质两类。有线介质包括双绞线、同轴电缆、光纤电缆等；无线介质包括微波、卫星、激光、红外线等。使用不同的传输介质可以得到不同的网络，如双绞线网、光纤网、同轴电缆网、卫星网、微波网等。

5. 按传输速率分类

数据传输速率是指每秒传送的二进制位数，单位是比特每秒(bps)、千比特每秒

(Kbps)、兆比特每秒(Mbps)等。根据传输速率,计算机网络分为低速网、中速网和高速网。一般而言,高速网属于宽带网,低速网属于基带网。

6. 按带宽分类

数据传输方式不同,计算机网络可分为基带传输和宽带传输两种。其中,基带传输是直接用计算机产生的数字信号进行传输的方式;宽带传输是把数字信号通过调制解调器变换成模拟信号后进行传送,在接收端通过调制解调器还原成初始数字信号的传输方式。

一般而言,电话网和基带网属于低速网,光纤网和宽带网属于高速网。

7. 按管理性质分类

按管理性质不同,计算机网络可分为公用网、专用网和虚拟专用网(VPN)。其中,公用网中的资源可以为全社会所有人提供服务,凡是愿意按规定交纳费用的人都可以使用,如电话网、公共数据网、DDN等;专用网则是某个单位、部门或行业为特殊业务需要而组建的网络,如军事网、国家安全网、电力网、气象网等;虚拟专用网是利用公用网组建的专用网,如金融网、教育网、政府网等,通常人们是在一个"虚拟"平台中使用的。

8. 按交换方式分类

交换方式是指信息在网络设备(如交换机)中的转移方式。根据交换方式可以分为线路交换网、报文交换网和分组交换网。其中,线路交换网在电话交换系统中得到广泛应用;报文交换网基于存储转发且报文大小没有限制;分组交换网也是基于存储转发但分组大小有严格要求。目前的大多数网络均采用分组交换技术,但报文的分组大小应该与操作环境保持一致。

9. 按拓扑结构分类

根据计算机之间的物理连接形式将计算机网络分为三类:星形、环形和总线结构,详细内容请参见1.3.1节。

1.1.4　网络构成

计算机网络是由网络硬件和网络软件两部分组成的。

1. 网络硬件

网络硬件包括4个部分:网络服务器、网络工作站、网络适配器和通信介质。

(1) 网络服务器。网络服务器是为局域网提供共享资源并对这些共享资源进行管理的计算机,其中有文件服务器、打印服务器和通信服务器等。文件服务器一般由高档微型计算机承担,应具有较大的内外存容量、高性能打印机等。其中,文件服务器首先将共享数据存放在大容量硬盘上,由文件管理系统对全网络进行统一的管理,对工作站提供完整的数据、文件和目录的共享;打印服务器是指安装了打印服务程序的计算机,各个工作站上的用户可直接将打印数据送到打印服务器的打印队列中,经过连接后将数据传递到打印机上;通信服务器安装有相应的通信软件,利用调制解调器通过电话线或其他通信线路连接远程工作站,选用相应的网卡和传输介质,使网络性能达到满意的效果。

(2) 网络工作站。网络工作站是用户在网络上操作用的计算机。用户可以通过工作站从服务器中取出信息，并由工作站来分布处理。网络工作站分为有盘工作站和无盘工作站两种。其中，有盘工作站可由本地硬盘中的引导程序启动，再与网络中的服务器连接；而无盘工作站的引导程序存放在网络适配器的只读存储器（EPROM）中，加电后将会自动启动，再与网络中的服务器相连。无盘工作站有两个优点：一是完全防止病毒从工作站进入文件服务器；二是防止非法入侵者任意复制网络中的数据。

(3) 网络适配器。网络适配器（俗称网卡）是将计算机、服务器、工作站连接到通信介质上并进行电信号的匹配，实现数据传输的部件。任何计算机都是通过网络适配器接入网络的。

(4) 通信介质。通信介质是网络中连接收发双方的物理通路，也是通信中实际传送信息的载体。网络中常用的传输介质有双绞线、同轴电缆、光纤、无线电波与微波等。

① 双绞线。双绞线分为屏蔽双绞线和非屏蔽双绞线两种。屏蔽双绞线由外部保护层、屏蔽层与（多对）双绞线组成，非屏蔽双绞线由外部保护层与（多对）双绞线组成，具体属性如表 1-2 所示。

表 1-2 双绞线的具体属性

属 性	说 明
传输特性	可以将双绞线分为三类线带宽和五类线带宽两种。三类线带宽为 16MHz，适用于语音及 10Mbps 以下的数据传输；五类线带宽为 100MHz，适用于语音及 100Mbps 以上的高速数据传输，甚至可以支持 155Mbps 的 ATM 数据传输
连通性质	双绞线既可用于单点连接，也可用于多点连接
地理范围	双绞线用于远程中继线时，最大距离可达 15km；用于 10Mbps 局域网时，与集线器的距离最大为 100m
抗干扰性	双绞线的误码率为 $10^{-6} \sim 10^{-5}$，抗干扰性取决于一束线中相邻线对的扭曲长度及适当的屏蔽
价格	双绞线的价格低于其他传输介质，并且安装和维护非常方便

② 同轴电缆。同轴电缆是网络中应用十分广泛的传输介质之一。它由内部导体、外屏蔽层、绝缘层和外部保护层组成。同轴介质的特性是由内导体、外导体、绝缘层的电气参数与机械尺寸决定的，具体属性如表 1-3 所示。

表 1-3 同轴电缆的具体属性

属 性	说 明
传输特性	根据同轴电缆的带宽进行分类，可分为基带同轴电缆和宽带同轴电缆。其中，基带同轴电缆一般仅用于数字信号的传输
连通性质	同轴电缆既支持单点连接，也支持多点连接。基带同轴电缆可支持数百台设备的连接，宽带同轴电缆可支持数千台设备的连接
地理范围	基带同轴电缆使用的最大距离限制在数千米范围内，而宽带同轴电缆最大距离可达几十千米范围内

续表

属　性	说　明
抗干扰性	基带同轴电缆的误码率低于 10^{-7}，宽带同轴电缆的误码率低于 10^{-9}。所以，同轴电缆的结构使得它的抗干扰能力较强
价格	同轴电缆的造价介于双绞线与光纤之间

③ 光纤。光纤是一种直径为 50～100μm 的能传导光波的柔软介质，如图 1-2 所示。

图 1-2　光纤

用来制造光纤的材料可以是多种玻璃和塑料，如使用超高纯度石英玻璃纤维制作的光纤可以得到最低的传输损耗。光纤的具体属性如表 1-4 所示。

表 1-4　光纤的具体属性

属　性	说　明
传输特性	光纤传输分为单模与多模两大类。其中，单模光纤是指光纤的光信号仅与光纤组成单个可分辨角度的单光线传输，多模光纤是指光纤的光信号与光纤组成多个可分辨角度的多光线传输。一般而言，单模光纤的性能优于多模光纤的性能
连通性质	光纤既可用于点对点连接，也可用于多点之间的连接
地理范围	光纤信号衰减极小。在不使用中继器的情况下，可以在 6～8km 的范围内实现高速的数据传输
抗干扰性	光纤的误码率可以低于 10^{-10}，光纤不受外界电磁干扰与噪声的影响，能在长距离、高速率的传输中保持低误码率
价格	光纤价格高于同轴电缆与双绞线

④ 无线电波。无线电波通信所使用的频段覆盖从低频到特高频。国际通信组织对各个频段的服务性质进行规定：调频无线电通信使用中波(MF)，调频无线电广播使用甚高频，电视广播使用甚高频到特高频。具体工作原理如下：高频无线电信号由天线发出后，沿两条路径在空间中进行传播。其中，地波方面沿地面传播，而天波方面在地球电离层之间来回反射。高频通信方式的缺点是，易受天气等因素的影响，信号幅度变化较大，容易被干扰。优点是，技术成熟，应用广泛，用较小的发射功率就可以传输到较远的距离。

⑤ 微波。微波信号是指电磁波谱频率在 100MHz～10GHz 的信号，它们对应的信号波长为 3cm～3m。微波信号传输的特点是，只能进行视距传播，且大气对微波信号的吸

收与散射影响较大。

⑥ 蜂窝移动无线通信。蜂窝移动无线通信又称为小区制移动通信系统。如将一个大区制覆盖的区域划分成许多小区，每个小区设立一个基站，通过基站在用户移动台之间建立通信。由于小区覆盖的半径较小，一般为1～20km，所以可以使用较小的发射功率来实现双向通信。如果每个基站提供一到数个频道，可容纳的移动用户数量就可以有数十到数百。这样，由多个小区构成的通信系统的总容量将大大提高。由若干小区构成的覆盖区叫做区群，由于区群的结构酷似蜂窝，因此得名为蜂窝移动通信系统。

2. 网络软件

网络软件包括如下3个部分：网络操作系统、网络数据库管理系统和网络应用软件。

(1) 网络操作系统负责管理网络上的所有硬件和软件资源，使它们能协调一致地工作，比如NetWare、Windows NT、OS/2 Warp、UNIX等都是常用的网络操作系统。网络操作系统包括服务器操作系统、网络服务软件、工作站软件和网络环境软件。

(2) 网络数据库管理系统负责将网络上的数据组织起来，科学高效地进行存储、传输和处理，比如Oracle、Sybase、Informix、Access、SQL Server等都是常用的网络数据库管理系统。

(3) 网络应用软件是为满足用户的应用需求而开发出来的软件，比如Lotus Notes、Office套件、QQ、微信等。

1.1.5 网络体系结构

1. 网络体系结构

计算机网络的层次结构模型和每个层次的协议集合称为计算机网络的体系结构(Network Architecture)。网络体系结构是对计算机网络应完成功能的精确定义，而这些功能使用怎样的硬件和软件进行实现，则是企业实施问题，所以体系结构是比较抽象的，而实现过程则是具体的。

2. ISO OSI模型

为使两台不同类型的计算机能够互相通信，必须制定一个称为协议的统一标准。因此，国际标准化组织中专门研究网络通信体系结构的分委会制定了开放系统互连OSI(Open System Interconnection)参考模型，ISO标准号是ISO/IEC7498，又称为x.200建议。该体系结构标准定义了网络互连的7层框架，即ISO开放系统互连参考模型。在这一框架下详细规定了每一层的功能，以实现开放系统环境中的互连性和互操作性，以及应用需求的可移植性。OSI模型将整个网络的通信功能由低向高分为7个层次：物理层、数据链路层、网络层、传输层、会话层、表示层和应用层，每层均有相应的通信协议来约束通信双方，每层实现固定的功能，如图1-3所示。

资源子网	应用层
	表示层
	会话层
传输层	传输层
通信子网	网络层
	数据链路层
	物理层

图1-3 ISO OSI模型

OSI 模型将整个网络的通信功能分为 7 个层次。

(1) 物理层是实现系统通信媒体的物理接口,它主要对通信的物理参数作出规定,如通信介质、调制技术和传送速率。有关硬件的电气和机械特性都由该层定义。

(2) 数据链路层提供数据如何在链路中可靠传输所需的功能。

(3) 网络层的主要目的是在互连物理结点之间提供路由选择和数据交换等操作。

(4) 传输层的主要任务是确保信息正确地从网络的一端传到另一端。

(5) 会话层用于建立、管理和拆除进程之间的连接,处理同步和恢复问题,使双方同步地交换信息。

(6) 表示层用于完成信息的转换、压缩或加密。

(7) 应用层负责处理网络应用方面的实用程序,为网络软件提供相应的技术支持,从而使网络应用程序能够使用相应的通信协议。

OSI 模型的低三层,属于通信子网的范畴。OSI 模型的高三层,属于资源子网的范畴。通过传输层起着衔接上三层和下三层的作用。OSI 模型的两大突出优点是清晰性和灵活性。各层功能明确清晰,分层方便易设计;各层相对独立,分层实现方便。例如物理层和数据链路层可以选用各种各样的网卡和传输介质,但高层软件完全不受任何影响。

3. ISO OSI 模型的分层原则

由于提供各种网络服务功能的计算机网络系统是非常复杂的,所以应该使用分而治之的原则。ISO 将整个通信功能划分为 7 个层次,划分层次的原则如下。

(1) 不同结点的相同层具有相同的功能。

(2) 网络中的各个结点都有相同的层次。

(3) 同一结点内相邻层间通过接口进行通信。

(4) 不同结点的相同层按照协议实现对等层之间的通信。

(5) 每层可使用下层提供的服务,并为其同层提供服务。

1.2　数据通信基础

计算机网络是通信技术、信息技术、多媒体技术和网络技术的完美结合,其中通信技术功不可没。实际上,通信技术先于信息技术,例如电报、电话、电视(单向通信)等早已深入人心后,计算机网络才出现。本节主要介绍数据通信模型、传输速率和多路复用技术。

1.2.1　数据通信模型

1. 点对点的通信模型

一般点对点的通信系统都可以用图 1-4 进行描述。

发送端 → 信源 → 变换器 → 反变换器 → 信宿 → 接收端

图 1-4　数据通信模型

在图 1-4 中，发送端的信源是将各种信息转换成原始的电信号，变换器用于将信源转换成适合于进行信道传输的信号，信道就是信号的传输媒体和有关的设备（如中继器等）。接收端的反变换器将由信道传输到远地的电信号先还原成原始信号后再送给接收者（信宿），最后由信宿将其转换成各种可用信息。其中，通常会出现噪声源，这里的噪声源是指信道中噪声，即对信号的干扰和分散在通信系统其他各处的噪声总和。

2. 数据交换技术

计算机在通信过程中，主要采用线路交换技术和分组交换技术。

（1）线路交换技术。线路交换是通过交换结点在两个站点之间建立专用通道来进行通信，其过程可分为 3 个阶段：建立线路阶段、传输数据阶段和线路拆除阶段，如图 1-5 所示。在通信过程中，其通道是被独占的，犹如在电话交换机中的情况。线路交换的优点是实时响应和人机交互，主要用于大量数据或成批文件的发送。若传递的数据或文件太小，则线路的利用率不高。在建立“线路”连接后，可以一次传送大量的信息，其不足之处是建立连接的时间比较长。

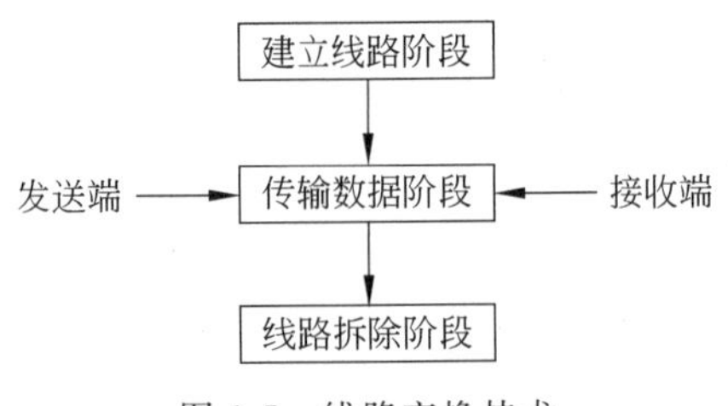

图 1-5 线路交换技术

（2）分组交换技术。分组交换是在源结点发送报文时，把很长的报文拆成较短的分组报文进行传送和交换，到达目的结点后，再将分组报文按顺序组装成原来的报文，如图 1-6 所示。

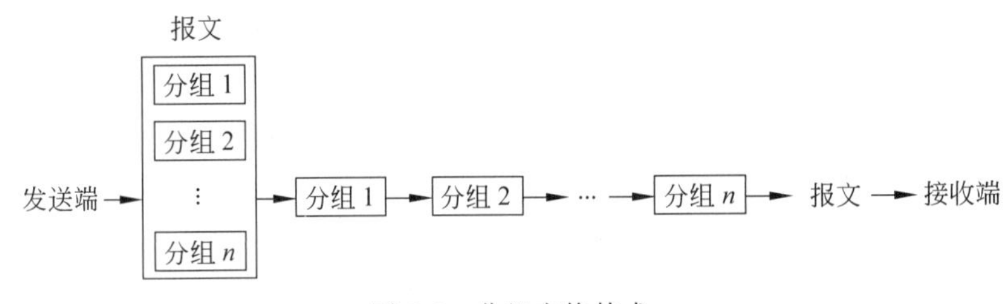

图 1-6 分组交换技术

分组交换的优点，一是分组较短，其系统开销较小，出错概率也较低；二是各分组在交换网上可以动态地选择不同的路径，传输效率大大提高。

分组交换的缺点是分组传送可能出现断点，且实现报文的无缝连接机制非常复杂。

在 Internet 和广域网中，广泛使用的就是分组交换技术。

3. 数据传输方式

数据传输方式可以分为两大类：单工传输和双工传输。

单工传输表示在任意时刻只允许向一个方向进行的信息传输，即一端只能发送而另一端只能接收，如图 1-7 所示。

发送端 → 单向通道 → 接收端

图 1-7 单工传输方式

双工传输分为全双工传输和半双工传输两种。全双工传输表示任意时刻信息都可以进行双向的信息传输。半双工传输表示可以交替改变方向的信息传输，但在任一特定时刻,信息只能向一个方向传输。例如,电话属于全双工传输,对讲机属于半双工传输,如图 1-8 所示。

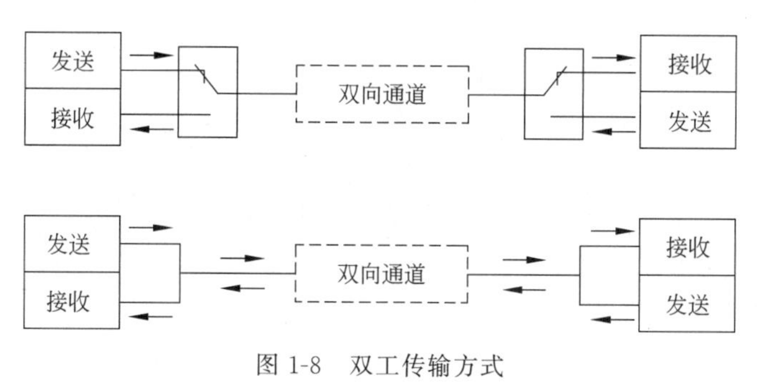

图 1-8 双工传输方式

4. 模拟信道和数字信道

模拟信号指信道上传送的信号是按照话音强弱幅度连续变化的电信号。数字信号指经计算机产生的电信号,它是电脉冲序列串,每一瞬间的电压取值只能是离散数量,比如说是 0V 或 3V。按照信道中传输的是模拟信号还是数字信号,可以相应地把信道分为两类:模拟信道和数字信道。

5. 基带传输和宽带传输

带宽是指传输介质的传输容量,用数据率即每秒传输的二进制位数(比特每秒,bps)来衡量。传输介质的容量越大,则带宽越高、通信能力越强以及数据传输越快;反之,传输介质的容量越小,则带宽越低、通信能力越弱以及数据传输越慢。带宽可以分割成信道,信道作为带宽的一部分可以传输数据。在对传输介质的容量进行分配时,可以采用两种方式:基带和宽带。

基带是指将全部传输介质的带宽分配给一个信道。基带通常用于数字化信号方案,尽管它有时用于传输模拟信号,但大多数局域网使用的都是基带信号,如图 1-9 所示。

信源数码 → 码型变换 → 发送滤波 → 传输信道 → 接收滤波 → 码型反变换 → 信宿

图 1-9 基带传输

宽带是指将全部传输介质的带宽分割成多个信道。由于每个信道都能够传输一种模拟信号,所以在宽带网络中可以利用一个单独传输媒体实现多路同时通信,如图 1-10 所示。

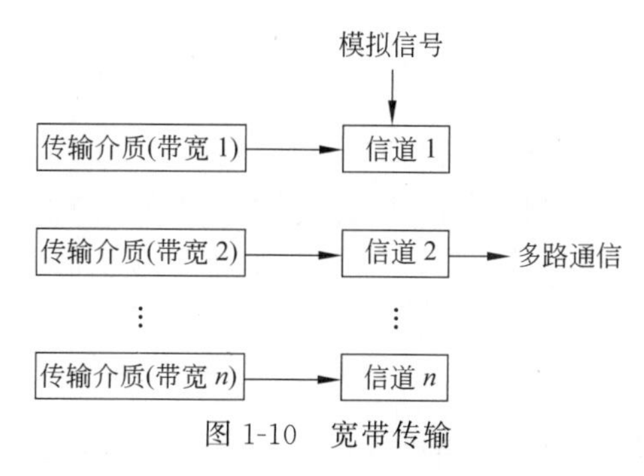

图 1-10 宽带传输

1.2.2 数据传输速率与误码率

1. 数据传输速率的定义

数据传输速率是指每秒传输构成数据代码的二进制位数，又称为比特率，单位为比特每秒，记作 bps。对于二进制数据，数据传输速率为

$$S=1/T \quad \text{（单位为比特每秒）}$$

这里的 T 为传送一个二进制位所需要的时间。

2. 带宽与数据传输速率

奈奎斯特准则指出，如果间隔 $\pi/\omega(\omega=2\pi f)$，通过理想通信信道传输窄脉冲信号，则前后码元之间不会产生相互窜扰。因此，对于二进制数据信号的最大数据传输速率 R_{max} 与通信信道带宽 $B(B=f$，单位为赫兹）的关系可以写为

$$R_{max}=2f \quad \text{（单位为比特每秒）}$$

对于二进制数据，若信道带宽 $B(=f)=3\text{kHz}$，则最大数据传输速率为 6kbps。

香农定理指出，在有随机热噪声（源自传输介质的电子热运动）的信道上传输数据信号时，数据传输速率 R_{max} 与信道带宽 B、信噪比 S/N 的关系为

$$R_{max}=B\times \text{lb}(1+S/N)$$

这里的 R_{max} 单位为比特每秒，带宽 B 的单位为赫兹（Hz）。

3. 误码率的定义

误码率是指二进制码元在数据传输系统中被传错的概率，它的近似公式为

$$P_e=N_e/N$$

这里的 N 为传输的二进制码元总数，N_e 为被传错的码元数。

1.2.3 多路复用技术

使用多路复用技术就可以使多路信号在一条物理信道中进行传输，这样能够充分利用信道容量。工作原理如下：当物理信道的可用带宽超过单路原始信号的带宽时，可将物理信道的总带宽分割成若干个和被传输的单路信号带宽相同（或略宽）的子信道，并利用每个子信道传输一路信号，达到多路信号共用一个物理信道的目的，从而节省线路资源。下面分别说明 3 种多路复用技术：频分多路复用、时分多路复用和波分多路复用。

1. 频分多路复用

频分多路复用主要用于模拟信道（如微波）的复用。它的工作原理如下：对整个物理信道的可用带宽进行分割，并利用载波调制技术实现原始信号的频谱迁移（即频分），从而使得多路信号在整个物理信道带宽允许的范围内，保证在频谱上不会重叠，以实现对一个物理信道的多路复用，如图 1-11 所示。

2. 时分多路复用

时分多路复用主要用于数字信道的复用。它的工作原理如下：当物理信道可支持的

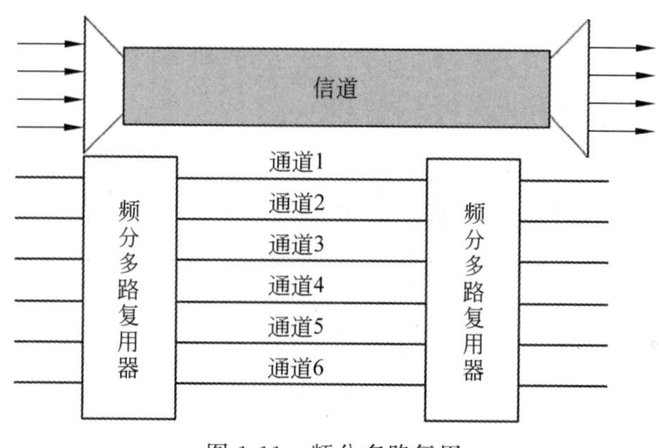

图 1-11　频分多路复用

数据传输速率(比特每秒,bps)超过单路原始信号所需要的数据传输速率时,可以将该物理信道划分成若干时间片并将各个时间片轮流地分配给多路信号(即时分),使得它们在时间上不会重叠,以实现对一个物理信道的多路复用。

3. 波分多路复用

波分多路复用主要用于光纤信道中。它的工作原理与频分多路复用类似,首先将各路信号调制成不同波长的光信号(即波分),并借助同一个光纤信道实现数据传输,然后在接收端进行光分离处理。

多路复用技术的优点是,各个子信道(如频分多路复用中的子频段、时分多路复用中的时间片和波分多路复用中的波长)被静态地分配给各路信号传输,接收方可以直接通过识别固定子频段、时间片或者波长来完成信号分离与合成。

多路复用技术的缺点是:信道利用率不高,信号传输经常会出现间断,有时子信道会出现空闲状态(即没有数据)。

1.3　局　域　网

Internet 是局域网技术发展的结果。本节主要介绍局域网的拓扑结构、工作模式,以太网的发展、连接介质、连接设备和构成,最后介绍 Windows 10 系统中常用的网络命令。

1.3.1　局域网简介

下面介绍局域网的主要特点、拓扑结构和工作模式。

1. 主要特点

局域网的技术特点主要表现在以下几个方面。

(1) 局域网提供高数据传输速率(10～1000Mbps)、低误码率的高质量数据传输环境。

(2) 决定局域网特性的主要技术要素为网络拓扑、维护与扩展能力。

(3) 局域网一般属于一个单位所有，易于建立、维护与扩展。

(4) 局域网覆盖有限的地理范围，它适用于公司、机关、校园、工厂等有限范围内的计算机、终端与各类信息处理设备实现连网的需求。

2. 拓扑结构

局域网的拓扑结构是指在构建网络时的电缆敷设形式，对应网络内部结点之间的关联，常见的拓扑结构有星形、环形和总线拓扑结构等。实际上，网络拓扑将决定数据收发方式。

(1) 星形网。星形网使用一个计算机控制整个网络，并充当中央结点，把若干外围结点上的计算机连接起来的辐射式互连结构，如图 1-12 所示。这台主控计算机一方面作为整个网络的控制中心，另一方面作为通用的数据处理设备。各外围结点的数据通信必须通过主控计算机，一旦主控计算机出现故障将导致整个网络系统彻底崩溃。另一方面，如果外围结点过多，将导致中央结点的主控计算机不堪重负。星形网主要用于电话交换线路中进行通信的低速系统，其中最有名的星形网是美国 Novell 公司的 NetWare/S。

(2) 环形网。环形网是将网络中的各结点通过中断器连接到闭环上，多个设备共享一个环，任意两个结点间都可以通过环路进行通信，如图 1-13 所示。其中，单条环路只能进行单向通信，两条环路实现双向通信。由于环路中的各个结点其地位和作用相同，因此极易实现分布式控制，其次网络中的传输信息时间是固定的，从而适合于实时通信。环形网的不足是，当结点发生故障时，整个网络就不能正常工作。环形网广泛应用到分布式处理中，最著名的环形网有剑桥大学的 Cambridge Ring 和 IBM 公司的 Toker Ring。

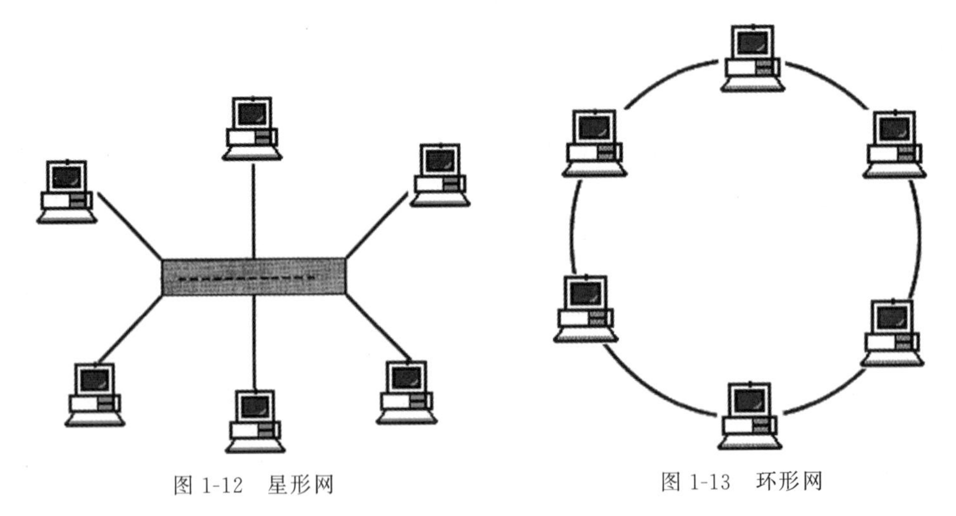

图 1-12 星形网　　图 1-13 环形网

(3) 总线网。总线网是一种共享通道的结构，总线两端是开环的，就像一棵无根的树，如图 1-14 所示。换言之，总线网是线状连接，即用一条开路、无源的双绞线或同轴电缆通过接口将工作站连接到电缆上，形成一条公共的多路访问总线。一个结点传送的信号，其他结点均可接受。总线网连接简单，扩充或删除一个结点方便灵活，且不会影响整个网络的正常工作，某一结点的故障不会引起系统的崩溃。但是总线网也有不足，首先总线本身的故障将导致整个网络系统停止工作，其次总线网上信息的延迟时间是不确定的，因此不能用于实时通信。例如，Ethernet、3 plus 等都是属于总线网。

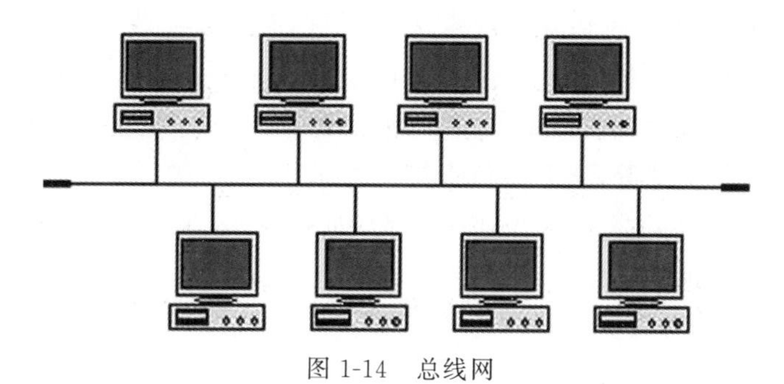

图 1-14　总线网

3. 工作模式

计算机网络系统的工作模式分为对等模式和客户-服务器模式，从而形成两种网络：对等网络和客户-服务器网络。

(1) 对等网络。在对等网络中，用户的计算机通过电缆彼此相连，并且用户可以共享网络中的文件、打印机等软硬件资源。这种工作模式保证一个网络内部的各台计算机没有主次之分，可以完全平等地相互通信，从而实现共享文件和共享打印等功能，如图 1-15 所示。对等网络的主要特点是整个网络没有中央控制机制，网络中没有服务器，用户只能共享磁盘空间和硬件资源，这样能够降低网络通信费用。

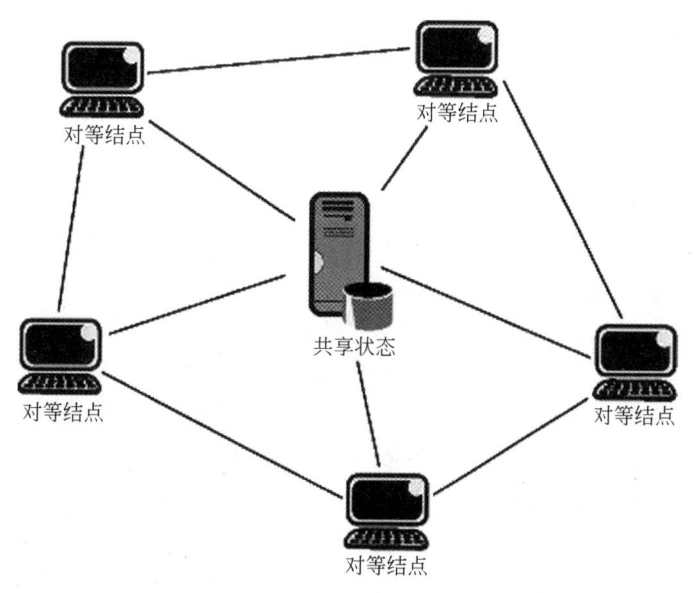

图 1-15　对等网络

(2) 客户-服务器网络。在客户-服务器网络中，由一台服务器提供全部网络服务能力，其他计算机(统称为客户机)则处于从属地位，如图 1-16 所示。客户机可以向服务器提出请求，服务器在收到客户机请求后应该及时进行处理。

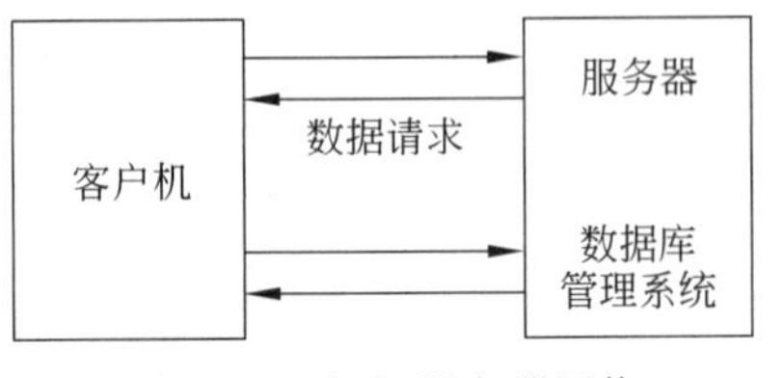

图 1-16 客户-服务器网络

客户-服务器网络的主要特征是网络中有专门的服务器(如文件服务器、数据库服务器、邮件服务器、打印服务器等)。客户机可以请求服务，如文档打印、数据交换、文件下载等，服务器负责接受请求并提供服务。与客户机相比，服务器具有极强的处理功能。一般而言，对服务器进行的日常维护应该由网络管理员完成。

Internet 采用的工作模式是客户-服务器模式。

1.3.2 以太网

1. 以太网的发展过程

在 20 世纪 60 年代末期，夏威夷大学的 N. Abramson 等人了研制 ALOHA 无线电信道共享网络系统，以实现 OAHU(美国瓦胡岛)校园内的 IBM 360 主机与其他校园内的计算机及附近海洋船上的读卡机和终端设备之间的通信。1970 年出现的 ALOHA 模型使用完全随机的信道争用协议，其成果获得 IEEE Kobayashi 奖。1972 年，Xerox 公司研制出第一台个人计算机 ALTO，尤其是 Metcalfe 等研究人员在阅读 N.Abramson 等学者的论文后，将 ALOHA 共享网络的构思用到与 ALTO 机器的互连中，从而形成了 ALTO ALOHA 网络。1973 年 5 月 22 日，Ethernet(以太网)得到正式命名并正常运行。

2. 以太网的连接设备

以太网的连接设备主要有网卡、中继器、集线器、交换机等。

网卡又称为网络适配器，是用于将计算机、工作站连接到通信介质上并进行电信号的匹配，以实现数据传输的部件。

中继器工作在 OSI 模型的物理层，具有放大信号与再生的功能。在网络距离超过一个网段的最大长度时，就可以使用中继器来延伸网络连接的距离。

集线器能将计算机的全部报文转发给其他计算机(如在广播式网络中)，或只转发给目标计算机(如在交换式星形网络中)。其次，集线器还可以检测到网络故障，进而隔离有问题的计算机或网络电缆，并让网络中的其余计算机能够正常运行。

交换机属于集线器的升级换代产品，它是一种工作在 OSI 模型的数据链路层、基于 MAC 识别(即网卡的介质访问控制地址)、能完成封装并转发数据包功能的网络设备。交换机中的全部端口均拥有独享的信道带宽，以便保证每个端口中的数据进行快速传输。

3. 以太网的连接介质

以太网的连接介质主要有同轴电缆、双绞线、光纤等，参见 1.1.4 节。

1.3.3　常用网络命令

任何网络系统都是非常复杂的，要了解网络运行情况可以使用 ping、ipconfig 等命令。如可以通过网络部件提供的 ping 工具来进行网络连接测试，从中发现网络不通的原因，既网络线路出错、计算机网卡出错、网络的 DNS 出错，还是网络的网关出错。Windows 10 系统中自带有许多网络命令，这里主要介绍 6 个常用命令：ping、ipconfig、netstat、arp、route 和 nbtstat。

1. ping 命令

ping 命令是一个使用频率非常高的实用工具，用于确定本地机是否能与另一台主机交换（如传送、接收等）数据报。根据系统的返回信息，用户就可以知道 TCP/IP 参数设置是否正确、系统运行是否正常等。ping 作为一个测试程序，若 ping 命令运行正常，则表示网卡、调制解调器、通信线路、路由器、网络访问层等都没有故障。

ping 命令的格式和使用情况如表 1-5 所示。

表 1-5　ping 命令

命令形式	说　　明
ping ip -t	连续对 IP 地址进行测试，直到按 Ctrl+C 组合键中断
ping ip -l 2000	指定数据长度为 2000B，而不是默认的 32B
ping ip -*n*	指定特定次数的 ping 测试

ping 命令属于测试程序，用于测试 TCP/IP 配置正确与否、检查网络是否通畅等，例如，ping 192.168.0.100 的结果如图 1-17 所示。

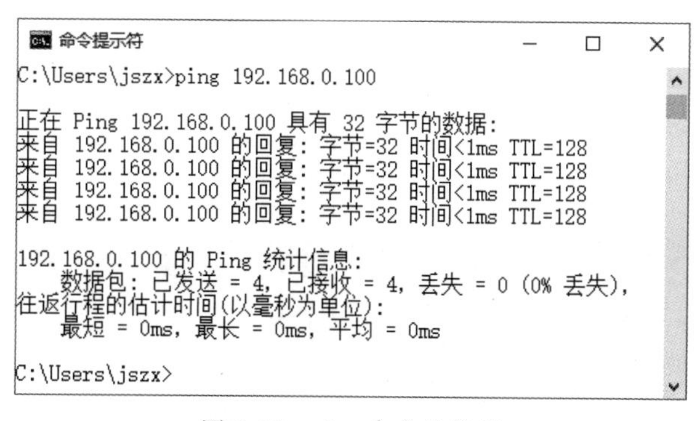

图 1-17　ping 命令的使用

2. ipconfig 命令

ipconfig 命令与 winipcfg 命令可用于显示计算机的 TCP/IP 配置数据，从而检验 TCP/IP 配置是否正确。实际上，知道计算机当前的 IP 地址、子网掩码和默认网关数据是进行测试和故障分析的基础。要显示当前计算机中的 TCP/IP 网络设置信息可使用 ipconfig 命令，其命令的格式和使用情况如表 1-6 所示。

表 1-6 ipconfig 命令

命令形式	功能
ipconfig	没有任何参数时，表示为每个已配置的接口显示 IP 地址、子网掩码和默认网关值
ipconfig/all	使用 all 选项时，ipconfig 能为 DNS 和 WINS 服务器显示已配置的附加信息、内置于本地网卡中的物理地址等。如果 IP 地址是从 DHCP 服务器租用的，该命令将显示 DHCP 服务器的 IP 地址和租用地址信息
ipconfig/release	表示全部接口租用的 IP 地址将重新交付给 DHCP 服务器
ipconfig/renew	表示本地计算机与 DHCP 服务器相联并租用一个 IP 地址

使用 ipconfig/all 命令将获得一个详细的配置报告信息，如图 1-18 所示。

图 1-18 IP 配置报告信息

3. netstat 命令

netstat 命令用于显示与 IP、TCP、UDP 和 ICMP 协议相关的统计数据，一般用于检验本计算机各端口的网络连接情况，其命令的格式和使用情况如表 1-7 所示。

表 1-7　netstat 命令

命令形式	说　明
netstat-s	按照各个协议分别显示其统计数据。若用户的 Web 浏览器运行速度较慢或不能正常显示 Web 页,则可用该命令查看对应的显示信息
netstat -e	用于显示关于以太网的统计数据,即网络流量。列出项目包括数据报数量、数据报的总字节数、错误数、删除数、广播数等。统计数据中既有传送的数据报数量,也有接收的数据报数量
netstat -r	用于显示关于路由表的信息,如有效路由和有效连接
netstat -a	用于显示全部有效连接信息列表,包括已建立连接、监听连接、请求连接等信息
netstat -*n*	用于显示全部已建立的有效连接

netstat 命令的使用示例如图 1-19 所示。

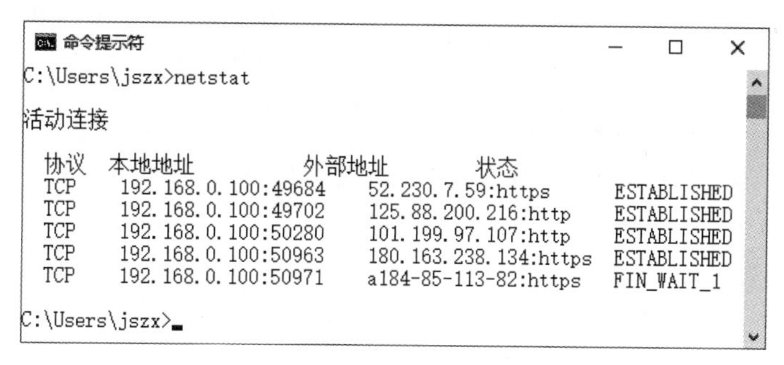

图 1-19　netstat 命令的使用

4. arp 命令

arp 表示地址转换协议的意思,属于 TCP/IP,用于确定对应 IP 数据的网卡物理地址,其命令的格式和使用情况如表 1-8 所示。

表 1-8　arp 命令

命令形式	说　明
arp -a	用于查看 Windows 系统中的高速缓存项目
arp -g	用于查看 UNIX 系统中的高速缓存项目
arp -aip	用于显示与该接口相关的 arp 缓存项目
arp -dip	手工删除一个静态项目
arp -sip 物理地址	向 arp 高速缓存中指定一个静态项目

5. route 命令

route 命令用来显示、手工添加和修改路由表中的项目,这些路由信息存储在路由表中,每个主机和路由器都有唯一的路由表。有时,必须手工将项目添加到路由器和主机上的路由表中,其命令的格式和使用情况如表 1-9 所示。

表 1-9　route 命令

命令形式	说　　明
route PRINT	用于显示路由表中的当前项目
route ADD	用于将新路由项目添加给路由表
route CHANGE	表示修改数据的传输路由，但不能使用该命令改变数据的接收方
route DELETE	表示从路由表中删除路由

route PRINT 命令的使用示例如图 1-20 所示。

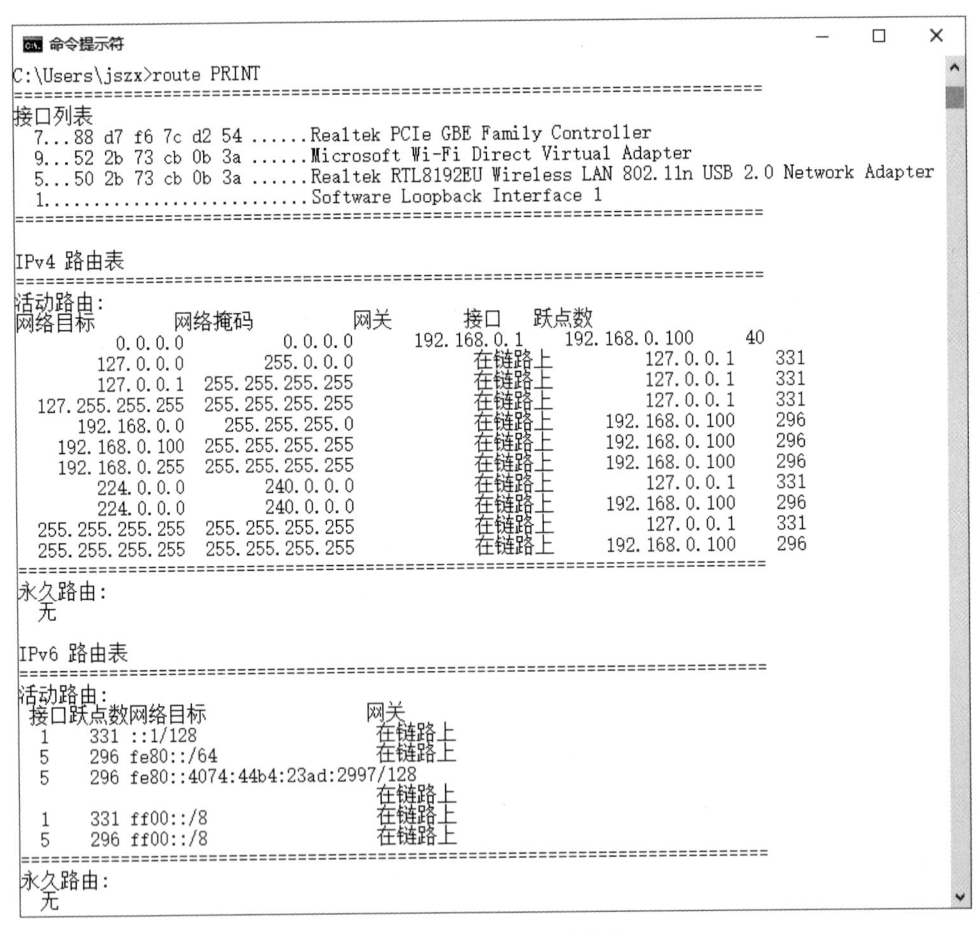

图 1-20　route 命令的使用

6. nbtstat 命令

nbtstat 命令用于提供 netbios 数据（属于 TCP/IP 中的统计值），利用 netbios 数据可以查看本地计算机或远程计算机上的 netbios 名称表格，其命令的格式和使用情况如表 1-10 所示。

表 1-10　nbtstat 命令

命令形式	说　明
nbtstat -n	显示寄存在本地计算机的名称和服务程序
nbtstat -c	用于显示 netbios 名称与高速缓存的内容，该缓存存放与其通信的其他计算机的 netbios 名称和 IP 地址
nbtstat -r	用于清除和重新加载 netbios 名称高速缓存
nbtstat -a ip	通过 IP 显示另一台计算机的物理地址和名称列表
nbtstat -s ip	显示对应 IP 地址的计算机的 netbios 连接表

nbtstat 命令的使用示例如图 1-21 所示。

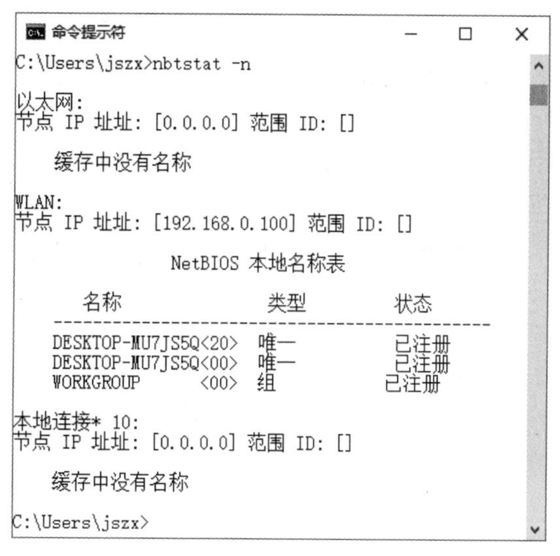

图 1-21　nbtstat 命令的使用

1.4　Internet

Internet 是计算机技术与现代通信技术的完美结合，是当今网络系统体系结构发展的里程碑。它的出现改变了人类的社会生活和经济生活，从 Internet 中，人们可以查阅到各种各样的信息。

本节主要介绍 Internet 在国内外的发展情况，国内 Internet 主干网，TCP/IP、IP 地址、域名系统，远程登录、电子邮件、万维网和 Internet 服务商(ISP)，Internet 的接入方式，如何实现 Windows 网络接入 Internet，以及创建 Internet 服务。

1.4.1　Internet 在国外的发展过程

1957 年，苏联成功发射了 Sputnik 通信卫星，这使美国政府和公众大为吃惊。为了缩小美国与苏联在空间方面的差距并赶超之，美国政府成立了隶属于美国国防部的高级研究计划署（Advance Research Projects Agency，ARPA）。Internet 就起源于 ARPA 的 ARPANET 网络，它由 ARPA 于 1969 年开始研制，并于当年就安装了第一个通信传送软件 ARPANET。到 20 世纪 70 年代中期，ARPA 又在 ARPANET 网络中成功设计并实现了通信协议 TCP/IP。

1981 年，ARPANET 网络被分成了两个完全独立的网络：ARPANET 网络和 MILNET 网络，后者是一个军用事网络（Military Network）。1982 年，由这两个网络互连而形成了最早期国际互联网络 Internet 的雏形。它成功地解决了异种机型网络互联问题，并提出了分组交换、资源共享、分布控制、分层通信协议等先进技术。

1986 年，美国国家科学基金会（National Science Foundation，NSF）认识到 Internet 在科学研究和工程应用方面具有重大意义，决定投入巨资主持发展 TCP/IP 和互联网络技术。美国国家科学基金会（NSF）首先将美国本土五大超级计算机中心连接起来，其后又将数百所大学和科研机构的计算机网络互联起来，组成了著名的 NSFNET 网络。

1990 年 7 月，由于 NSFNET 网络在美国本土的巨大成功与广泛普及，从而导致 NSFNET 网络完全取代 ARPANET 网络，并彻底结束了 ARPANET 网络时代。到 1989 年为止，与 NSFNET 相连的网络已达到 1000 个，与 NSFNET 相连的计算机已达到几百万台。除美国本土原有的计算机互联网络以外，加拿大、英国、澳大利亚、日本、法国、俄罗斯、德国等国家的计算机互联网络也相继加入，并继续严格遵循 TCP/IP，从而形成今天名扬全世界的国际互联网络——Internet。

1992 年，为了解决 NSFNET 网络数据通信能力不足的问题，以便满足不断增长的用户需要，美国高级网络和服务组织（Advanced Network and Service，ANS）又重新建立了 ANSNET 网络，它的网络容量扩充为 NSFNET 网络的 30 倍，这就是今日 Internet 的主干网。

1.4.2 Internet 在国内的发展过程

Internet 在国内的发展可以分为如下两个时期。

1. 第一个时期

1987—1993 年，我国的一些高等院校和科研机构对互联网络技术和 TCP/IP 进行了大量的科学研究与探索，并通过拨号方式（x.25 协议）实现收发电子邮件。

2. 第二个时期

从 1994 年至今，我国完全实现了与 Internet 的连接，开通了 4 个互联网。

（1）中国公用计算机互联网 CHINANET。中国公用计算机互联网 CHINANET 是隶属于原邮电部管理的一个公用互联网，它依托邮电部原有的中国公用分组交换网（CHINAPAC）、中国公用数字数据网（CHINADDN）和中国公用电话交换网（PSTN），并采用当时世界上最先进的技术和设备。CHINANET 是中国国内 Internet 的主干网，也就是国际互联网络在中国大陆地区的延伸。

（2）中国教育和科研计算机互联网CERNET。1994年初，由国家计划委员会和教育部共同投入巨资兴建了中国教育和科研计算机互联网－CERNET（China Education and Research Network），该网络将全国大部分高等院校原有的计算机网络连接起来，以便进行资源共享和信息浏览。CERNET已经建成由全国主干网、地区网和校园网在内的三级层次结构网络，其中的地区网络中心分别设在北京、成都、广州、南京、上海、沈阳、武汉和西安。

（3）中国科学院计算机互联网。中国科学院计算机互联网（NCFC）是由中国科学院主管的互联网。NCFC网是由世界银行贷款“重点学科发展项目”中发展起来的一个高技术基础设施项目，它是由广域网、都市网、校园网和局域网四级组成的层次结构网络。到1994年5月底，NCFC网络的基本工程实施完成，其中连接一百五十多个以太网络，以及三千多台微型计算机。NCFC网是目前国内最有成效和最具实用价值的互联网络之一，它具有全天开放、通信能力强大、用户数量众多、服务地域广阔、硬件设施齐全、信息资源丰富等特点。在NCFC网络中，最重要的网络服务功能就是域名服务系统，它担负着中国国内最高的两级域名分配。

（4）中国国家公用经济信息通信网GBNET。中国国家公用经济信息通信网GBNET（Golden Bridge Net）又称为金桥信息网，是1993年开始建立的，至今已经建成了金桥网络控制中心和一大批网络控制分中心，并在全国24个省市开通。中国金桥信息网GBNET是我国建立金桥工程的业务网，也是两个可以在全国范围内提供Internet商业服务的网络之一。

1.4.3　Internet地址

Internet是将不同类型计算机网络进行物理连接的一种软件技术。Internet中传输信息的起点和终点都是网络中的主机（Host Machine），所以Internet首先必须解决如何识别网络中的主机问题。实际上，Internet中识别主机可以利用网络地址。Internet采用一种全球通用的网络地址格式，为整个网络系统中的每台主机和每个网络都分配一个Internet地址，从而解决地址统一和识别网上主机的问题。另外，网际协议（IP）的一个重要功能就是处理在整个Internet中如何使用全球通用的IP地址。

1. IP地址

IP地址就是网络上的通信地址。作为计算机、网络服务器、路由器等的端口地址，IP地址是运行与实施网际协议IP的唯一标识。具体而言，Internet上的每台计算机都有一个独立的IP地址。IP地址的长度为4B，每字节是一个0～255的十进制数，字节之间用句点“.”作为分隔符，标准格式形如：xxx.xxx.xxx.xxx。例如，中国教育科研网的IP地址为202.112.0.36，清华大学校园网的IP地址为166.111.250.2。

IP地址一般划分为5类：A类、B类、C类、D类和E类，目前还没有使用D类和E类，保留以后扩展时使用。A类、B类、C类对应的IP地址如表1-11所示。

表 1-11 IP 地址及其分类

分　　类	说　　明	IP 地址
A 类	大型网络	1.1.1.1～126.254.254.254
B 类	中型网络	128.1.1.1～191.254.254.254
C 类	小型网络	192.1.1.1～233.254.254.254

可见,从 IP 地址中的第 1 位就可以知道任何计算机所在的网络类型。为了保证 IP 地址在 Internet 中的唯一性,全世界的 IP 地址统一由美国国防数据网的网络信息中心(DDNNIC)进行分配和管理。对于美国以外的国家和地区,DDNNIC 授权世界各大区的网络信息中心进行分配和管理。

在使用过程中,IP 地址一般分为静态 IP 地址和动态 IP 地址两大类。

(1) 静态 IP 地址。对于任何提供网络信息服务的网络服务商(Internet Service Provider,ISP)而言,必须告诉访问者一个唯一的地址,这是指静态 IP 地址。实际上,只有申请 DDN 专线或 x.25 专线的访问者,才可以拥有一个固定的静态 IP 地址。这种访问者既可以访问 Internet 资源,又可以通过 Internet 发布信息。

(2) 动态 IP 地址。个人计算机在申请账号并采用 PPP 拨号方式接入 Internet 时,该计算机就被 ISP 分配一个唯一的 IP 地址。但是,由于 ISP 拥有的 IP 地址资源有限,不能保证每个用户都有一个固定的 IP 地址,所以就采用动态分配的方式。当用户登录上网时,随机分配一个空闲的 IP 地址给该用户使用。如果没有空闲的 IP 地址资源,则用户只能等待,直到有其他用户下网后空出 IP 地址才可能分配给该用户。

注意:IP 地址是可以动态进行分配的,不像电子邮件地址那样是完全固定的。另外,前述 IPv4 的地址资源有限,严重制约互联网的发展与应用。目前所用的 IPv6 不仅能解决网络地址数量的问题,也能解决多种接入设备连入互联网的障碍。

2. 域名系统

纯阿拉伯数字形式的 IP 地址是不便记忆和使用的,所以 Internet 中引入了分布式管理的域名系统(Domain Name System,DNS)。DNS 具有如下两个主要功能:一是定义一组为网络中的主机确定域名的规则;二是将域名进行动态转换以便得到实际的 IP 地址。域名采用分层次命名的方法,每一层又称为子域名,子域名之间使用句点"."作为分隔符,从左到右分别是主机名、网络名、机构名和最高层域名。例如在域名 scu.edu.cn 中,四川大学用 scu 表示,教育机构用 edu 表示,中国用 cn 表示。

Internet 的最高层域名是由美国国防数据网的网络信息中心 DDN NIC 授权并登记的,在美国国内用于区分机构,在美国之外用于区分国别或地区。

表 1-12 列出部分国家或地区域名。

注意:在域名中不指定国家代码或地区代码时,隐含表示为美国。

表 1-13 列出部分行业或机构性质域名。

表 1-12 国家或地区域名

域名代码	国家或地区	域名代码	国家或地区
cn	中国	tw	中国台湾地区
fr	法国	in	印度
uk	英国	jp	日本
us	美国	hk	中国香港特别行政区
ca	加拿大	de	德国
it	意大利	kr	韩国
au	澳大利亚	br	巴西
nz	新西兰	sg	新加坡

表 1-13 行业或机构性质域名

域名代码	行业或机构性质	域名代码	行业或机构性质
com	公司或企业	mil	军事网
net	网络服务机构	org	机构网
edu	教育部门	web	以 WWW 活动为主的单位
gov	政府机构	info	提供信息服务的单位
int	国际组织	arpa	暂时的 ARPANet 机构

3. 电子邮件地址

一般用户在 Internet 上使用较多的功能就是电子邮件，它完全改变了人类进行通信交流的方式。电子邮件具有使用方便、传送快捷、价格便宜和内容丰富的特点。

(1) 使用方便。用户可以足不出户，24 小时随时收发电子邮件。

(2) 传送快捷。电子邮件可以在几分钟内传送到全球的任何一个地方。

(3) 价格便宜。收发电子邮件的成本非常低，远远低于航空邮件或特快专递。

(4) 内容丰富。今天的电子邮件已经不是传统意义下的邮件，它不但可以包含文字、数字等单媒体信息，还可以包含声音、图像等多媒体信息。

用户拥有的电子邮件地址又称为 E-mail 地址，它具有如下的标准格式：

```
用户名@ 主机域名
```

这里的用户名就是使用者向网络服务商(Internet Service Provider，ISP)或网络管理机构注册时得到的用户名称，可以是用户的真实姓名或简写形式，符号“@”(符号@可以读成“at”)后面为用户所使用主机的域名。例如，四川大学网络管理中心在管理用户的电子邮件注册登记时，对应的电子邮件地址形式为

```
********@scu.edu.cn
```

注意：任何网络服务商ISP或网络管理中心只要保证用户名不同，就能保证电子邮件地址在整个Internet中的唯一性。因为主机域名是由各国自己的DDNNIC机构授权并登记的，从而保证了电子邮件地址在Internet中的唯一性。

4. 统一资源定位符

统一资源定位符（Uniform Resource Locator，URL）是某一信息资源在Internet中唯一的地址标志。它由如下3部分组成：资源类型、存放资源的主机域名、资源文件名。例如URL地址“HTTP://scu.edu.cn/top.HTML”，其中，HTTP表示资源类型为超文本信息，scu.edu.cn表示四川大学的主机域名，top.HTML表示资源文件名。表1-14列出了由URL地址表示的各种信息资源。

表1-14 URL地址表示的信息资源

URL资源名称	说　明
http	由Web访问的多媒体资源
mainto	提供电子邮件功能
wais	提供关键字式的信息查询工具
gopher	提供菜单式的信息查询工具
ftp	与Anonymous文件服务器连接后的文件传输
telnet	与网络服务器建立远程登录连接
news	新闻阅读与专题讨论

1.4.4 Internet的接入方式

1. Internet连接方式

计算机与Internet相连接可以使用如下4种方式。

（1）电话连接方式。电话连接方式是将用户的个人计算机通过电话线以电话拨号的方式与Internet中的主机相连接，其中用户计算机中必须安装调制解调器，调制解调器再与电话线相连接，采用点对点协议（PPP）和串行线Internet协议（SLIP）。

（2）主机连接方式。主机连接方式是将用户的个人计算机与Internet相连接，此时用户的计算机就成为Internet上的一台主机。该计算机拥有一个Internet地址，以便使计算机之间能够相互识别并实现通信。这个Internet地址是由IP定义的，并在通信过程中由IP进行处理，所以该地址又称为IP地址。

（3）网络连接方式。网络连接方式是将用户的个人计算机连接到某一个局域网或广域网中，该网络必须是已经用网络服务器或路由器与Internet相连接的，从而作为网络内使用Internet的用户。这种用户可以共享同一个IP地址，也可以自行申请分配另外一个IP地址。

（4）终端连接方式。终端连接方式是将用户的个人计算机作为一个仿真终端与Internet相连接。这种用户没有IP地址，不能直接获得电子邮件，也不能通过文件传输协议 FTP 获得文件，只能向主控计算机申请将信息传送到终端后才能进行浏览。

2. Internet 服务商

Internet 服务商(Internet Services Provider，ISP)是向终端用户提供 Internet 服务的公司、组织或机构，其中大型 Internet 服务商为许多城市提供 Internet 服务，而小型 Internet 服务商则只能提供校园或社区的 Internet 服务。当然，许多 Internet 服务商在提供 Internet 服务同时，也提供独具特色的信息资源。

3. 网络连接技术

网络连接技术主要有 3 种：ADSL、电缆调制解调器和 ISDN。

(1) ADSL。ADSL 是通过使用传统电话线路来提供 Internet 服务的，其价格低廉。目前，这种技术发展迅速的，许多用户正在共享该技术带来的益处。

(2) 电缆调制解调器。电缆调制解调器是使用有线电视电缆来提供 Internet 服务，任何用户只要在有线电视基础上进行改造，就能够通过电缆调制解调器实现上网。

(3) ISDN。ISDN 是由城市电信部门通过高速电话线路所提供的服务。ISDN 提供的数据传输速率比传统的调制解调器快得多，并且价格较低。

1.4.5　Internet 特点

Internet 是一个在全世界范围内将众多计算机网络连接起来而形成的互联网络系统。由于在 Internet 中存在不同类型计算机网络互联的问题，所以可能采用如下两种网络解决方案：第一种解决方案是选择一种全面的网络互联技术，促使所有用户都使用这种网络互联技术；第二种解决方案是允许各个用户选择适合自身需求的网络技术，然后再使用各种网络互联技术将各种不同类型的网络连接起来。Internet 采用的就是第二种解决方案。下面介绍 Internet 的主要特点。

1. Internet 采用分组交换技术

(1) 交换技术。在计算机通信系统中，一般不采用直接在两个通信结点之间以直通方式占有线路的网络结构。而是采用首先通过中间结点进行中转，然后将数据从源地址传送到目标地址的网络结构。在这种通信方式中，中间结点只是作为一个交换设备，它可以不关心传送数据本身的具体内容。由这个中间结点完成将数据从一个结点传输到另一个结点，最终到达目的地。

所谓交换是指由中间结点参与的通信方式。在交换式计算机通信网络中，中间结点可以分为两类：存储交换结点和线路交换结点。存储交换结点用于保证数据存储与转发的顺利完成，线路交换结点用于保证整个通信线路可以连续畅通。

(2) 分组交换技术。所谓分组交换是指在源结点传送一个报文时把很长的报文拆成较短的分组报文(message)进行传送和交换的网络结构，在这些分组报文到达目标结点后，再将分组报文按顺序组装成原来的报文。分组交换方式不需要事先建立物理通路，当前方线路空闲时，就以分组(即一个长的报文拆分成若干个小段落)为单位进行传送，中间结点接收到一个分组后再进行转发，而不必等到所有的分组报文都接收到后再进行转发，从而大大地提高了网络的传输速度。

分组交换具有以下3个优点：

① 每个分组报文在交换网络中可以动态地选择不同路径，传输效率高；

② 由于分组报文内容较短，所以系统开销较小，出错概率也较低；

③ 由于在分组交换过程中，通信线路采用分组交换共享方式，即可以为各结点共享，所以通信线路的利用率较高。

2. Internet 采用的协议

通信协议是指两台计算机在信息交换过程中所使用的一种公共语言规范和限制。Internet 采用 TCP/IP，它是互联网络中有关信息交换、规则、规范的集合体。TCP/IP 主要由传输控制协议和网际协议两部分组成。

（1）传输控制协议（Transmission Control Protocol，TCP）。传输控制协议的作用是在传送方计算机与接收方计算机之间维持连接，并提供无差错的通信服务，将传送的分组数据报文还原并组装起来，自动根据计算机系统之间的距离远近来修改通信确认的超时值。从而利用确认和超时机制处理数据丢失问题，以便保证数据传送的正确性。

（2）网际协议（Internet Protocol，IP）。网际协议的作用是控制网络上的数据传输，它可以定义数据的标准格式，并给 Internet 上的计算机分配相应的 IP 地址，使互联的一组网络如同一个庞大的单一网络那样运行。网际协议 IP 还包含有路由选择协议，从而保证路由器能够控制分组后的数据报文无差错地从传送方计算机传送到接收方计算机中。

TCP/IP 具有以下特点：

① 开放协议标准，可以免费使用，并且独立于特定机器硬件与操作系统；

② 独立于特定网络硬件，可以运行在局域网、广域网、互联网中；

③ 统一的网络地址分配方案，使得所有使用 TCP/IP 的设备在网络中都具有唯一的地址；

④ 标准化的高层协议，可以提供多种安全可靠的网络服务。

与 OSI 七层模型不同，TCP/IP 参考模型分为4个层次，即应用层、传输层、国际互联层、网络接口层（含物理层），如图 1-22 所示。

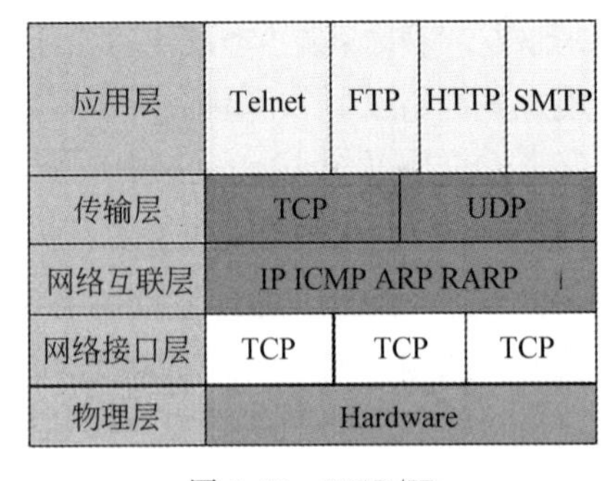

图 1-22 TCP/IP

3. Internet 用路由器将多个网络互联起来

路由器是 Internet 中执行路由选择任务的专用计算机，负责网络上的数据流动路线，防止通信线路发生阻塞，并在出现线路阻塞时调节数据流量以便消除线路阻塞。Internet 允许各个用户选择适合自身需求的网络技术，然后再使用各种网络互联技术将各种不同类型的计算机网络连接起来。

1.4.6 安装 IIS 信息服务

Windows 10 系统提供 Internet 信息服务功能，它是由内嵌工具软件 Internet Information Server 实现的，通过 IIS 可以在 Windows 10 系统中使用 WWW 服务和 FTP

功能。

Windows 系统的信息服务模式可以分为静态服务模式和动态服务模式。其中，静态服务模式是指 WWW 服务器提供什么信息源，用户就只能得到什么信息服务，与用户是否需要这种信息服务无关；动态服务模式属于交互式的服务方式，它可以根据用户需要来提供信息服务。

在 Windows 10 系统中安装 IIS 的具体过程如下：

(1) 选择“开始”→“所有应用”→“Windows 系统”→“控制面板”，系统弹出“控制面板”对话框，如图 1-23 所示。

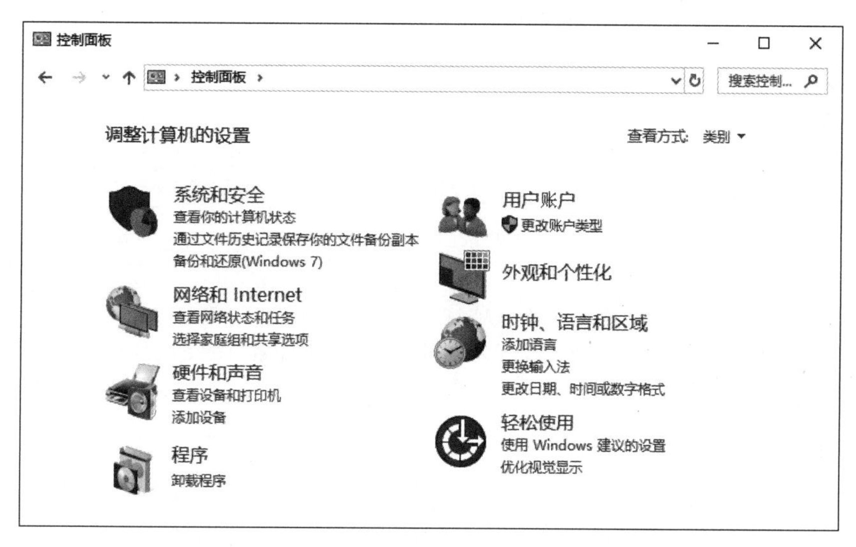

图 1-23 “控制面板”对话框

(2) 在“控制面板”对话框中，选择“程序”条目，系统弹出“程序”对话框，如图 1-24 所示。

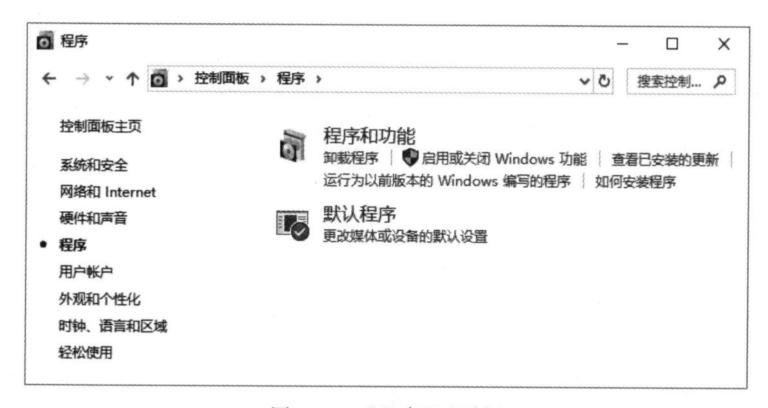

图 1-24 “程序”对话框

(3) 在“程序”对话框中，选择“启用或关闭 Windows 功能”，系统弹出“Windows 功能”对话框，如图 1-25 所示。

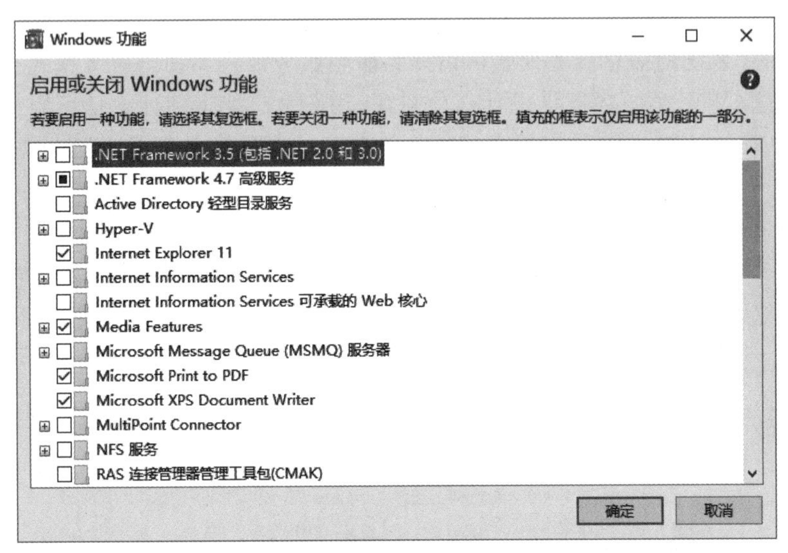

图 1-25 “Windows 功能”对话框(一)

(4) 在“Windows 功能”对话框中，选择 Internet Information Services 并展开，在其中根据提示选择相应功能即可。例如，若要使用 FTP 功能、运行 ASP.NET 程序等，则可以选择如图 1-26 所示的内容。

图 1-26 “Windows 功能”对话框(二)

(5) 在图 1-26 中,选择"确定"按钮,系统弹出如图 1-27 所示的对话框。

图 1-27　"Windows 功能"对话框(三)

(6) 在图 1-27 中,选择"从 Windows 更新下载文件"条目,Windows 10 系统将开始自动下载并安装前面指定的程序,直到出现"Windows 已完成请求的更改" 对话框,最后重新启动计算机。

1.5　网络管理与网络安全

网络管理是指网络管理员通过网络管理程序对网络资源进行集中管理的全部操作,包括配置管理、故障管理、操作管理、性能管理、记账管理等。如对硬件、软件和人力的合理使用与协调,以便对网络资源进行监视、测试、分析、评价、配置、控制等,从而能够以合理的性能价格比来满足网络需求。

本节主要介绍网络管理、网络信息安全与保密和防火墙技术。

1.5.1　网络管理

1. 网络管理概念

在实现网络管理时,经常使用"管理者－代理"管理模型,如图 1-28 所示。网络管理应该为监视、控制、协调网络资源提供方便灵活的操作手段,网络管理者要从各个代理处收集管理信息并进行处理,以便获取有价值的管理信息,进而达到网络管理的目标。

各种网络的管理目标可能不同,但主要管理目标应该包括以下 6 个方面:

(1) 使用户能够方便灵活地共享网络资源;

(2) 提供网络安全;

(3) 减少运行费用,提高计算机的运行效率;

(4) 减少停机时间,改进响应时间,提高设备利用率;

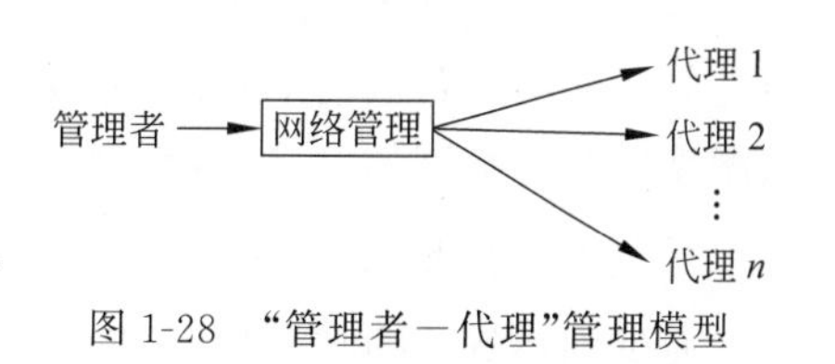

图 1-28　"管理者－代理"管理模型

（5）减少或消除网络瓶颈问题；

（6）适应新技术带来的各种需要。

网络管理目标最终应该由网络管理员来具体实现。在实现计算机网络的过程中，网络管理员应该完成的任务包括：规划与建设网络、扩展与优化网络、网络的故障检修与维护等。

2. 网络管理功能

（1）性能管理。性能管理的目标是衡量并呈现网络特性的各个方面，使网络性能维持在一个合理水平上。一方面，性能管理要求网络管理员监视网络运行过程中的关键参数，如吞吐率、响应时间、利用率、错误率、网络可用度等；另一方面，通过性能管理能够找出网络中哪些性能可以改善以及如何改善。

（2）安全管理。安全管理的目标是按照特定策略来控制用户对网络资源的访问，以保证网络不被非法访问以及重要信息不被未授权用户访问。安全管理具体包括：

① 监视对重要网络资源的访问；

② 记录对重要网络资源的非法访问；

③ 标识重要的网络资源，如系统、文件和其他实体；

④ 确定重要的网络资源和用户群体之间的映射关系；

⑤ 信息加密管理。

（3）故障管理。当网络出现任何软硬件故障时，要进行故障的确认、记录和定位，并尽可能排除故障。故障管理的目标是自动监测故障并通知网络管理员，以便网络能正常运行。

（4）计费管理。计费管理的主要目标是使网络管理员能够测量并报告关于个人用户或团体用户的计费信息。首先通过分配资源并计算用户通过网络传输数据的费用，然后给用户开出使用网络资源的账单。同时，计费管理增加网络管理者对用户使用网络资源情况的认识，这有利于创建一个合理的网络。

网络计费管理具体功能如下：

① 建立和维护计费数据库系统，能对任意一台机器进行计费；

② 建立和管理相应的计费策略；

③ 能够对指定地址进行限量控制，当超过使用限额时将其封锁，并允许个人用户或单位用户按时间、地址等信息查询网络使用情况。

（5）配置管理。配置管理的目标是掌握并控制网络系统的配置信息、网络内各设备的状态与连接关系。目前的网络设备由设备和设备驱动程序组成，合理配置网络设备的参数就可以更好地发挥设备的使用效率，进而获得较佳的整体性能。配置管理的主要内容包括：定义新的网络管理对象、识别网络管理对象、改变管理对象的参数、配置网络资源与监视网络设备的活动状态、监视与控制网络资源之间的各种关联、增加新的网络资源与删除旧的网络资源、管理各个网络对象之间的关系等。

3. 网络管理协议

通过网络管理协议，可以访问任何生产商制造使用该协议的网络设备并获得传输结果的一致性。对网络设备进行查询的内容包括设备名、设备驱动软件的版本号、设备对应的接口数目、一个设备接口每秒的传递的数据包数量等。可用于设置网络设备的参数包括设备名、网络接口地址、网络接口的运行状态、设备的运行状态等。目前使用的标准网络管理协议包括简单网络管理协议（SNMP）、公共管理信息服务协议（CMIS/CMIP）、局域网个人管理协议（LMMP）等。

1.5.2　网络信息安全与保密

网络信息安全包括物理安全、网络安全、数据安全、信息内容安全、信息基础设施安全等，涉及个人权益、企业生存、金融风险防范、社会稳定和国家安全等诸多方面。信息安全体系结构中的安全服务包括面向数据的安全和面向使用者的安全两个方面。其中，面向数据的安全是对信息的机密性、完整性和可获性的保护；面向使用者的安全是鉴别、授权、访问控制、防抵赖性、可服务性以及基于内容的个人隐私、知识产权等的保护。这些要依靠密码技术、数字签名、身份验证技术、防火墙、安全认证、灾难恢复、防病毒、防黑客入侵等安全机制，才能最终加以解决。

1.5.3　防火墙技术概述

1. 防火墙的基本概念

防火墙是指设置在不同网络（如可信任的企业内部网和不可信任的公共网）或网络安全域之间的软硬件组合。主要目标是通过监测、限制、更改跨越防火墙的数据流，尽可能地对外部屏蔽网络内部的信息、结构和运行状况，以便实现网络系统的安全与保护。它的主要功能包括：

(1) 通过防火墙可以监视与安全有关的事情，可以采用监听技术和警报技术。

(2) 防火墙可以作为诸如 IPSec 的平台，通过使用隧道模式功能来实现虚拟专用网。

(3) 防火墙可以为数种与安全无关的 Internet 服务提供方便的操作平台。如网络地址翻译程序和网络管理功能部件，前者用来将本地地址映射成 Internet 地址，后者用来监听或记录 Internet 的使用情况。

(4) 防火墙定义一个唯一的瓶颈，通过该瓶颈可以将未授权用户排除到受保护的网络之外，禁止脆弱服务进入或离开网络，防止各种 IP 盗用和路由攻击。使用唯一瓶颈的好处是简化管理，因为安全功能都集中在单个系统或一个系统群中。

2. 防火墙的设计策略

防火墙的最初功能是提供网络服务控制，现在的防火墙功能则包括以下 4 个方面：服务控制、方向控制、用户控制和行为控制。根据网络系统的安全需要，可以在以下位置部署防火墙：

(1) 两个网络在进行对接时，可利用硬件防火墙作为网关设备实现地址转换、地址映射、网络隔离和存取安全控制，进而消除软件防火墙的瓶颈问题。

(2) 利用防火墙软件提供的负载平衡功能，网络服务商可以在公共访问服务器和客户端之间加入防火墙，以便进行负载分担、存取控制、用户认证、流量控制和日志记录等功能。

(3) 基于广域网系统的安全需要，总部的局域网可以将各个分支机构的局域网看成不安全的系统。在总部的局域网和各个分支机构的局域网进行连接时，一般通过公用网(如 ChinaPAC、ChinaDDN 等)进行连接。同时采用防火墙实现隔离，并利用特定软件提供的功能构成虚拟专用网(VPN)。

(4) 总部的局域网和分支机构的局域网是通过 Internet 进行连接的，需要分别安装各自的防火墙并组成虚拟专用网。

(5) 在 Intranet 与 Internet 之间进行连接时加入防火墙。

(6) 在局域网内的 VLAN 之间控制数据流动时加入防火墙。

(7) 在远程用户拨号访问 Internet 时加入虚拟专用网。

习 题 1

一、简答题

1. 计算机网络的形成与发展过程分为哪 4 个阶段？简述每个阶段的主要特点。
2. 什么是计算机网络？简述计算机网络的主要功能。
3. 计算机网络是由哪两部分组成的？简述计算机网络的具体组成。
4. 简述 ISO OSI 模型的具体内容。
5. 简述计算机在通信过程中所用的数据交换技术。
6. 什么是多路复用技术？简述 3 种多路复用技术。
7. 什么是局域网的拓扑结构？简述常用的网络拓扑结构。
8. 什么是客户机/服务器？简述这种网络的主要特征。
9. 什么是静态 IP 地址？什么是动态 IP 地址？
10. 简述电子邮件的主要特点。
11. 简述计算机与 Internet 相连接的 4 种方式。
12. 什么是通信协议？什么是 TCP/IP？
13. 什么是网络管理？简述网络管理的具体内容。
14. 什么是防火墙？简述防火墙的主要功能。

二、上机题

1. 在一台联网计算机中使用 ping、ipconfig、netstat、arp、route 和 nbtstat 命令，分析网络配置和应用情况。
2. 在一台联网计算机中重新安装 Windows 10 系统，并进行网络连接设置。
3. 在一台联网计算机中重新安装 Windows 10 系统，并安装 IIS 信息服务。

第 2 章 Internet 应用基础

教学目标

(1) 了解 Internet 基本服务。

(2) 熟练掌握浏览器、电子邮件、搜索引擎等 Internet 应用。

(3) 掌握通过网络进行简单交流。

(4) 了解 Internet 在各个领域的应用前景。

Internet 在人类进入信息社会的进程中起到不可估量的作用,主要原因是 Internet 具有丰富的信息资源和网络服务。普通用户通过 Internet 足不出户便可以获取最新信息,以及从事教育、开展商业与金融活动等。本章主要介绍 Internet 的基本应用,如信息浏览、电子邮件、文件传输协议、远程登录等。

2.1 Internet 信息服务

目前,Internet 用户已达数十亿,其中的绝大多数用户都是在获取各种信息服务。本节主要介绍电子邮件、文件传送、远程登录、万维网、电子邮递名单、新闻组、电子公告板系统等方面的概念和应用。

2.1.1 基本服务资源

Internet 提供的服务主要包括信息检索、电子邮件、文件传输协议和远程登录。

1. 信息检索

信息检索就是查找信息,利用 Internet 可以非常容易地获取各种信息。当然,信息应该包括两方面内容,即合理的信息存储和有效的信息检索,详细内容可参看第 7 章。

2. 电子邮件

电子邮件是 Internet 中最广泛使用的一种服务功能。与传统意义上的手写邮件相比,电子邮件的主要优点是速度快捷、价格低廉和方便灵活。例如,从成都发一封电子邮件到北京,数秒内就可完成,这是传统的航空信件和特快专递无法比拟的。

3. 文件传输协议

文件传输协议允许用户将不同类型的文件从一台计算机传输到另一台计算机中,只要通过一个统一的文件传输协议(File Transfer Protocol,FTP)进行规范,这样使得具有不同操作系统平台和不同体系结构的计算机之间可以交换各种类型的文件。

4. 远程登录

远程登录 Telnet 允许用户在将自己的计算机与远程的服务器进行连接后,通过由本地计算机发出命令,到远程计算机上执行。这时本地计算机的工作情况就像是远程计算机的一个终端,所用的通信协议就是 Telnet,所以远程登录功能又称为 Telnet 功能。

2.1.2 信息组服务

1. 电子邮递名单

电子邮递名单又称为邮件列表或 MailingList,用于在各种群体之间进行信息交流与发布。构成邮件列表可以使用公告型和讨论型两种。前者通常由管理者向组(成员群)内的全部成员发送信息,后者通常是任何成员都可以向组内的其他成员发送信息。具体操作过程是发邮件到小组的公共邮箱,通过系统处理后将邮件分发给组内其他成员。

2. 新闻组 Usenet

如果想就某一专题,在更广泛的范围内进行交流,最好使用 Internet 的新闻组。新闻组是 Internet 的一部分,一个新闻组就是一个讨论论坛,上面开设了各类问题的讨论区,任何人都可以访问这里,阅读别人的新闻和发布自己的消息。当然,必须按照一些约定俗成的规则。

3. 电子公告板

电子公告板(Bulletin Board System,BBS)用于公布天气预报、股市价格、程序设计、软件、硬件、网络、多媒体、医学、交友、产品转让等信息。人们可以通过计算机、调制解调器和电话线进入 BBS 系统中,进而共享其中的信息资源。

2.1.3 万维网

WWW(World Wide Web,万维网),简称 Web,是基于超文本和超媒体技术、将许多信息资源链接而成的一个信息网络,它通过超文本传输协议(HTTP)向用户提供超文本的多媒体信息。提供信息的基本单位称为网页(即 WWW 文件),每一个网页可以包含文字、图形、图像、动画、声音、视频等多种信息。

1. WWW 工作原理

(1) 工作模式。WWW 的工作模式是基于客户-服务器机制的,客户机必须安装浏览器。浏览器和 Web 服务器之间使用 HTTP 进行通信,Web 服务器根据用户提出的网络请求,为用户提供信息浏览、安全验证、数据查询等服务。客户端浏览器具有 Internet 地址和文件路径导航功能,按照 Web 服务器返回的 HTML 文件提供的地址和路径信息,引导用户访问与当前网页相关的信息。

WWW 为用户提供网页的过程如下:

① 由浏览器向 Web 服务器发出一个网页请求,即输入一个 Web 地址;

② Web 服务器在收到请求后将寻找特定的网页,找到后将网页内容传送到浏览器中;

③ 浏览器收到网页内容后将进行“浏览”。

在 Web 中,客户端的主要任务如下:

① 提交一个网页请求,如单击某个超链接;

② 将网页请求发送给某个服务器。

服务器端的主要任务如下:

① 接收客户端提交的网页请求;

② 进行合法性检查和安全屏蔽;

③ 针对网页请求获取并制作数据,如 CGI 脚本和应用程序、为文件设置适当的 MIME 类型、对数据进行处理等,把信息发送给提出网页请求的客户端。

(2) 信息组织。WWW 中的信息是以超文本形式进行组织的。超文本是完全不同于线性文本的一种新文本,它是以文本的互相链接来组织文稿信息的,其中可以嵌入表单、表格、声音、图像、动画、视频等许多元素。

(3) 信息传递。人类很早就知道信息传递的重要性,如过去战争时期使用烽火台进行通信。在万维网中信息传递是通过客户-服务器模式实现的,即客户机向服务器提出请求,服务器响应客户机请求并进行处理。

2. WWW 浏览器

WWW 浏览器是实现万维网服务的客户端浏览程序,它可以向万维网服务器发送各种网络请求,并对服务器返回的超文本信息和各种多媒体数据格式进行分析、浏览和播放。目前比较流行的浏览器有微软公司的 Microsoft Edge、网景公司的 Netscape Navigator、腾讯公司的 Tencent Traveler 等。

2.2 使用 Microsoft Edge 浏览器

Internet 中提供了大量的数据资源和信息资源,使用 Microsoft Edge 浏览器可以方便灵活地进行浏览,从各类网络服务器中获取数据和信息。这些信息可以是多种类型的网页文件,如 HTML、Java Applet、JavaScript、Mode、ESS、ActiveX、Scripting、Layers 等。其次,Edge 浏览器还提供许多实用的功能,下面介绍其中的语音播放、添加笔记、查看源代码、将信息从网页复制到文档中、多窗口浏览、删除“保存密码”提示、导入收藏夹、快捷键等功能。

2.2.1 语音播放

在 Edge 浏览器中,选定需要语音播放的文本(由蓝色标识)后右击鼠标,选择快捷菜单中的“大声朗读”,则浏览器自动将选定文本用语音播放出来,如图 2-1 所示。

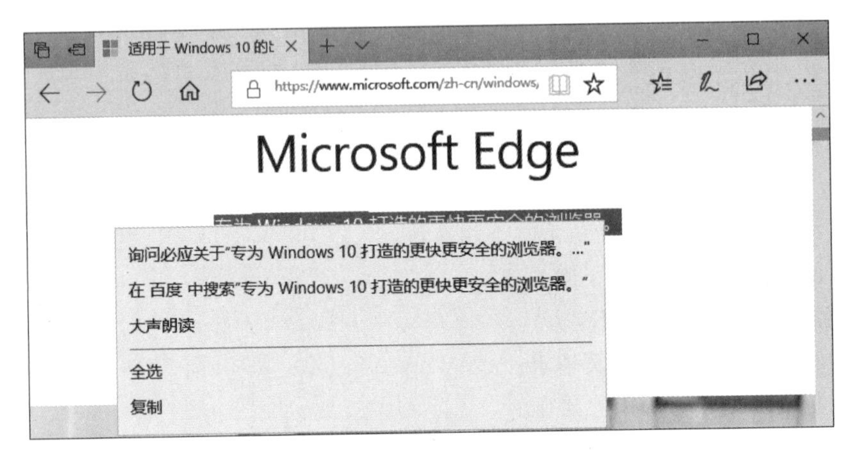

图 2-1　语音播放

2.2.2　添加笔记

在 Edge 浏览器中，单击右上角的“添加笔记”按钮，如图 2-2 所示。

图 2-2　添加笔记(一)

在显示的紫色工具栏中，单击右上角的“添加笔记”按钮，如图 2-3 所示。

图 2-3　添加笔记(二)

在其后出现的"＋"号指南时，就可以指定笔记位置并添加内容，如图 2-4 所示。

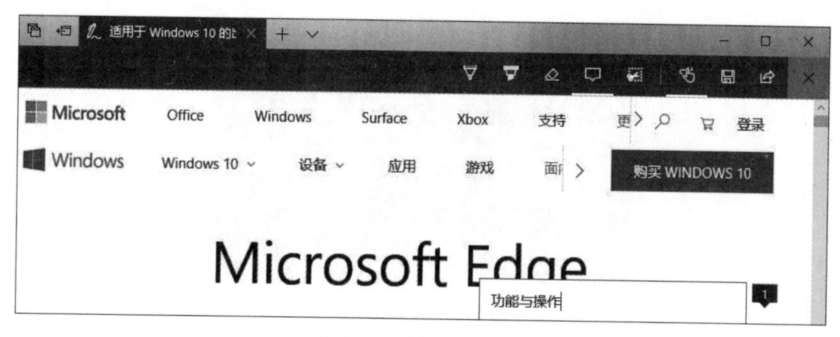

图 2-4　添加笔记(三)

注意：除添加笔记外，Edge 浏览器还允许涂鸦、突出显示并保存操作结果，这在修改 PDF 文件时非常有效。

2.2.3　查看源代码

要查看当前页面的源代码，可按组合键 Ctrl＋U，如图 2-5 所示。

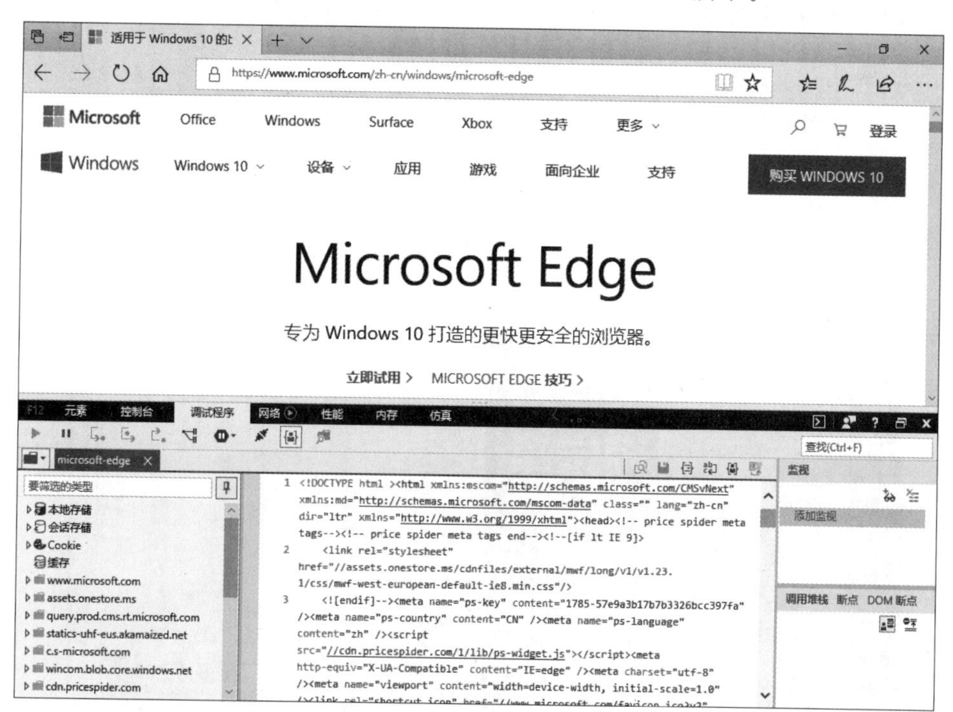

图 2-5　查看源代码

2.2.4　将信息从网页复制到文档中

将信息从网页复制到文档中的具体操作过程如下。

(1) 选定要复制的网页内容后右击,选择快捷菜单中的“复制”,如图 2-6 所示。

在百度中搜索“全新推出 Windows 10 2018 年 4 月更新”
大声朗读
全选
复制
检查元素

图 2-6　快捷菜单

(2) 在目标文档中,在指定的插入点位置按组合键 Ctrl+V,则将信息从网页复制到文档中。

注意:用这种方法只能保存网页上的文本信息,但不能保存网页上的图形信息。另外,这种复制方法是通过 Windows 操作系统的剪贴板功能实现的,但是也不能将信息从一个 Web 页复制到另一个 Web 页中。

2.2.5　多窗口浏览

在浏览 Web 页面并在新窗口打开链接时,可以选择“设置及更多”→“新窗口”选项或 Edge 浏览器顶部的“在新窗口中打开”命令,如图 2-7 所示。

图 2-7　多窗口浏览(左右型)

2.2.6 删除“保存密码”提示

选择“设置及更多”按钮，得到如图 2-8 所示的快捷菜单。

在图 2-8 中，选择“设置”，得到如图 2-9 所示的菜单。

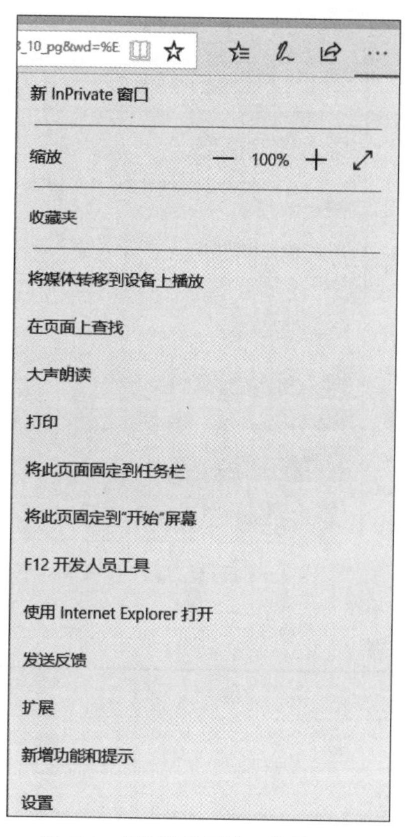

图 2-8 “设置及更多”菜单(一)

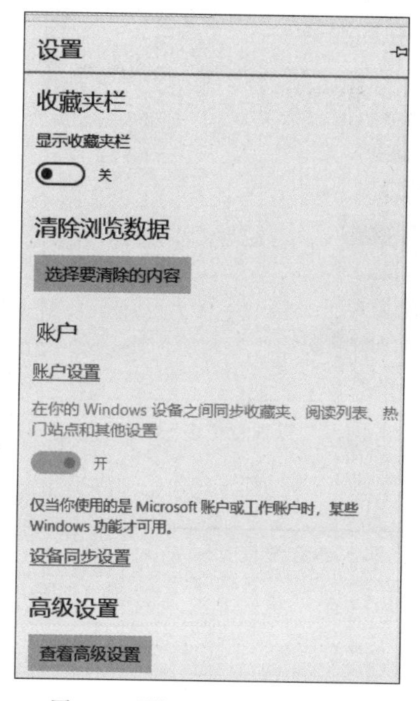

图 2-9 “设置及更多”菜单(二)

在图 2-9 中，选择“查看高级设置”，得到如图 2-10 所示的菜单。

在图 2-10 中，将设置“保存密码”为“开”状态。这样就删除了“保存密码”提示。

2.2.7 导入收藏夹

选择“设置及更多”→“收藏夹”→“导入收藏夹”→“从文件导入”要将一个站点放入收藏夹中，如图 2-11 所示。

这样，当前正在访问的站点将会放到收藏夹中。

2.2.8 组合键

常用组合键如表 2-1 所示。

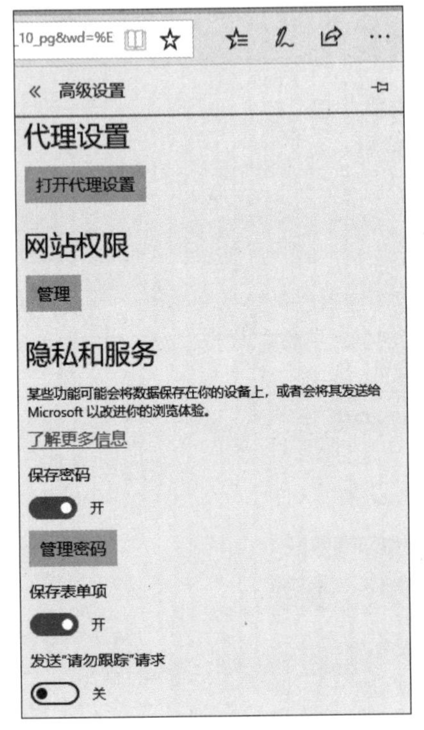

图 2-10 “设置及更多”菜单(三)

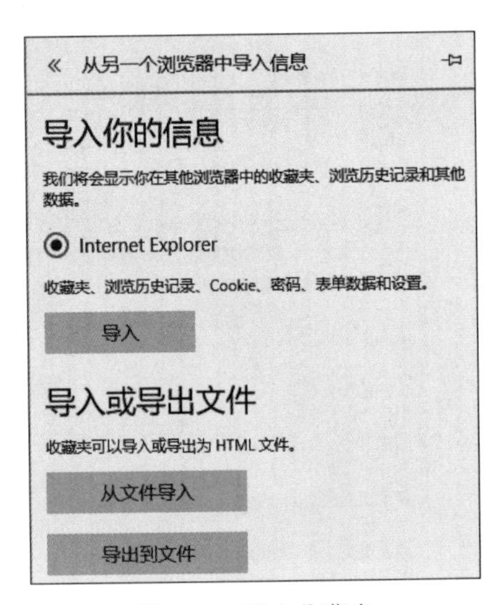

图 2-11 导入收藏夹

表 2-1 组合键

组合键	功 能
Ctrl+A	全选
Ctrl+C	复制
Ctrl+V	粘贴
Ctrl+X	裁剪
Ctrl+D	将当前页面添加到收藏夹或阅读列表
Ctrl+F	在页面上查找
Ctrl+H	打开历史记录面板
Ctrl+I	打开收藏夹列表面板
Ctrl+L	选中地址栏内容
Ctrl+N	新建窗口
Ctrl+P	打印当前页面
Ctrl+R	刷新当前页
Ctrl+U	查看源代码
Ctrl+Shift+M	进入 Web 笔记功能

续表

组合键	功 能
Ctrl+Shift+R	进入阅读模式
Ctrl+Shift+T	打开上次关闭的页面
Ctrl+加号(+)	页面缩放比例增加25%
Ctrl+减号(-)	页面缩放比例减小25%

2.3 电子邮件

本节主要介绍电子邮件的工作原理,邮件传输协议,电子邮件的特点,免费电子邮件,以及电子邮件的创建、编辑、发送、转发、抄送等。

2.3.1 电子邮件特点

电子邮件主要具有以下特点。

(1) 价格低廉。使用电子邮件完全没有邮件发送费用,只有极少的网络费用。

(2) 收发方便。电子邮件发送与邮政信件发送完全不同,它采用异步传输方式,即电子邮件发送时不会出现“占线”或受限于接收方是否在线,收信人可以自行决定何时何地接收和回复。

(3) 交流广泛。一封电子邮件可以通过网络发送给网络中的任何用户,甚至利用网络会议进行讨论。与其他Internet服务相比,使用电子邮件可以与更多的人进行通信。

(4) 安全可靠。若接收方关机或Internet断开,电子邮件软件会自动重发。若电子邮件无法传送,系统将自动通知发信人以便处理。

(5) 传送速度快。电子邮件通常在数秒内即可传送至世界各地的收件人信箱中,传送速度甚至比电话更为高效方便。如果收件者在收到电子邮件后快速进行回复,则发送者就能很快收到回复邮件,这样的电子邮件交换如同一次简短会话。

(6) 信息多样化。电子邮件内容除文字外,还可以是声音、动画、软件、数据、视频、图像等信息。

2.3.2 电子邮件简介

1. 电子邮件的工作原理

电子邮件是Internet提供的一种基本服务,它遵循简单邮件传输协议(SMTP)和客户-服务器工作原理。要实现电子邮件的传递,必须使用传送代理程序和用户代理程序两个基本程序协同工作。

(1) 传送代理程序。传送代理程序的主要功能是负责接收电子邮件和发送电子邮件,并随时对客户方的请求作出正确响应,比如根据电子邮件地址连接到远程计算机、发送电子邮件、接收电子邮件、响应各种连接请求等。传送代理程序运行在计算机后台中，对用户是完全透明的。具体而言，用户完全感觉不到传送代理程序是如何工作的。

(2) 用户代理程序。用户代理程序的主要功能是读写电子邮件和删除电子邮件，它是用户使用 Internet 电子邮件系统的核心。不同网络系统的用户代理程序必须严格遵守简单邮件传输协议(SMTP)，提供接收电子邮件和发送电子邮件的功能，但程序形式可以是不相同的。

2. 免费电子邮箱

免费电子邮箱指无须付费即可使用的邮箱，大多数免费电子邮箱服务功能可以在 Web 站点的主页中提供。国内常用的免费电子邮箱如表 2-2 所示。

表 2-2　免费电子邮箱

电子邮箱	网　址	说　明
新浪	http://mail.sina.com.cn	全中文浏览，支持转信与自动回复
雅虎	http://www.yahoo.com	支持转信与自动回复
Hotmail	http://www.hotmail.com	全中文浏览，支持转信与自动回复
126	http://www.126. com	全中文浏览，支持转信与自动回复
163	http://www.163. com	全中文浏览，支持转信与自动回复

3. 电子邮件软件

目前，使用广泛的电子邮件软件有 Foxmail、Outlook Express。在 Internet 中，目前应用最广泛的电子邮件软件是微软公司的 Outlook Express，它是用于收发电子邮件的客户端软件，在使用之前必须先进行参数设置，以便建立与邮件服务器的连接。其中，电子邮件账号和邮件服务器是必须设置的。借助该软件可以在本地计算机上实现全球范围内的联机通信，又可以与 Internet 上的任何人交换电子邮件，以及加入各种新闻组。

2.3.3　使用 Outlook Express

Outlook Express 隶属于遵循邮局协议(Post Office Protocol，POP)的用户代理程序，POP 是运行在邮件服务器上的电子邮件存储与转发程序。当他人发来一封电子邮件时，电子邮件的传送分为如下两步：存储电子邮件和转发电子邮件。

(1) 存储电子邮件是将电子邮件传送到邮件服务器中存储起来；

(2) 转发电子邮件是按 POP 请求邮件服务商器将邮件转发到用户计算机中。

所以，在使用 Outlook Express 过程中，必须有一个邮件服务器提供 POP 服务。通常，只要用户在网络服务商(ISP)处取得一个账号就可以得到电子邮件收发服务。

在 Window 系统中，提供了一个电子邮件收发服务软件 Outlook Express，如图 2-12 所示。使用 Outlook Express 可以编写电子邮件、收发电子邮件、管理通讯簿、阅读网络新闻等。打开 Outlook Express 窗口有如下两种方法：在 Windows 系统的桌面上用鼠标双击 Outlook Express 图标或在 Windows 系统的桌面上双击任务栏中的 Outlook

Express 图标。

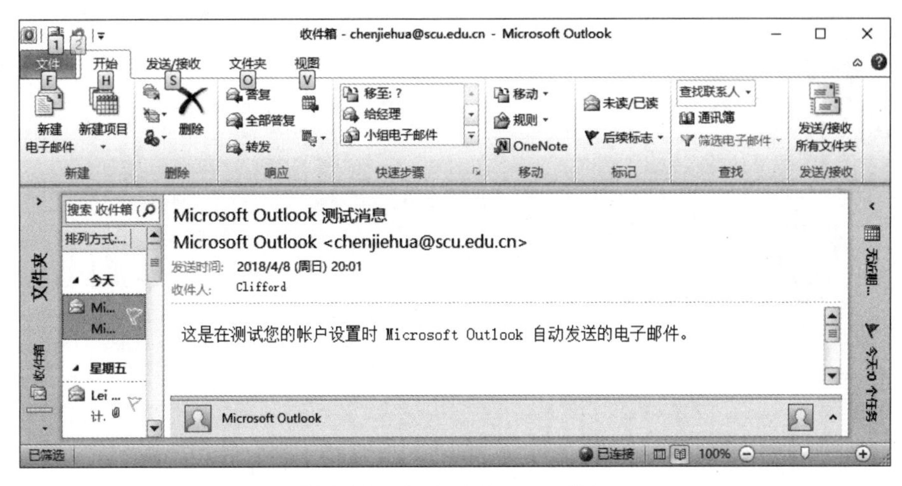

图 2-12 Outlook Express 窗口

1. 接收电子邮件

当收件箱中有新收到的电子邮件时,“收件箱”选项后的文字会变成黑体字,并在后面显示出新收到电子邮件的数量。如果要读取电子邮件,单击“收件箱”选项打开收件箱,然后选择工具栏中的“发送和接收”命令按钮。这时电子邮件将从邮件服务器下载到你的收件箱中,新下载到收件箱中的电子邮件将会用黑体字显示,在阅读该电子邮件后才会用正常字体显示。要阅读电子邮件,只要在邮件列表栏中单击指定的电子邮件,在电子邮件内容显示区中就会出现邮件的具体内容,如图 2-13 所示。

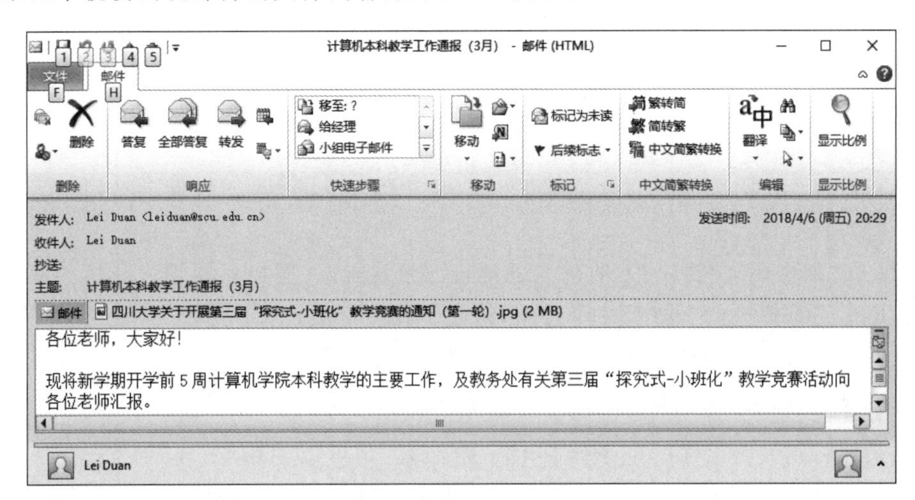

图 2-13 电子邮件示例

2. 发送电子邮件

发送电子邮件的具体操作过程如下。

(1) 在 Outlook Express 窗口中,单击工具栏中的“新建电子邮件”按钮,屏幕弹出如

图 2-14 所示的“新邮件”对话框。

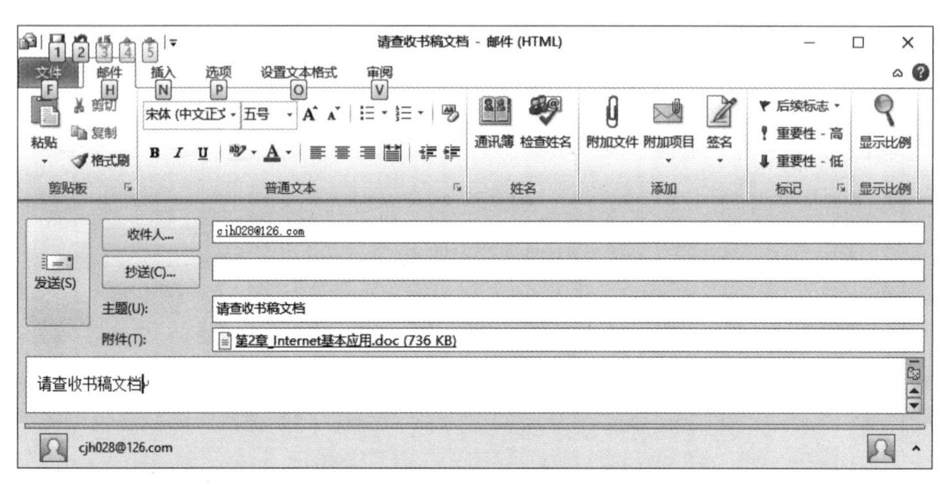

图 2-14 “新邮件”对话框

（2）在适当位置输入收件人的地址和电子邮件内容。

（3）在电子邮件撰写窗口中单击工具栏上的“发送”命令按钮，从而将电子邮件发出。

（4）选择“文件”→“以后发送”命令，则电子邮件只是存放在自己的发件箱中，这份邮件只有在选择“工具”菜单中的“发送”或“发送和接收”命令后，才会被发出。

（5）如果需要将电子邮件寄给若干人，则可以将这些人的电子邮件地址填入“抄送”文本栏中，或“密件抄送”文本栏中。

注意：“发送”命令的功能只是将电子邮件发送出去，“发送和接收”命令的功能是在发送电子邮件的同时，接收新电子邮件并下载到收件箱中。

3. 答复电子邮件

当用户收到他人发送来的电子邮件并阅读完后，最好是给对方一个答复。具体操作过程如下。

（1）阅读他人发送给你的电子邮件。单击工具栏上的“回复作者”命令按钮，屏幕弹出“邮件撰写”窗口。

（2）在“邮件撰写”窗口中，收件人的地址已经设置好，用户只要输入具体的答复内容即可。单击工具栏中的“发送”命令按钮，将电子邮件寄出。

这样，用户在阅读完电子邮件后就给了对方一个答复。

4. 转发他人的电子邮件

如果要将别人寄给你的电子邮件转发给他人，则可以使用 Outlook Express 提供的转发功能。具体操作过程如下：填写指定收件人的电子邮件地址，单击工具栏中的“转发邮件”命令按钮。这样，就可以将别人寄给你的电子邮件转发给他人。

5. 以文本形式保存邮件

首先打开要保存的邮件，并选择“文件”菜单中的“另存为”选项，然后指定文件名、保存位置、文件类型为“纯文本”等，最后单击“保存”按钮就能以文本形式保存邮件，如图 2-15

所示。

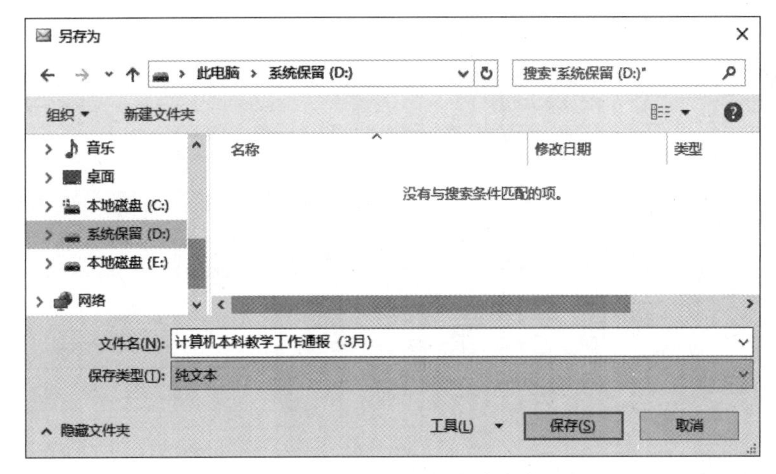

图 2-15　以文本形式保存邮件

6. 粘贴附件

首先在 Outlook Express 中建立一个新邮件并打开"新邮件"窗口后，然后打开 Windows 文件资源管理器窗口，单击要粘贴的文件并按住鼠标键不放，将文件拖到新邮件窗口再放开鼠标，这个文件就会粘贴在新邮件的"附件"中，如图 2-16 所示。

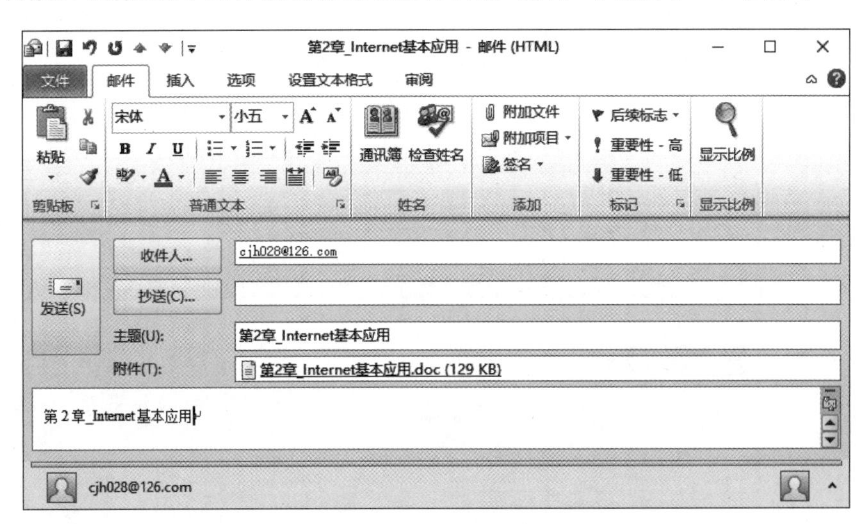

图 2-16　粘贴附件

2.3.4　免费电子邮箱

1. 申请免费电子邮箱

(1) 准备申请免费电子邮箱。在准备申请免费电子邮箱前，要尽量了解哪些网站提供免费电子邮箱，并选择一个适合自己需求的网站。目前，比较流行的有 Hotmail、126、

163、Gmail 等，下面以网易的 126 邮箱为例进行说明。图 2-17 所示是网易免费电子邮箱（www.126.com）的主界面。

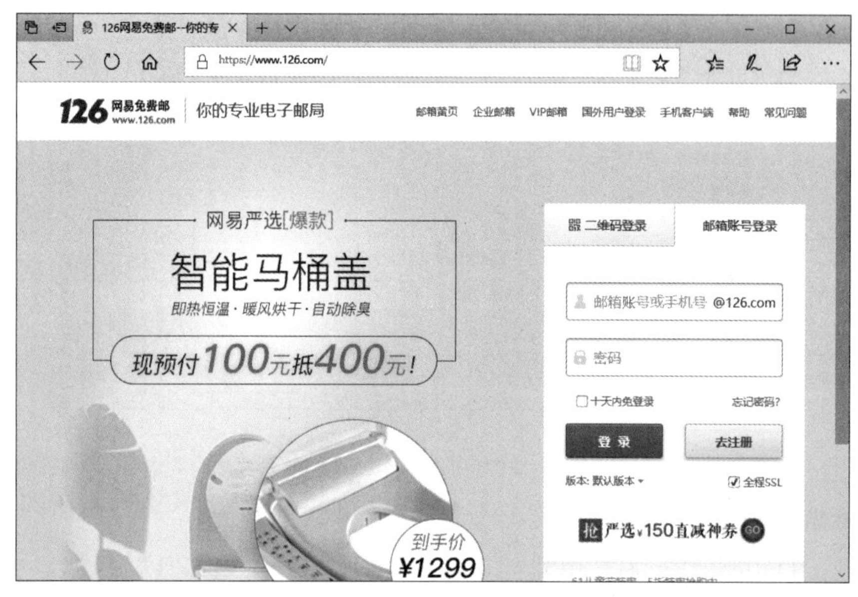

图 2-17 准备申请免费电子邮箱

（2）注册申请免费电子邮箱。注册申请免费电子邮箱时，需要填写许多内容，比如用户名、密码、密码保护、性别、出生日期、手机号等，选择“去注册”按钮后进入如图 2-18 所示的窗口。

图 2-18 申请免费电子邮箱

2. 接收和阅读邮件

在使用用户名和密码进入电子邮箱后，就可以接收和阅读邮件了。

(1) 接收邮件。双击“收件箱”选项后，系统将从邮件服务器下载邮件到本地机中，如图 2-19 所示。

图 2-19　接收邮件

(2) 阅读邮件。双击指定邮件，则可以进行阅读，如图 2-20 所示。

图 2-20　阅读邮件

3. 撰写和发送邮件

(1) 撰写邮件。选择“写信”或“回复”选项就可以撰写一封邮件，如图 2-21 所示。

图 2-21　撰写邮件

(2) 发送邮件。在撰写邮件完成后，选择“发送”选项就将发送邮件，如图 2-22 所示。

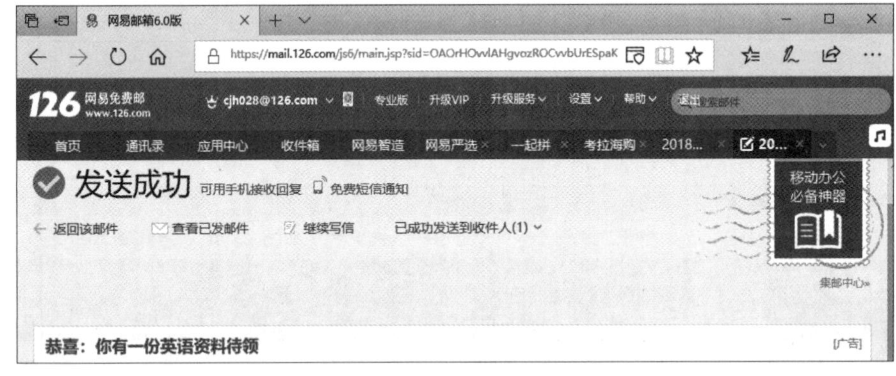

图 2-22　发送邮件

2.4　搜索引擎

信息检索作为 Internet 的最大应用之一，搜索引擎必将发挥着非常重要的作用。面对网络中日益增长的网页内容，人们希望搜索引擎具有更高效的查全率与查准率、智能检索、友好的操作环境等特点。搜索引擎技术涉及计算机网络、分布式处理、数据库与数据挖掘、多媒体、人工智能、数字图书馆、自然语言处理等，通过这些理论和技术的综合运用才能使网络搜索效率得到提高。

本节主要介绍常用搜索引擎及使用方法，如在网站内部查找信息、专业搜索引擎、中文搜索引擎、搜索引擎的原理与使用技巧，以及各种信息保存方法。

2.4.1　搜索引擎的分类

1. 按搜索机制分类

按搜索机制可将搜索引擎分为3类：关键字式搜索引擎、目录式搜索引擎和混合式搜索引擎。

（1）关键字式搜索引擎。关键字常常是一个主题的名称，所谓关键字搜索引擎就是通过对指定关键字的查找来获取信息资源。在使用过程中可以指定逻辑运算来组合关键字，以便约束查找对象的地域、网络范围等，从而对满足选定条件的资源进行准确定位。

（2）目录式搜索引擎。所谓目录式是将信息资源按照指定方式进行主题分类，从而建立多级的层次目录结构。如父目录下面包含子目录，子目录又包含下一级的子目录……如此继续就建立了具有包含关系的层次目录结构。人们在检索信息时可通过逐层浏览并展开相应的子目录，最终找到所需的网页。

（3）混合式搜索引擎。所谓混合式搜索就是同时具有关键字和目录信息的查找方式，目前大多数搜索引擎都同时提供关键字式搜索、目录式搜索和混合式搜索引擎。

2. 按搜索内容分类

按搜索内容可将搜索引擎分为专业式搜索引擎、综合式搜索引擎和特殊式搜索引擎3类。

（1）专业式搜索引擎。所谓专业式搜索引擎就是专门搜集指定行业或专业范围内的信息资源，如技术标准、图书资料、信息技术、产品价格、人才招聘信息等，所以这种搜索引擎在提供行业或专业信息方面要优于综合式搜索引擎。

（2）综合式搜索引擎。所谓综合式搜索引擎是没有行业或专业限制的，所以使用综合型搜索可以检索到任何信息。在搜集信息过程中，并没有主题范围的限制。

（3）特殊式搜索引擎。所谓特殊式搜索引擎用于搜集特定类型的信息，如网址、姓名、电话号码、单位地址、论文、图像文件等。

3. 按信息搜集方式分类

搜索引擎的信息搜集方式分为定期搜索和提交网站搜索两类，如表2-3所示。

表2-3　搜索引擎的信息搜集方式

搜集方式	说　明
定期搜索	定期搜索是指每隔一段时间进行一次搜索，每次由搜索引擎主动运行“蜘蛛”程序，对指定IP地址范围内的网站进行检索，一旦发现新的网站，它会自动提取网站的信息和网址内容加入到数据库中
提交网站搜索	提交网站搜索是让网站拥有者主动向搜索引擎提交网址，它在一定时间内（如数天或数月）对指定IP地址范围内的网站运行“蜘蛛”程序，扫描网站并提取网站的信息和网址内容加入到数据库中

按信息采集方法可将搜索引擎分为3类：目录式搜索引擎、机器人式搜索引擎和元式搜索引擎。

(1) 目录式搜索引擎。目录式搜索引擎是以半自动方式搜集信息的，并提供目录浏览和直接检索服务。这种搜索引擎具有"智能"检索功能，所以具有信息定位准确、导航质量较高等优点，但不足之处是需要人工操作、系统维护量大、信息量少和更新不方便等。

(2) 机器人式搜索引擎。机器人式搜索引擎通过一个"蜘蛛"或机器人程序自动访问网站，从中提取网站中的网页内容。其中，"蜘蛛"或机器人程序要使用索引器为搜集到的信息建立索引库，然后将检索结果返回给终端用户。这种搜索引擎具有没有人工干预、信息量大、方便更新等优点，但不足之处是返回信息含有许多冗余内容，需要用户从搜索结果中进行筛选处理后才能得到有用信息。

(3) 元式搜索引擎。在元式搜索引擎中并没有存放网页内容的数据库，而是在用户查询关键字时将其查询请求转换成其他搜索引擎能够接受的命令格式，并访问众多搜索引擎来查询该关键字，最终将检索结果经过加工后再返回给终端用户。这种搜索引擎的优点是返回的信息量丰富，但缺点是需要用户从众多搜索结果中进行筛选处理后才能得到有用信息。

2.4.2 使用搜索引擎

输入搜索条件是在搜索过程中最关键的操作，如果输入条件的含义与搜索引擎"理解"的含义不同，则搜索结果将会与用户要求相差甚远。所以，理解搜索机制和正确使用布尔搜索是非常重要的。布尔搜索使用操作符 AND、OR、NOT 来组合搜索项。

(1) 使用 AND 操作符组合的搜索项，每个搜索项将同时出现在搜索结果中；

(2) 使用 OR 操作符组合的搜索项，任一搜索项都会出现在搜索结果中；

(3) 使用 NOT 操作符组合的搜索项，会将用户不要的结果筛选出去。

在使用搜索引擎过程中，最好遵循如下原则：

(1) 尽量使用引号去限定精确内容的出现；

(2) 尽量使用准确的查询条件，这样容易找到所需的网页内容；

(3) 尽量使用加号或空格连接多个条件，尽量使用减号将冗余条件排除。

1. 使用目录式搜索引擎

使用目录式搜索引擎时可以根据主题分类原则，确定要检索的内容或网页应该在哪个分类目录中，然后逐层浏览并展开相应的子目录，最终找到所需的网页。

2. 使用关键字式搜索引擎

使用关键字式搜索引擎需要选择合理的关键字，最好能够约束查找对象的地域、网络范围等，从而对满足选定条件的资源进行准确定位。

2.4.3 常用搜索引擎

Internet 中的信息资源非常丰富甚至呈现"爆炸"现象，对初次使用 Internet 的用户来说，更是难以理出头绪。毋庸置疑的是，Internet 上众多的信息资源中肯定有你所需的信息，若清楚信息的存放地址，在线获取这些信息是快捷而便利的，但是问题是如何找到这些信息。

1. 新浪搜索引擎

1999年2月，新浪网推出搜索引擎——“新浪搜索”测试版，同年10月9日推出高级搜索功能，具有全中文检索、资源丰富、分类目录规范等优点。2000年11月，新浪网正式推出国内第一个综合式搜索引擎，使同一个网页中可以包含中文网址、频道内容、商品信息、沪深股市行情、目录、网站、新闻标题与全文、消费场所、软件与游戏等信息。2005年6月，新浪网搜索引擎推出专业式搜索平台“爱问”(https://iask.sina.com.cn/)。在Edge浏览器的地址栏中输入http://iask.search.sina.com.cn/就可以进入新浪搜索主页，如图2-23所示。

图2-23　新浪搜索主页

(1) 目录搜索。目录搜索过程是以半自动方式进行的，即用户选择目录和系统自动检索并存。若选择“专业资料”→“IT/计算机”，则可以实现目录搜索，如图2-24所示。

(2) 关键字搜索。指定关键字“Internet技术”，系统将进行关键字搜索，如图2-25所示。

2. 搜狗搜索引擎

搜狐公司成立于1996年，其在国内最早实现网络信息分类导航。2004年8月，搜狐公司推出了完全自主技术开发的搜狗互动式中文搜索引擎。以给予多个主题的“搜索提示”，帮助用户查询过程中，有效的人机交互，引导用户更快速准确定位自己所关注的内容，用户快速找到相关搜索结果。2000年7月12日，搜狐公司在美国纳斯达克挂牌上市，之后成为中国最大的门户网站之一。

图 2-24　新浪目录搜索

图 2-25　新浪关键字搜索

在 Edge 浏览器的地址栏中输入 www.sogou.com，就可以进入搜狗主页，如图 2-26 所示。

搜狗搜索引擎使用自动程序 sogou spider，以实现自动访问互联网中的网页，并存储到本地数据库中。搜狗搜索引擎提供网页查询和软件下载两种主要检索模式。

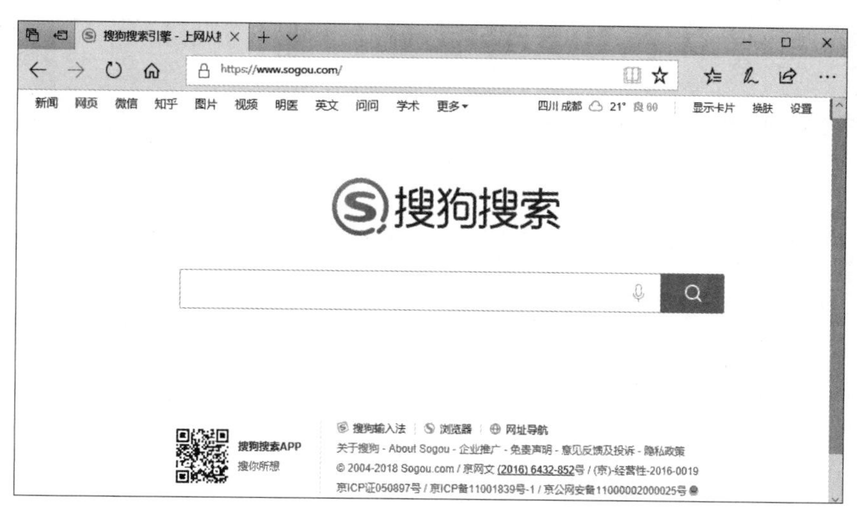

图 2-26　搜狗主页

(1) 网页查询。即用检索词在搜狗网页数据库中查找相关网页，如图 2-27 所示，使用的检索词为“Internet”。

图 2-27　搜狗网页查询

(2) 软件下载。即用检索词在搜狗网页数据库中查找相关软件，如图 2-28 所示，使用的链接为“Internet Explorer Downloads — Windows Help”。

3. 360 搜索引擎

360 搜索属于元搜索引擎，通过一个统一的用户界面帮助用户在多个搜索引擎中选

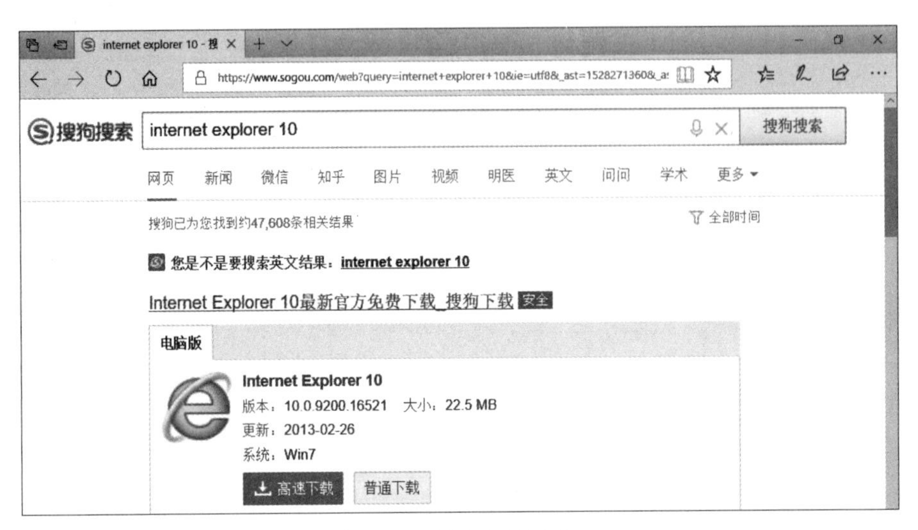

图 2-28 搜狗软件下载

择和利用合适的(甚至是同时利用若干个)搜索引擎来实现检索操作,使用的是分布于网络的多种检索工具的全局控制机制。网址为 https://www.so.com/,如图 2-29 所示。

图 2-29 360 搜索引擎

(1) 目录搜索。在图 2-29 中的目录栏中选择“更多”→“全部”,从中列出天气预报、计算器、IP 地址、手机号码、搜狗输入法、生字快认、成语查询、单词翻译、股票查询、网址导航等,如图 2-30 所示,逐层展开以便查找到所需要的网页内容,能够帮助用户使用良好的人机交互操作,快速准确地找到相关的网页内容。

(2) 关键字搜索。在搜索栏中输入关键字“四川大学”就能够搜索到关于四川大学的网站,如图 2-31 所示。

单击“四川大学”后将进入四川大学主页。另外,在输入关键字时还可以使用 AND 和 OR。其中,AND 表示前后两个词是逻辑“与”关系,OR 表示前后两个词是逻辑“或”关系。

图 2-30 360 目录搜索

图 2-31 360 关键字搜索

4. 百度搜索引擎

百度公司于 1999 年 12 月推出以超链接分析技术为基础的中文搜索引擎。2003 年 11 月推出基于社区化搜索概念的搜索产品——贴吧。2005 年 8 月百度在美国实现上市。在 Edge 浏览器的地址栏中输入 www.baidu.com 就可以进入百度主页，如图 2-32 所示。

图 2-32　百度主页

(1) 目录搜索。例如在“百度公司”主页中，可供选择的搜索服务包括百度人工翻译、百度软件中心、网页、视频、百度翻译、音乐、地图、新闻、图片、百度识图、百度音乐人、百度财富、百度外卖、百度传课、百度学术、桌面百度等，如图 2-33 所示。

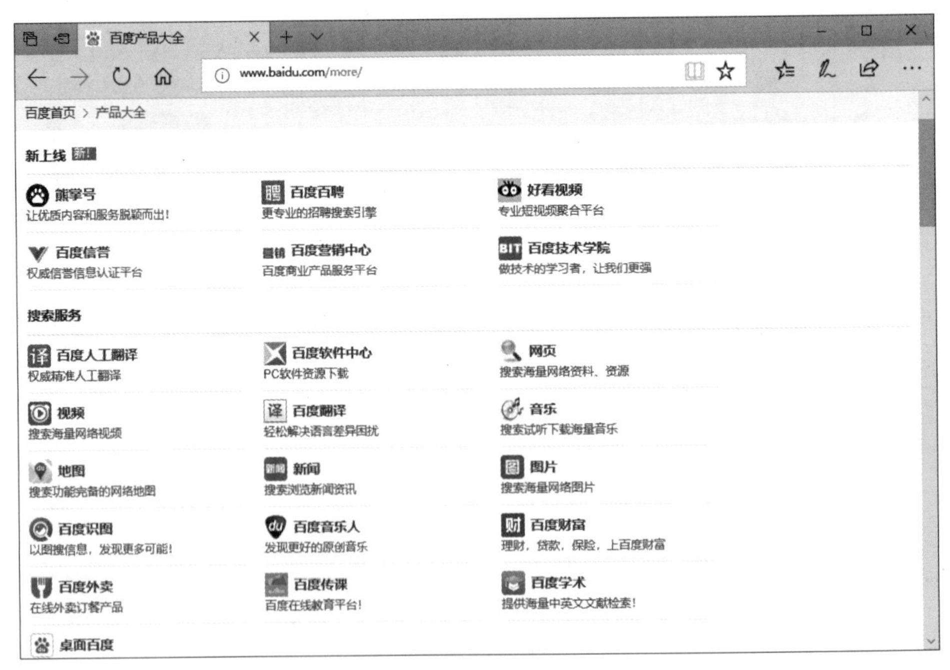

图 2-33　百度目录搜索

(2) 关键字搜索。例如，指定关键字“Internet 技术”，系统将进行关键字搜索，如图 2-34 所示。

图 2-34　百度关键字搜索

2.5　文件传输

文件传输通常分为文件下载和文件上传两个方面，下面分别进行说明。

2.5.1　文件下载

1. 文件下载简介

下载就是通过网络，将文件从 Internet 或另一台计算机中，传输并保存到本地计算机中的一种网络活动，如将服务器上保存的软件、图像、音乐、文本、数据文件、声音、动画、视频等下载到本地计算机中。

2. 使用浏览器下载

使用浏览器下载是最简单的下载方式。在浏览过程中只要单击要下载的超链接，浏览器就会自动启动下载程序，在指定下载文件的存放路径后就开始进行下载，如图 2-35 所示。

文件下载过程中将显示下载速度与下载比例，如图 2-36 所示。

使用浏览器下载具有操作简单的特点，但不足之处是功能较少、不支持断点续传、下载速度较慢等。

3. 下载软件

选择专业下载软件可以获得较高的效率。专业下载软件通常使用文件分切技术，即将文件分切成若干份后再进行下载，这样下载过程就会比浏览器下载快得多。另外，当下

Download DirectX 最终

https://www.microsoft.com/zh-cn/download/details.aspx?id=35

DirectX 最终用户运行时 Web 安装程序

重要！选择下面的语言后，整个页面内容将自动更改为该语言。

选择语言： 中文(简体) 下载

Microsoft DirectX® 最终用户运行时将更新您的 DirectX 的当前版本。DirectX 是帮助在 PC 上运行高速多媒体和游戏的核心 Windows® 技术。

详情

统要求

安装说明

其他信息

图 2-35　使用浏览器下载

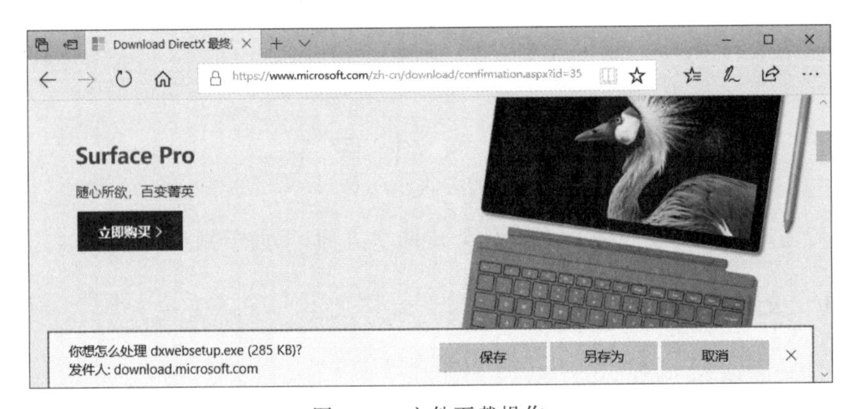

图 2-36　文件下载操作

载过程出现故障时，可以在下次下载时接着上次出现故障的地方继续下载。国内的常用下载软件如表 2-4 所示。

表 2-4　常用下载软件

软　件	说　明
快车（FlashGet）	非常经典的下载软件，市场占有率高
电驴（eMule）	主要用于点对点下载
迅雷（Thunder）	后起的下载软件，市场占有率较高
网络蚂蚁（Netants）	传统下载软件，目前使用者在减少
网络传送带（NetTransport）	主要用于下载影音流媒体类的文件
比特彗星（BitComet）	主要用于 BT 下载

为安全而言，用户最好在文件下载后用杀毒软件进行杀毒，以防系统感染病毒。

4. 迅雷

迅雷是由迅雷公司开发的网络下载软件，并能同时记录下载过程，属于基于多资源超线程技术的下载软件，尤其支持宽带用户，同时还具有“智能下载”服务。迅雷主界面如图 2-37 所示。

图 2-37 迅雷

5. 快车 FlashGet 及其使用

FlashGet 的中文译名为快车，属于多线程机制控制下的续传下载软件。主要功能包括支持对整个 FTP 目录内容的下载；可检查文件是否更新或重新下载；支持同时进行 8 个下载任务，并通过多线程、断点续传、镜像等技术极大地提高下载速度；可将下载软件分类存放，并灵活使用更名、查找、添加描述、拖曳等；允许浏览 HTTP 和 FTP 站点的目录结构，并选择和管理数个下载任务；下载完毕可自动关机或挂断；下载任务可以重排，重要文件可以提前下载；可定制工具条和下载信息的显示。快车 FlashGet 3.7 的主界面如图 2-38 所示。

6. VeryCD 电驴及其使用

VeryCD 的中文译名为电驴，属于 P2P 文件共享软件，源代码完全开放。用户可以利用其卓越特性，充分享受自由共享的乐趣。VeryCD 电驴 1.1.14 的主界面如图 2-39 所示。

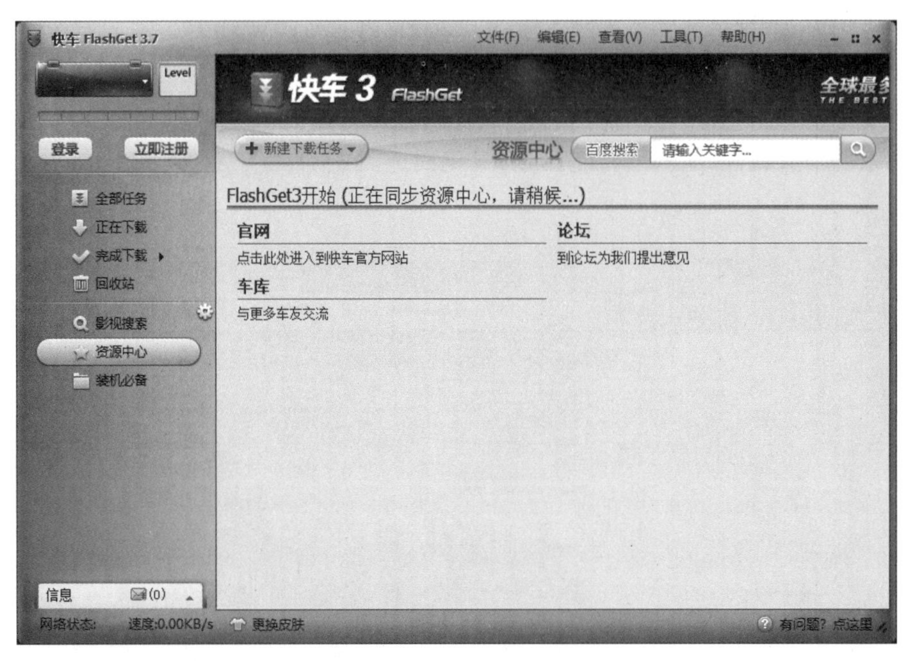

图 2-38　快车 FlashGet 3.7

图 2-39　VeryCD 电驴 1.1.14

2.5.2　文件上传

1. 文件上传简介

文件上传与文件下载正好对应，就是将本地计算机中的软件、图像、音乐、文本、数据文件、声音、动画、视频等通过网络传输到服务器上。

2. CuteFTP 安装

CuteFTP 9.0 是一个基于 Windows 环境的 FTP 客户端程序，用户可以不知道协议本身的实现原理就可以充分利用 FTP。CuteFTP 提供图形用户界面 GUI，从而方便计算机用户的使用。CuteFTP 软件安装界面如图 2-40 所示。

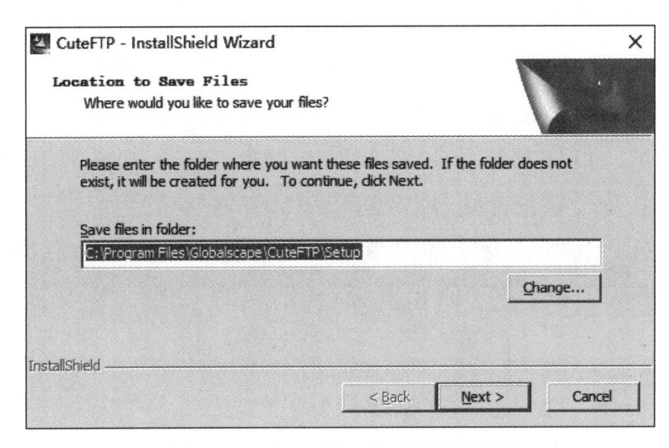

图 2-40　CuteFTP 软件安装界面

2.6　电子公告板

本节首先介绍电子公告板（BBS）的概念与组成，然后介绍常用的 BBS 站点。

2.6.1　电子公告板

1. 电子公告板概念

电子公告板（Bulletin Board System，BBS）中可以公布股市行情、软硬件情况、多媒体素材、程序设计、医学知识、征友、廉价转让、产品报价等大量信息，并能够发布信息、下载软件、在线游戏、在线讨论。普通用户只要拥有计算机、调制解调器和电话线，就能够进入电子公告板中。

电子公告板是具有人机交互、内容丰富、及时可靠等特点的 Internet 信息服务系统。用户既可以通过调制解调器和电话使用 BBS，也可以通过 Internet 使用 BBS。虽然早期 BBS 系统只能处理报文，其主要目标是为用户双方提供电子报文。但是，目前的 BBS 系统增加了文件共享功能，其主要目标是为 BBS 用户提供文件交换和下载。

2. 电子公告板组成

由于用户的需求不断增加，目前的BBS已不仅仅是简单电子布告栏，它还包括信件讨论区、文件交流区、信息布告区和交互讨论区4部分。

(1) 信件讨论区。作为BBS最主要的功能之一，内容包括疑难问题解答、学术专题、闲聊等讨论区。在信件讨论区中，任何上站用户都可以与他人进行信件交流，如软硬件使用、天文、医学、体育、游戏等方面的体会和经验。目前，国内许多BBS系统已开通软件讨论区、硬件讨论区、用户闲聊区、Internet技术探讨、Windows 10探讨、电脑游戏讨论、球迷世界、军事天地、音乐讨论、笑话区等。

(2) 文件交流区。通过BBS可以获取许多共享软件和免费软件，这使用户能够得到合适软件的同时，又能够使软件开发者的成果得到公众肯定。目前，BBS系统主要提供网络工具、Internet程序、计算机游戏、病毒防治、通信程序、密码工具、多媒体程序、图像处理、创作发表、用户上传等。

(3) 信息布告区。信息发布是BBS的基本功能，许多BBS系统都提供如怎样使用BBS、BBS台站介绍、热门软件介绍、BBS用户统计资料等信息。

(4) 交互讨论区。利用多线程BBS就可以与其他上站用户做到即时交流，具体方式包括即时通信、网络聊天、网络电话和视频会议，可以使用文字交流，也可以进行音频对话。

3. 常用电子公告板

当前国内主要的BBS站点如表2-5所示。

表2-5 国内BBS站点

BBS站点	网 址	主 办 方
北大未名	bbs.pku.edu.cn	北京大学
日月光华	bbs.fudan.edu.cn	复旦大学
南京大学小百合	bbs.nju.edu.cn	南京大学
观海听涛	bbs.ghtt.net	哈尔滨工业大学

2.6.2 电子公告板示例

1. 北大未名BBS

北大未名BBS创立于2000年，是北京大学唯一的官方BBS论坛，专门用于北大的师生和校友进行日常的信息传播和信息服务。定位目标是“校内信息平台、师生文化社区、网上精神家园”，成为北大历史传统继承和精神文化创新的重要平台，如图2-41所示。

2. 日月光华BBS

日月光华BBS站创立于1996年，目前拥有四百多个版面，八万多个注册账号，每天最

图 2-41　北大未名 BBS

高在线人数近万人，是上海高校中最大的网站之一，在华东地区高校当中有非常高的影响力，目前归复旦大学管理，如图 2-42 所示。

图 2-42　日月光华 BBS

2.7 即时通信

本节首先介绍即时通信的概念，然后介绍常用的即时通信工具，如腾讯 QQ、微软 MSN 与 Skype 等。

2.7.1 即时通信概念

1. 概述

即时通信就是指实现即时发送和接收 Internet 网中的消息，它允许两人或多人使用网络进行文字、资料、语音、视频等的即时交流。即时通信可分为两种：手机即时通信和网站即时通信，手机即时通信的主要形式是短信，网站即时通信如 QQ、MSN 等。

即时通信一方面能够加强网络间的信息沟通，另一方面能够将网站信息与聊天用户直接联系起来。即时通信是利用 Internet，通过文字、资料、语音、视频、文件等信息交互，有效节省沟通双方的时间和费用。另外，即时通信还是人们进行电子商务、电子政务、工作、学习、生活等的重要手段。

2. 即时通信安全

即时通信安全问题包括病毒破坏、ID 号码被盗、隐私泄露、信息错误等，因此人们需要遵循一定的安全准则，以实现网络安全和隐私保护。即时通信过程中的安全准则主要包括：

(1) 定期修改系统的账户和密码；

(2) 谨慎使用没有经过认证的即时通信软件；

(3) 不接收与使用来历不明的文件和网络链接；

(4) 不在第三方网站登录其他的即时通信软件；

(5) 在使用即时通信软件过程中尽量开启病毒扫描；

(6) 不要泄露即时通信所用的账户和密码。

2.7.2 腾讯 QQ

1. 腾讯 QQ 简介

腾讯 QQ 是国内最大的即时消息软件，具有互联互通和免费的特点。1999 年，腾讯公司自主开发出基于 Internet 的即时通信网络工具软件——腾讯即时通信 TIM，即腾讯 QQ，它具有功能强大、易用性良好、稳定高效、设计合理等特点，受到广大用户的一致好评。目前，腾讯 OQ 在国内在线即时通信方面拥有超过 90%的市场份额。

2. 腾讯 QQ 号码、邮箱和群

(1) QQ 号码。QQ 号码即腾讯 QQ 的登录账号，由阿拉伯数字构成，它是在用户注

册时由系统随机生成的。早期使用5位数表示QQ号码，目前使用10位数表示QQ号码。

（2）QQ邮箱。QQ邮箱是腾讯QQ的附加功能，用于向用户提供稳定、快速、安全的电子邮箱，用户众多。QQ邮箱服务使用高速电信骨干网和独立的境外邮件出口链路，采用高容错性的内部服务器架构，从而确保收发邮件通畅无阻。

（3）QQ群。QQ群是拥有一定数量QQ用户的、长期稳定的公共聊天室，群中的成员之间可以通过语音、文字、视频等方式进行交流。QQ群本身是开放设计，有些恶意软件使用所谓的“群发器”将指定信息迅速发给指定QQ中的所有群，这将导致不安全。

3. 腾讯QQ功能

腾讯QQ的主要功能包括：

（1）腾讯QQ支持在线聊天，即时传送视频、语音、文件等。

（2）腾讯QQ实现即时交流，信息、图片、图像可即时收发，可以面对面地语音视频聊天。

（3）腾讯QQ与全国多家寻呼台、移动通信公司合作，实现无线寻呼网、IP电话网、GSM移动电话的短信互联等功能。

（4）腾讯QQ支持点对点断点续传、文件共享、发送贺卡、QQ邮箱、手机聊天、BP机网上寻呼、聊天室、收藏夹等功能。

（5）腾讯QQ支持QQ宠物、QQ音乐、QQ空间等功能。

（6）QQ旋风2.1是具有全新界面的下载工具，特点是稳定、快捷、个性化。

（7）QQ影音是支持任何格式影片和音乐文件的播放器。

（8）QQ音乐播放器支持在线音乐和本地音乐的播放，并具有独特的音乐搜索和推荐功能，可以让用户尽情地享受最劲爆、最通俗的音乐。

（9）QQ日历是基于Internet的个人事务管理工具，特点是美观、方便、网络化、高效、实用等。

（10）QQ游戏中心提供网游和网上对战游戏，不需要进行注册，只要在QQ上点击QQ游戏按钮就可以进入丰富多彩的QQ游戏世界。

（11）TT浏览器。具有多页面浏览、界面友好、人性化等特点，使网上冲浪轻松自如。

（12）腾讯TM。专门为办公用户量身定做的即时通信软件，从而使沟通容易，工作效率提高。

（13）QQ医生。QQ医生是专门针对QQ账号密码被盗问题所提供的一款盗号木马查杀工具，它将准确扫描并有效清除盗号木马，从而保障QQ账号不被盗号木马所盗取。QQ医生还能扫描Windows操作系统漏洞，并提供补丁安装，从而消除盗号木马入侵计算机的隐患。

要使用腾讯QQ，首先进入登录界面（若没有QQ号则必须申请），如图2-43所示。

成功登录腾讯QQ后，将进入（PC版）主界面，如图2-44所示。

图 2-43　登录界面(电脑版)

图 2-44　腾讯 QQ 界面(PC 版)

2.7.3　飞信

1. 飞信介绍

飞信属于中国移动推出的“综合通信服务”，实现 Internet 和移动网络之间的无缝通信服务，具有短信、语音、GPRS 等通信功能，能够实现完全实时、准实时和非实时的各种通信需求。使用飞信可以免费实现从计算机给手机发短信，以及随时随地与朋友进行语音聊天且资费超低。另外，飞信能够实现多端信息接收，随时随地都可以传输图片、MP3 和文档。飞信系统的主要功能如下：

(1) 只有被用户授权为好友后，对方才可以进行通话和发送短信，以保证操作安全。

(2) 利用手机的语音聊天功能可以随时随地实现与 2～8 人的语音聊天。

(3) 实现与腾讯 QQ 的互通，可以查找 QQ 用户并添加好友。

(4) 通过计算机可以进行免费的短信收发和语音聊天。如果好友不在线，则短信将会自动转发到好友的手机上，从而保证信息即时到达。

(5) 飞信系统全面支持手机和电脑的多终端登录以及切换，保证用户永不离线并实现无缝链接的多端信息接收，使人们能够随时随地与好友保持有效沟通。

2. Fetion 2016

该软件版本使用简体中文运行环境，如 Windows 10/2000/Vista 系统。该版本一方面优化了原有软件功能，另一方面增加了许多新功能。例如飞信会员服务、飞信靓号服务、发送彩信和天气预报、空间更新时向好友进行提示、普通管理员可以发送群组邀请、139邮箱绑定服务、主面板工具栏、积分等级提醒、皮肤透明度调节、TIP中查看空间好友链接、提升密码强度、位置服务和优化陌生人消息屏蔽等。其主界面如图2-45所示。

图2-45 飞信2016主界面

2.7.4 MSN与Skype

MSN(Microsoft Service Network)是微软公司推出的即时消息软件,提供语音对话、文字聊天、视频会议等即时交流方式。满足用户在互联网中进行学习、沟通、社交、出行、娱乐等活动,在国内拥有大量的用户群,已在国内通信工具市场上稳稳占据老二的位置,仅次于腾讯QQ。

Skype是一款即时通信软件,其具备IM所需的功能,比如视频聊天、多人语音会议、多人聊天、传送文件、文字聊天等功能。它可以与其他用户语音进行高清晰的对话,还可以拨打国内国际电话,无论是固定电话还是手机,而且可以实现呼叫转移、短信发送等功能。Skype是全球免费的语音沟通软件,拥有超过6.63亿的注册用户,同时在线人数超过3000万。

2013年3月,微软就在全球范围内关闭了即时通信软件MSN,Skype取而代之。只需下载Skype,就能使用已有的MSN用户名登录,现有的MSN联系人也不会丢失。

Skype Windows 8.1版主界面如图2-46所示。

图2-46 Skype Windows 8.1版主界面

2.8 远程登录

本节首先介绍远程登录的概念,然后介绍如何利用 Windows 10 实现远程登录。

2.8.1 远程登录

远程登录的工作原理如下:在本地计算机上提供自己的账号和密码登录远程网络服务器,经核实后用户成为该远程网络服务器管理下的一个客户,可以实时地使用远程网络服务器对外开放的各种软件资源和硬件资源。

Telnet 的工作过程:用户使用 Telnet 登录远程计算机时,系统将自动执行两个程序,一个是用于用户本地机运行的 Telnet 客户程序,另一个是远程计算机运行的 Telnet 服务器程序。

本地机上的 Telnet 客户程序应该完成如下功能:建立与服务器的 TCP 连接,从键盘上接收用户输入的字符串,将用户输入字符串变成标准格式后送给远程服务器,从远程服务器接收输出信息,将输出信息显示在用户计算机的屏幕上。

远程计算机上的 Telnet 服务器程序应该完成如下功能:告知用户远程计算机已经准备好、等候用户输入命令、对用户输入命令作出反应(如执行指定程序)、将命令执行的结果传送给用户计算机、重新等候用户输入命令。

2.8.2 利用 Windows 10 实现远程登录

Windows 10 的 Telnet 客户程序专门实现远程登录,在安装 Windows 系统时,Telnet 客户程序将会自动进行安装。利用 Windows 10 的 Telnet 客户程序就能够进行远程登录,具体操作步骤如下:

(1) 右击"此电脑"图标,然后选择快捷菜单中的"属性",如图 2-47 所示。

(2) 单击"控制面板"→"系统和安全"→"系统"→"远程设置",如图 2-48 所示。

(3) 在弹出的如图 2-49 所示的"系统属性"对话框中,选择"远程协助"框中的"允许远程协助连接这台计算机"的选项,系统弹出"远程桌面用户"对话框。

(4) 在"远程桌面用户" 对话框中,单击对话框中的"添加"按钮,可以添加远程连接用户的操作,这样将使本地计算机的远程桌面就能够远程连接到其他计算机了,如图 2-50 所示。

在"远程桌面用户"窗口中,选择用户窗口中要添加的用户。这样,就可以进行远程访问了。

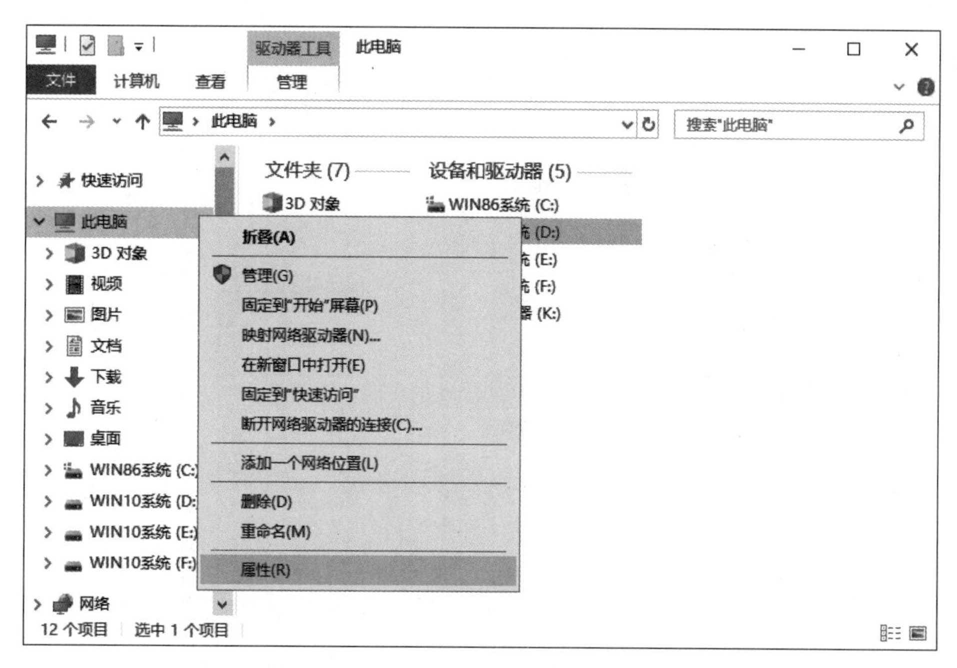

图 2-47　"此电脑"快捷菜单

图 2-48　"控制面板"→系统和安全→"系统"窗口

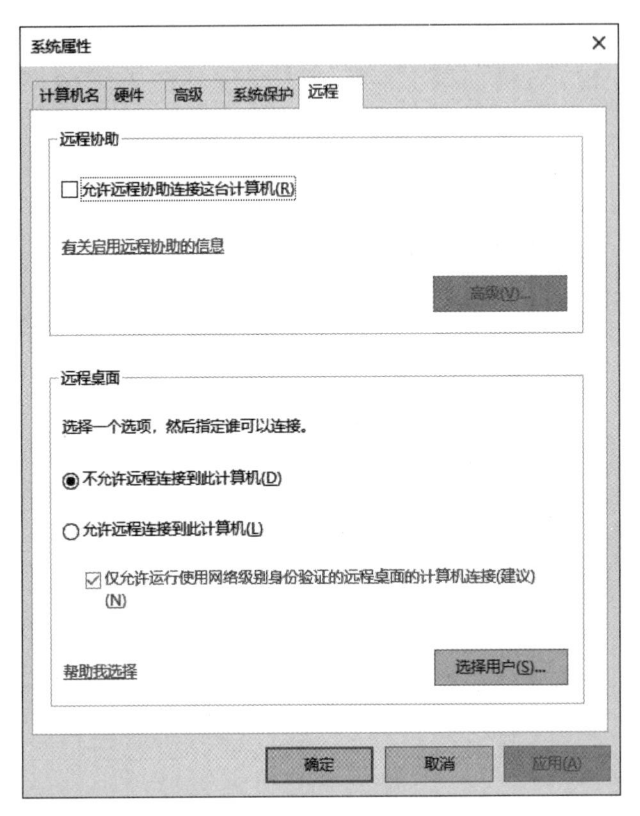

图 2-49 “系统属性”对话框

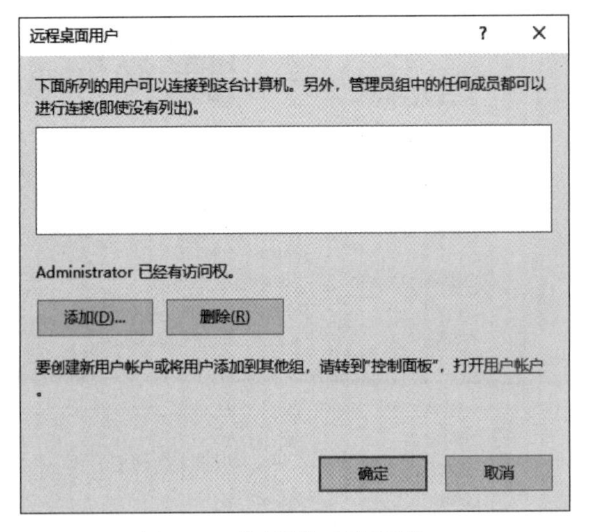

图 2-50 “远程桌面用户”窗口

习　题　2

一、简答题

1. 简述 Internet 提供的主要服务。

2. 什么是信息组服务？简述常用的信息组服务。

3. 什么是 WWW？简述 WWW 的工作原理。

4. 简述电子邮件的工作原理。

5. 简述传送代理程序和用户代理程序的功能。

6. 什么是搜索机制？按搜索机制可将搜索引擎分为哪 3 类？

7. 什么是电子公告板？简述电子公告板的组成内容。

8. 什么是即时通信？简述常用即时通信软件的功能。

二、上机题

1. 使用 Windows 10 系统实现远程登录 Telnet，并访问远程服务器中的信息资源。

2. 在一台连网计算机中进行网上冲浪，尤其是在 Outlook Express 和 Edge 软件中的应用。

3. 选择一个提供免费电子邮箱的网站，完成如下操作：申请电子邮箱、接收与阅读邮件和撰写与发送邮件。

4. 选择新浪、雅虎、搜狗、百度中的任何一个搜索引擎，充分了解搜索范围，并检索"Internet 应用"(可另选)方面的内容。

5. 选择快车 FlashGet、电驴 eMule、迅雷 Thunder、网络蚂蚁 Netants 和网络传送带 NetTransport(可另选)中的任何一个下载软件，下载一个 1MB 左右的动画。

6. 选择水木清华、日月光华、南大小百合、蓝色星空站、北邮人论坛、观海听涛和新一塌糊涂(可另选)中的任何一个 BBS 站点，并使用其中的大多数功能。

7. 使用 360 搜索引擎(可另选)了解检索界面，并检索"数据通信"方面的文献，写一篇关于该题目的综述文章。

8. 使用搜狗搜索引擎(可另选)了解检索界面，并检索"人工智能"方面的文献，写一篇关于该题目的综述文章。

第3章　网页设计与制作

教学目标

(1) 理解网页、网站、主页以及WWW服务器的基本概念；

(2) 掌握网页多媒体素材收集和制作的方法；

(3) 掌握HTML制作网页的方法；

(4) 初步掌握JavaScript制作网页的方法；

(5) 初步掌握Dreamweaver制作网页的方法。

互联网中的任何网站通常是由数十或数百,甚至成千上万的网页构成的。因此,建立网站就是要设计与制作各种网页。本章主要介绍网页、网站、制作网页素材等概念,以及分别使用HTML语言、JavaScript脚本和Dreamweaver可视化制作工具来制作网页。

3.1　网页制作基础

网页设计与制作涉及许多内容,而每项内容对网页而言都是不可或缺的。本节主要介绍网站、网页、主页和网络服务器的概念,网页制作的方法和步骤,以及各种网页素材。

3.1.1　网站、网页、主页和网络服务器

1. 网站

网站是指在互联网中根据一定规则,使用HTML、JavaScript、Dreamweaver等计算机语言与软件工具制作的相关网页集合。它是一种全新的交流工具,人们可以通过网站来发布(或接受)各种信息,也可以利用网站来提供(或获取)相关的网络服务。

网站是由互联网中一个或多个网络服务器上的许多数字化资源构成的。网站中通常包含大量的网页文件,这些网页文件之间由超链接技术组织成具有层次结构的有机整体。

网站中包含的网页类型主要有主页、普通页面和弹出页面3种。

(1) 主页。主页又称为首页,专门为访问整个网站资源提供导航和目录索引,并集中代表网站的整体结构。主页中通常包含网站主要栏目的索引,以便灵活访问网站中的其他网页。主页的文件名称通常为index.htm、default.htm或top.htm等。

(2) 普通页面。普通页面是承载网站绝大多数信息的一般页面,可以通过命令按钮

或超链接与主页或其他普通页面建立联系。制作普通页面时，要力求达到目标明确、信息丰富、设计美观、图文并茂、风格与主页一致等要求。

(3) 弹出页面。弹出页面通常应用在许多商业网站中，用于发布广告、消息、通知、销售情况等信息。

2. 网页

网页就是网站中的一个可视的“页面”，换句话说，构成网站的基本元素就是网页。如果设计者只有域名和虚拟主机，而没有任何网页，则意味着这是一个没有内容的“空”网站。一个网页通常对应一个文件，文件类型为 DHTML、HTM、ASP、ASPX、PHP、JSP 等。

网页是信息资源的一种特殊表现方式，主要用 HTML 或 XHTML 的标记进行描述，可以由一个或多个超文本文件构成。它的主要特征是通过超文本链接技术在不同网页信息之间实现转移和漫游。

在 Edge 浏览器中，按组合键 Ctrl＋U 就可以查看到所浏览网页的实际内容，如图 3-1 所示。实际上，网页由纯文本内容构成，其中包含各种“标记”，这些标记能够对网页中的文字、图像、表格、声音、超链接等元素进行描述。浏览器会对这些标记进行解释并显示“浏览”效果，用户愿意看到网页文件的“浏览”画面而不是标记内容。

图 3-1　所浏览网页的实际内容(局部)

网页要通过在浏览器地址栏里输入网址(指 URL 形式)进行访问。浏览器识别到用户输入的网址后，会自动访问网址所对应服务器上的网页文件，然后将网页文件传送到用户计算机中，最后由本地机中的浏览器“翻译”网页内容，再显示全部“浏览”效果。

注意：网页文件中的纯文本内容将以最小存储空间来获得最快的下载效率，本地的浏览器又会分担网络服务器的浏览操作与管理开销。

3. 网页元素

一个网页文件可以由许多网页元素构成，例如文本、图像、超链接、音频、视频、表格、表单等。

(1) 文本。这是构成网页的最基本元素之一，用于表示网页中的主要内容。文本是网页发布信息的主要形式，也是网页中永不过时的重要成分。尽管动画、声音、图像、视频等信息五彩缤纷，但浏览者的主要注意力仍然是页面中的文本信息。据统计，页面中的有效信息超过80%都是由文本表示的。

(2) 图像。网页中的图像可以是静态的图形和图像，也可以是动态图像（即动画）。利用图像的生动和直观特征进行网页修饰后，可以充分表达文字所不能传达的信息。实际上，图像与文本的相互结合与衬托，能够达到图文并茂的效果，从而增加页面的视觉感知能力。另外，图像也可以用于建立超链接。

(3) 超链接。这是网页中的最基本元素之一，也是万维网的根本特征。超链接表示从一个网页指向另一个目标位置的引用，该目标位置中可以存放网页、图像、表格、表单、程序段、视频、电子邮件地址等资源。

(4) 音频与视频。这是网页中有关多媒体内容的描述部分，用于使网页内容更加丰富多彩，感染力更强，适当地运用多媒体素材将会增加网页的感染效果。

(5) 表格。这是组织与控制网页内容的重要形式，是网页布局的常用元素。网页通常使用没有边框线的隐含表格，以便使网页的版面简洁且规范。

(6) 表单。这是表现网页交互功能的Active（活动）控件，如网页上的文本输入、列表信息中的选项、信息提交格式、操作按钮等，都可以使用表单实现。

常用网页元素对应的文件扩展名，如表3-1所示。

表3-1 常用网页元素的文件扩展名

文件及其扩展名	说明
HTM	由HTML（超文本标记语言）构成的网页文件
JS	由JavaScript脚本语言编写的网页浏览程序
CSS	由层叠样式表CSS构成的网页内容显示
JPG、GIF、PNG	各种图像文件
SWF	由Flash软件生成的动画文件
AVI、MPEG、MOV	各种视频文件
WAV、MP3、MIDI	各种音频文件

4. 主页

主页通常是整个网站的导航目录，所以主页就是一个网站的起点或主目录。网站的任何更新内容一般需要在主页中进行突出显示，它是网站的重要标志，要能够体现整个网站的性质和风格。主页应该包含的基本元素有：页头、E-mail 地址、版权信息和联系方式。

(1) 页头。应该准确无误地标识站点和企业标志，如图 3-2 所示的是国内外部分知名企业的标志。

图 3-2　主页页头

(2) E-mail 地址。给出准确的 E-mail 地址，用来接收用户垂询。

(3) 版权信息。清楚声明版权所有者、法律保障、所有权利等。

(4) 联系方式。提供准确的联系方式，如普通邮件地址、固定电话、传真等。

5. 静态网页和动态网页

网页一般分为静态网页和动态网页两大类。其中，静态网页是通过网站设计软件对网页进行重新设计和修改，其内容和格式一般不会发生重大改变，只有网站设计或管理人员才能根据需要更新；动态网页的内容将随用户的互动输入而改变，或者随着用户要求、时间推移、数据变化等而改变。网页内容也可以由程序员通过客户端脚本描述语言(如 JavaScript、ActionScript 等)来编程而改变。其实，使用服务器端脚本描述语言(如 PERL、PHP、ASP、JSP 等)来编写程序，也能够"动态"改变网页内容。例如百度贴吧就是通过网站服务器运行应用程序，将网民言论进行自动处理，按照"程控"方式生成相应的网页。

静态网页的具体工作原理描述如下：

(1) 用户在浏览器的地址栏中输入要访问网页的 URL 地址，浏览器将网络请求发送到指定的网络服务器中；

(2) 服务器接受用户的 URL 请求，并在数据库系统或内存中查找到相应的 HTML 文档；

(3) 服务器将网页文件传送给客户端浏览器；

(4) 客户端浏览器将 HTML 文档"浏览"出来。

动态网页的具体工作原理描述如下：

（1）网络服务器接受用户的 URL 请求；

（2）执行服务器处理程序以便处理用户请求；

（3）实时生成动态网页内容；

（4）将生成的网页传送到客户端计算机中。

6. 网络服务器

服务器是一种具有较强计算能力、较快传送速度和较大存储空间的计算机，专门提供给多用户共同使用。服务器的正常工作是在服务器操作系统的管理下实现的，服务器操作系统管理和充分利用服务器硬件功能，并提供大量应用软件在服务器上运行。

根据计算能力服务器可以分为工作组级服务器、部门级服务器和企业级服务器 3 种。服务器与主机系统完全不同，主机是通过终端让用户共同使用的，而服务器是通过网络让客户端用户共同使用的。

3.1.2 网站制作过程

网站制作过程一般如下：

（1）确定网站的目标、主题和风格；

（2）进行网站总体设计；

（3）准备网站素材；

（4）选择网页制作工具；

（5）建立网站；

（6）制作具体网页；

（7）注册域名与申请网页空间；

（8）网站测试；

（9）网站发布；

（10）网站维护等。

1. 确定网站的目标、主题和风格

（1）确定网站目标。网站制作是展现企业或个人形象、产品、服务和发展前景的重要途径。所以，明确网站制作的目标并做出切实可行的制作方案是非常重要的。主要内容包括：所提供的服务类型、访问者需求、市场现状、设计者自身情况等，要体现“设计以人为本”的理念，而不仅仅以“美观”为目标进行网站制作。

（2）确定网站主题。在确定网站目标后，就要确定网站主题，并力争做到主题明确和重点突出。在进行主题设计时，应该考虑如下问题：主题选材要简洁精确，保证主题内容具有专业性和趣味性，主题定位合理，不能做成“百科全书”式的内容堆积。

在确定网站主页时，应该制作好如下网页元素：页头标识、版权信息、联系信息和电子邮件，如表 3-2 所示。

表 3-2 网站主页中的网页元素

网页元素	说明
页头标识	能够准确标识网站、企业品牌或个人特征
电子邮件	提供给访问者进行垂询的简便方法
联系信息	提供给访问者的普通邮件地址、电话等信息
版权信息	声明版权所有者和法律保障

(3) 确定网站风格。网站风格就是网站整体形象给访问者留下的综合感受,网站既应该与众不同,又不能杂乱无章,最好能使访问者看到任何页面都联想到网页拥有者。要确定网站风格,内容包括版面布局、字号与字体、网站标志、色彩搭配、标语、人机交互、内容价值、存在意义、网站品牌等。例如,迪士尼公司官方网站的主基调是生动活泼的,以便让大众(尤其是儿童和青少年)感到愉快,如图 3-3 所示。

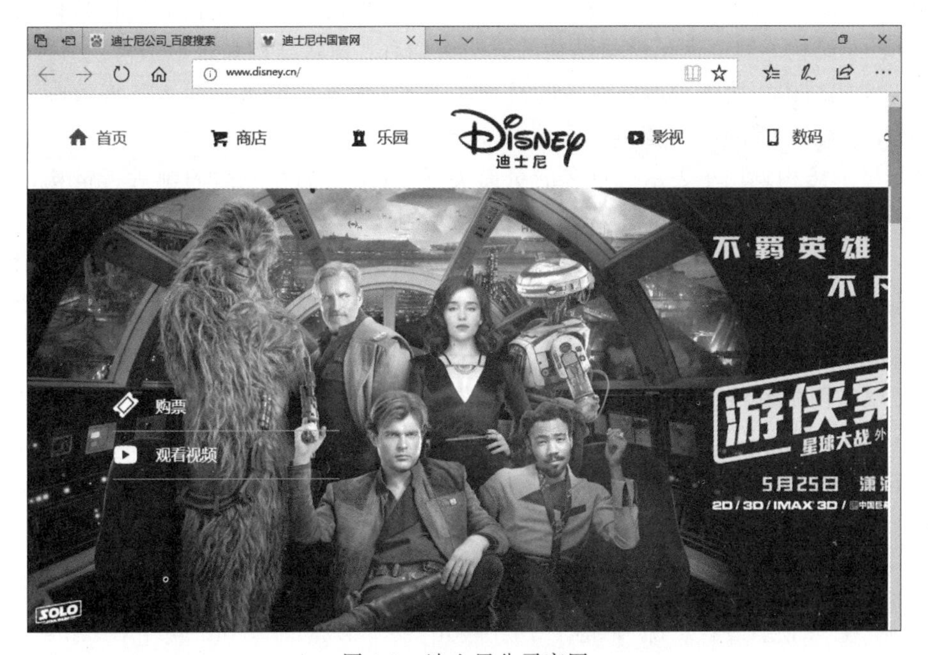

图 3-3 迪士尼公司官网

2. 进行网站总体设计

网站总体设计包括确立网站结构、设置网站目录结构和设置网站链接结构。

(1) 确立网站结构。确立网站结构非常重要,它是网站设计与制作能否成功的关键。在制作一个有很多页面的大型网站时,首先就要用树状层次结构将全部页面组织起来,并同时要考虑将来可能的扩充。这样可以使以后的网站管理和维护过程简单安全,免得经常对网站内容进行维护。

(2) 设置网站目录结构。网站目录结构是指建立网站的同时所创建的文件目录结构。例如，使用 Dreamweaver 建立网站时都会隐含建立根目录和 Images（图像）子目录。目录结构与访问者并有任何关联，但对于网站管理和维护，以及网页内容的扩充和移植都是非常重要的。

在建立目录结构时应注意如下问题：

① 在每个主目录中分别建立 Images 子目录来存放图像文件；

② 目录结构的层次最好不要超过 5 层，即遵循"7±2 法则"；

③ 不要将所有网页文件全部存放在根目录下，这样将导致文件管理混乱，并不利于文件的编辑操作；

④ 按栏目内容要求分别建立相应子目录，这样便于网站管理和维护；

⑤ 不要使用中文名称作为目录名；

⑥ 不要使用太长的目录名；

⑦ 尽量使目录名做到"按名知意"。

(3) 设置网站链接结构。网站链接结构是指页面之间进行链接的拓扑结构，它的基础就是目录结构。建立网站链接结构的方法有两种：树状结构和星形结构。

① 树状结构。用于表示一对一的页面关系，其优点是层次分明和条理清晰，缺点是浏览效率较低，经常进行页面的逐层展开才能找到所需要的内容。

② 星形结构。用于表示一对多的页面关系，许多页面相互之间都进行链接，其优点是方便浏览，缺点是链接太多会导致浏览过程混乱。

在实际网站设计过程中，经常是将树状链接结构和星形链接结构结合使用，以提供方便灵活的访问方法。例如，主页和一级页面之间使用星形链接结构，而一级页面和二级页面之间使用树形链接结构。

3. 准备网站资料

网站素材的准备工作包括搜集、整理、加工、存储等环节，包括文本、图像、超链接、音频、视频、表格、表单等方面的网页素材。

4. 选择网页制作工具

网页制作工具非常多，例如 Dreamweaver、JavaScript、HTML 等。如果是初学网页制作，则应该使用所见即所得（what you see is what you get，WYSIWYG）的 Dreamweaver 软件；如果想学习网页程序设计，则应该使用 HTML 语言和 JavaScript 脚本语言来编写程序；如果属于专业级别的网站制作，则可以使用 CGI、ASP 等高级工具。

5. 建立网站

建立网站时要注意两个原则，一是先简单后复杂原则，二是先小后大原则。其中，先简单后复杂原则要求首先制作简单网页，然后制作复杂网页；先小后大原则要求首先制作较小的网页，然后制作较大的网页。这两个原则都将使复杂问题变成简单问题，从而极大地提高网页设计与制作的效率。

6. 制作具体网页

一个网站是由许多网页文件构成的，所以制作具体网页是非常艰巨的一项工作。

7. 注册域名与申请网页空间

目前,很多的ISP服务商提供域名注册和网页空间申请的收费服务,任何用户都可以根据自身情况选择合适的ISP服务商。但是,对于个人网站而言,完全可以通过申请免费网页空间的方法实现域名注册。

8. 网站测试

在建立好一个网站后,应该对网站进行细致周密的测试。一方面,可以利用网页制作软件本身自带的测试功能进行内部测试;另一方面,也可以使用专用工具进行全面测试。这样才能及时发现问题,并进行修改,以便保证正常浏览和使用。

9. 网站发布

网站测试完成后,就可以将其上传到网站空间中。现在网站发布工具非常多,有些网页制作工具本身就具有上传功能,另外还可以利用FTP上传工具,这样就可以方便地将网站发布到自己注册域名与申请网页空间的服务器中。

10. 网站维护

一个优秀的网站是需要经常更新内容和管理维护的。网站只有定期地更新内容,才能不断地吸引更多的浏览者。另外,网站进行良好的管理和及时维护后,才能保证网站安全。

3.1.3 网页素材

1. 概述

网页涉及领域不同,所采用的素材也不同。例如,书刊领域采用的素材是文字、表格和图像,绘画领域采用的素材是图形、文字和色块,摄影领域采用的素材是静止图像和色块,电影电视领域采用的素材是运动图像、声音和色彩。不过,制作网页时需要更多的素材。

所谓网页素材是指从自然界和现实生活中搜索到的、没有经过提炼的网站构建资料,其内容可以分为文字材料和形象资料两大类。其中,文字材料是指文学作品、报刊杂志、历史事件、神话故事等文字构成的素材;形象资料是积累的绘画、素描、速写、雕塑、照片、图像等作品。

在互联网中,个人或机构拥有的独特风格通常可以展示在其拥有的网站中,这些独特风格可能会吸引浏览者停留较多的时间,阅读更多的网页信息。如图3-4所示为IBM公司的主页。

网站中的独特风格可以通过许多网页素材的设计、使用来形成,其中部分内容应该是有关联的。通过这种关联使网站具有整体感,实现完美的网站风格设计。如图3-5所示为微软公司的主页。

具体网页素材如表3-3所示。

图 3-4 IBM 公司主页

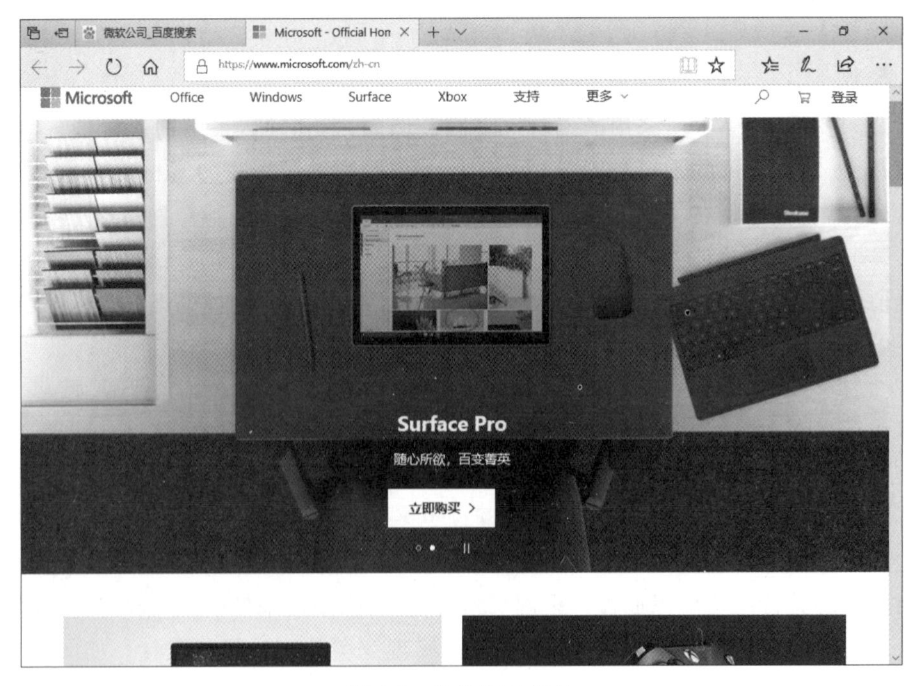

图 3-5 微软公司主页

表 3-3　网页素材

网页素材	说　　明
排版	文字编缩、表格结构、框架应用、段落内容等
色系	文字字形、网页底色、图像色系、网页颜色等
内容	网站主题、整体实用性、文件关联性、内容切合度、文档必要性等
窗口	窗口效果，例如全屏幕窗口、特效窗口等
特效	动态网页应用，例如 Flash、JavaScript、Java Applets、HTML 等
程序	网页互动程序，例如 XML、ASP、CGI、PHP 等
架构	网页的目录规划、层次分明、选单应用、表单结构等
走向	对网站的未来规划、网站整体内容走向等

2. 网站排版

一个经过精心规划的网站排版使浏览者能迅速找到所需资料，如同一本好书，合适的内容编排会让读者一目了然。而网站排版与图书排版并没有本质不同，只不过表示媒体不同而已。网站排版的主要内容包括段落内容、文字编排、表格设置、表格底色和框架应用。

(1) 段落内容。合理组织段落内容可以使内容丰富。

(2) 文字编排。文字通过内容编排可以产生层次分明、方便阅读等效果。

(3) 表格设置。表格是网站经常用到的编排方式之一，使用表格可以统一整理多段文字，从而保证清楚易懂。

(4) 表格底色。要避免底色或底图与表格文字颜色过于接近以致文字不清。其实，使用表格的目标是表现文字含义，合适的底图或底色是为了加强表现效果。即通过底色或底图的衬饰作用，让文字表现得清楚明白。

(5) 框架应用。设计表格框架时要尽量避免相同网页的重复加载，这样可以加快浏览速度。由于框架会分割整个网页画面，造成浏览空间减少，所以要注意框架中内容的可读性。

3. 网站色系

网站色系是浏览者对网站整体的第一感觉，如果一个网站中的色系保持一致，则会使网站美观大方，内容层次分明。网站色系的要素包括文字字形、网页底色、网页颜色和图像色系等。

(1) 文字字形。以文字为主的网站，合适的文字字形会产生最佳的浏览效果。

(2) 网页底色。这是整个网站风格的关键。例如，以黑色作为网页底色会使浏览者产生稳重的视觉感，不适合构建学校、培训机构等教育类的网站。当然，审美观因人而异，但网站是在互联网发布并浏览的，设计时尽量考虑时尚潮流并满足绝大多数人的需求是非常必要的。

(3) 网页颜色。这是以浏览者角度来观看的，即整体网页偏向何种色系。例如，许多搜寻网站为提高阅读效果，设计网页时尽量让文字颜色和网页底色拥有较高的区分度。

（4）图像色系。图像的色系可以分为冷色系与暖色系。其中，冷色指青、蓝、紫3种颜色及其组合，暖色指红、橙、黄3种颜色及其组合。初学者要尽量获取优质图像，熟练使用常用的绘图软件和影像处理软件，妥善利用软件及网络中的各种素材资源。

在开始进行网站制作前，就应该对网站色系做好规划和设计，以避免在制作网站过程中出现搭配不合理、设计混乱等情况。另外，要使浏览者获得良好的整体观感，可能需要网站设计者经过多次调色和修正。所以，制作网页时一定要有极大的耐心。

3.2 采集与处理网页素材

本节主要介绍网页设计时所使用的各种多媒体素材及其相关操作处理，其中涉及一些工具软件的使用。

3.2.1 多媒体素材

多媒体素材是指多媒体网页中所用到的各种听觉、视觉材料。根据素材的文件格式，可将素材划分为文本、声音、图像、动画、视频等类型。

1. 文本

要提高文字的可读性，应该注意如下几点。

（1）使用合适的字体和字号，如 Times New Roman 字体就比较容易阅读。

（2）需要在文字周围留有适当的空白空间，拥挤的文字使人感到压抑。

（3）使用合适的背景色，差的背景颜色（如橙色和红色）使人阅读困难。

（4）文字描述应精简并围绕一个主题，以便访问者能够快速获取主要信息和中心思想。

（5）内容表述客观公正，并允许访问者做出自由选择，或继续留在当前网页上，或去其他网站浏览并寻找信息。

2. 声音

在设计网页时，最好不要使用内联声音。因为，使用声音会使网络下载速度变慢，同时对网页浏览效果并没有什么提高。据统计，人们从网页中获取的文字信息占总量的80%以上。如果网站中必须使用声音或视频，则要保证可以使用通用插件来播放。目前，常用的声音插件包括 QuickTime、RealPlay、ShockWave 等。

3. 图像

为了下载速度更快，网页中尽量少用图像，同时要保证访问者能够从网站中获得重要信息。据统计，将每个页面内容控制在50KB左右、图像大小控制在30KB左右时，可以保证较理想的下载速度，而每增加50KB会延长1s的下载时间。另外，不要使用横跨整个屏幕的图像，以避免通过滚动屏幕才能看到全图的情况。如果必须将一个较大图像放在网站中，则最好使用图像软件将其缩小，以便提高浏览速度。

4. 动画

有些网站中动画可能是必不可少的，如游戏网站、商务网站、儿童网站等。其他网站在使用动画时要注意两点，其一是要选择使用 Flash 动画，不能简单堆积大量动画，并尽量不要使用 Flash 插件，以便保证网络的下载速度；其二是确保动画和文字关系紧密，并与网页组成一个有机整体。

5. 视频

虽然网页应该有多媒体信息，但由于网络带宽的限制，在使用多媒体信息（尤其是视频）表现网站的内容时应该充分考虑客户端的数据传输速度。

3.2.2 处理多媒体素材

目前有许多工具软件可用于多媒体素材的处理，如使用 UltraEdit 处理文字、使用 Photoshop 处理图像、使用 Flash 处理动画等。

1. 使用 UltraEdit 处理文字

UltraEdit 是一个功能全面的文本编辑器，可以编辑文本、十六进制数据、ASCII 码，内含英文单词检查、C ++ 与 Visual Basic 语句多色突显，可同时编辑多个文件。此外，UltraEdit 还具有 HTML 标记多色显示、查找、替换、还原等功能。

2. 使用 Photoshop 处理图像

Photoshop 是由美国 Adobe Systems 公司开发的图像处理软件。对于摄影师、图像设计师和图形设计师而言，它是进行图像设计的优秀工具软件；对于计算机图像处理的初学者而言，它能够让用户很快地进入奇妙的图像处理世界中。Photoshop 操作灵活且显示直观，是真正的“所见即所得”的图形图像处理软件。其主要功能如表 3-4 所示。

表 3-4 Photoshop 的主要功能

功　　能	说　　明
绘图	具有许多绘图及色彩编辑功能
图像阅览	能阅览数十种图像格式文件
图像编辑	可以编辑扫描图像或光盘图库已有图像，进行放大、裁剪处理等操作
扫描图像	控制扫描仪扫描图像
矢量绘图	可使用矢量绘图软件 Illustrator 文件或保存为 Illustrator 格式的文件
创意设计	可以完成镜头或滤镜不可能实现的功能

3. 使用 Flash 处理动画

Flash 软件是美国 Macromedia 公司推出的，专门基于矢量图形的交互式动画设计软件。目前，该软件被广泛应用于网页设计、教学课件制作、MTV 制作、电子贺卡设计、广告设计等领域。该软件通过将声音、音乐、动画等多媒体元素融合起来，制作出高品质的动画显示效果。

3.3 使用 HTML 制作网页

HTML 严格规定的标记(Markup)、语法和功能。Edge 等浏览器在阅读 HTML 文档后，就可以在显示器上显示出该文档的页面效果。本节主要介绍 HTML 的常用标记和网页制作方法。

3.3.1 HTML 的基本知识

1. HTML 简介

HTML 不是一种程序设计语言，HTML 文件也不是程序文件。一个程序文件一般由过程和函数组成，有时要对一些外部数据进行运算。但是，HTMT 文件本身却是一些脚本信息，这些脚本就是 HTML 规定的各种“标记”。在脚本描述程序中嵌入 HTML 标记后，Edge 浏览器就会将 HTML 文件显示出来。

从技术角度来看，HTML 是按标准通用型标记语言(SGML)中的文档类型定义(DTD)来定义的，所以一个 HTML 文档可以被认为是 SGML 文档中的一部分。例如，在传统出版印刷行业中，作者提供手稿，编辑用特殊的编辑符号加上各种排版与印刷的标记，从而规定书稿的印刷字体、印刷格式、版面大小、文本与图像的精确位置等。

2. HTML 与本地浏览器

尽管 Web 浏览器已经在互联网中得到了广泛应用，但是 Web 网页内容实际上是非常简单的一段脚本而已。用户可以充分利用计算机网络和操作系统环境，以最佳方式完成各种操作。要浏览 Web 网页，可以使用如下两种方法。

(1) 使用主机上网方式进行浏览。主机上网方式就是让用户计算机通过 TCP/IP 直接连接到互联网上，这是现在最流行的浏览方式。具体连接方式包括使用局域网与互联网相连接、使用拨号方式通过调制解调器与一个网络服务提供商相连接。

(2) 与大型商业联机服务提供商相连接。Compuserve、American Online 和 Prodigy 等许多大型商业联机服务提供商都提供各种图形 Web 浏览功能，用户可以从中浏览 Web 网页信息。

3. 字符实体和置标标记

为了保持 HTML 文档文件的通用性，HTML 语言还可以使用许多非 ASCII 编码的字符。这些字符可在拉丁字符集—1 中找到，所谓字符实体就是一种特殊的代码，浏览器处理并显示预定的特殊字符。这些字符实体前面一般冠有前缀“&”，接着是字符名或字符编号，最后使用分号结束。例如“&IT”用于表示左角括号和等于符号，即数学中的小于等于。

HTML 语言中的置标标记是使用“< >”进行分隔的。它们可以单独出现，如标记
用于表示换行。也可以使用<开始标记></结束标记>对出现，用于表示描述其中所包含的内容，例如<I>网页设计</I>表示使用斜体字显示字符串“网页设计”。

另外，规定文本格式的标记、规定超文本链接的标记、规定声音和图像的标记、为交互网页定义输入字段的标记等都是使用＜开始标记＞＜/结束标记＞对的。

3.3.2　页面结构

在下面的各小节中，将详细描述HTML中的各种元素。建立一个网页与传统的书刊排版完全不同。例如，网页的大小一般是不固定的，浏览器将自动对文本进行文字调整以适应显示窗口的宽度，另外允许用户使用滚动条功能来进行辅助调节。而在传统排版时，用户必须规定全部印刷字体、印刷格式、版面大小、文本与图像的精确位置等，而用户在设计网页时，只需要对网页进行初步处理，其他内容由浏览器自动完成。

用户在设计网页时，主要工作就是在网页文件中嵌入各种HTML中的置位标记，这些置位标记是用于描述网页的。一般情况下，HTML标记是与任何显示设备无关的。具体而言，用户可以不考虑访问者应该使用什么字体，也可以不考虑浏览器是如何配置的。只要用户将一个网页文件装到Web服务器中，其他工作由浏览器自动完成。很明显，网页比纸质页面更方便、更容易修改。

网页的主要特点就在于它是"活"的页面，因为它的显示内容可以不断发生变化。特别是互联网迅速发展的今天，一方面，新用户在不断地改写旧的网页；另一方面，老用户又在不断地编写出新的网页。

1. HTML文件组成

网页是由许多磁盘文件组成的，它们既可能存储在Web服务器中，又可能存储在用户计算机中，一个网页的精确文件位置可以使用URL来表示。网页的内容主要由文本部分和图像部分组成。一般而言，页面的标记文本放在一个文件中，而每个图像则放在另外的文件中。图像文件一般是使用文件名进行访问的，所以同一图像文件可以在同一页面上、不同页面上加以多次使用。

所谓HTML文件就是含有标记文本的网页文件。HTML文件以标记＜HTML＞作为开始、＜/HTML＞作为结束。它被分割成文件头和文件体两部分。文件头部分用于描述文档的总体信息，文件体部分用于描述该文档的具体文本内容。例3-1就是一个简单HTML文件，它使用置标标记分别定义了文件头部分和文件体部分。

【例3-1】 构造一个简单的HTML文件。

```
1  <html>
2  <head><title>这是一个简单的 HTML 文件</title></head>
3  <body>
4  <h2 align="center">这是一个简单的 HTML 文件</h2>
5  </body>
6  </html>
```

说明：程序中的第1行使用＜html＞标记表示文档类型是HTML文件，以方便浏览器进行识别和处理。第2行中的＜head＞与＜/head＞标记对用于表示标题及其他有关文档的信息，具体标题内容包含在＜title＞与＜/title＞标记对的内部。第3行的＜body＞

标记表示文档部分的开始。第4行表示以居中方式显示提示信息“这是一个简单的HTML文件”。第5、6行的</body>和</html>标记分别表示文档部分和HTML文件的结束。在Edge浏览器上运行文件后的结果如图3-6所示。

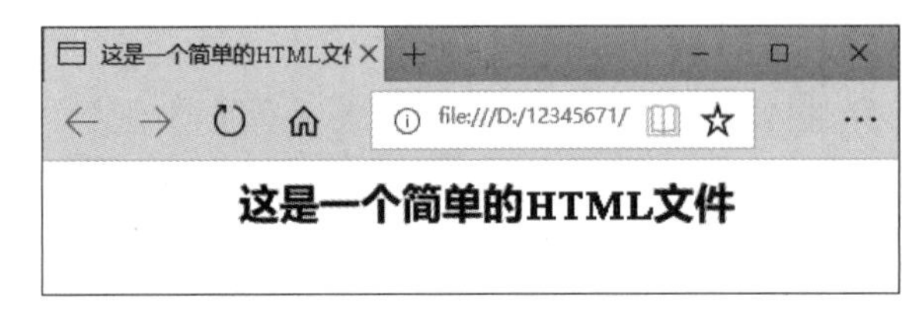

图3-6 一个简单的HTML文件

2. 文件头部分

文件头部分所指定的信息就是HTML文档的标题。某些其他说明性的标记也可以写在文件头部分中，如在<meta>标记下的关键字、格式说明、图表说明等内容。要注意某些文件头标记是Edge浏览器不支持的。每一个网页都应该有一个标题，并且这个标题应该做到见名知意。在Edge浏览器中，标题将出现在浏览窗口的标题栏位置，即该浏览窗口的顶部。使用<head>标记可以指定页面的背景和文本颜色，从而取代浏览器的默认设置。

注意：为简单起见，文件头部分中的内容尽量少。

3. 文件体部分

HTML文档的实际内容应该安排在<body>标记内。<body></body>标记对中可以包含文本的许多段落，小到非常简单的一行，大到若干页面内容。另外，文件体部分还可以包含带编号的列表、带箭头的列表、行列数可变的表格等内容。

HTML页面的文件体部分也可以包含许多非文本型的标记元素。这样，就可以方便地使用图形、图像、数字音乐、视频图像、动画、声音、区域、页面、文件、Web站点、数据库、超链接等。

3.3.3 结构标记

前面已经介绍了4个置标标记：<html>、<head>、<title>和<body>，这一节开始详细介绍结构标记。

1. 置标标记与字符实体

（1）置标标记。HTML语言的简单性就在于置标标记的广泛使用。一方面，浏览器不能接受置标标记内的拼写错误和附加空白；另一方面，如果用户使用错误的置标标记，则用户不可能得到所希望的浏览效果。例如，如果用户将“</html>”写成“</html”，则浏览器将认为该HTML文件是错误的，并将其中的全部代码作为文本内容直接显示出来，即标记没有发挥效果。

（2）字符实体。字符实体也是一种特殊的HTML代码，它用于定义那些通常不能通过简单击键来输入的字符。为使所有的文本编辑器（如记事本、UltraEdit等）能够容易编辑 HTML 文件，可以将这些特殊字符转换成特殊的数字或名称。

字符实体以符号“&”开头，后面接以预定实体的名字或“#”符号，再接以该字符的十进制编号(指拉丁字符集—1)，最后用分号终结字符实体。字符实体主要用于表示两类字符：拉丁字符集—1 中的非 ASCII 编码字符和需要用来标记 HTML 标记开始与结束的字符。要表示一个字符或置标标记的开始与结束，可用 7 个字符实体，如表 3-5 所示。

表 3-5　字符实体

字符实体	说　明	字符实体	说　明
&.it	表示左角括号或小于符号	>	表示右角括号或大于符号
&	表示 and 的符号	"	表示双引号
空格符	表示非中断的空格符号	©	表示版权符号“©”
®	表示注册商标符号“®”		

2. 标记语法

HTML 中的每一个置标标记都有一个标记名字，大多数标记中都包含关于属性的修饰符。例如水平直线标记是<hr>，利用 width 属性并规定一个值可以定义一条有特定宽度的水平直线。例如，画一条占宽度 80%的水平直线，可用语句：<hr width=80%>。

1）容器标记与空白标记

(1) 容器标记。指非空内容的标记，它对使用开始标记和结束标记包括的文本起作用。其中，开始标记以符号“<”开始，紧接一个标记名字、一个属性(如果有多个属性的话，则使用空格进行分隔)，最后使用符号“>”来封闭该标记；结束标记以符号“<”开始，紧接一个“/”符号和一个标记名字，最后使用符号“>”来终结该标记。

(2) 空白标记。空白标记是指为空内容的标记。如果说容器内部包括要修改的内容，则空白标记内部将没有任何内容。所以，空白标记是孤立出现的，即没有带斜杠符号的结束标记与之配对。例如，<hr>标记表示画一条水平直线，
标记表示换行(即后续文本从左边界处开始)，<img src="example.jpg">标记用于插入一个本地机图像。

【例 3-2】 4 种容器标记的使用示例。

```
1   <html>
2   <head><title>4 种容器标记的示例</title></head>
3   <body>
4   <hr>
5   <i>这是一个斜体字的浏览效果<br></i>
6   <u>这是一个下画线文字的浏览效果<br></u>
7   <tt>这是一个电传打字机字体的浏览效果<br></tt>
8   <a href="example.htm">这是一个超链接引用的浏览效果<br></a>
9   <hr>
10  </body>
11  </html>
```

说明：程序中的第 5、6、7、8 行使用 4 种容器标记，分别表示斜体字、下画线文字、电传打字机字体和引用超链接，第 4、9 行的<hr>空白标记表示画一条水平直线。在 Edge 浏览器上运行文件后的结果如图 3-7 所示。

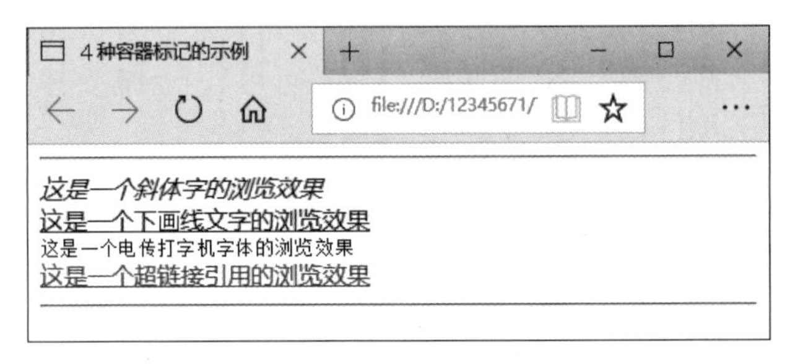

图 3-7 容器标记的示例

2）置标标记和字符实体的使用

【例 3-3】 置标标记和字符实体的使用示例。

```
1  <html>
2  <head><title> 置标标记和字符实体的使用示例</title></head>
3  <body>
4  <h1 align="center">静夜思</h1>
5  <p>床前明月光，疑是地上霜。</p>
6  <p>举头望明月，低头思故乡。</p>
7  </body>
8  </html>
```

说明：程序中的第 2 行表示浏览窗口的标题栏将显示字符串："置标标记和字符实体的使用示例"，第 4 行使用<h1>和</h1>标记对指定二级标题为"静夜思"，第 5、6 行使用<p>和</p>标记对定义两个自然段。从图 3-8 中可以看到浏览器将忽略 HTML 文件中的 ENTER（回车）符号，并按浏览窗口的宽度对文字进行调整。

图 3-8 置标标记和字符实体的使用示例

3. 结构标记

HTML 标记可以分为格式标记和页面结构标记两大类。其中，格式标记是要改变文本格式的标记，但并不改变页面的版面布局。主要用于在标记过的文本前后指定格式编排信息，如粗体字、斜体字、下画线等；页面结构标记是要改变页面结构的标记，用于在标记过的文本前后指定段落分割功能，从而定义生成页面的版面布局。

属于结构标记类的标记包括规定分段标题、章节、段落、列表、表格等。

1）分段标题标记

使用分段标题标记可以将文档中的每个分段分隔开，所有的分段标题标记都是容器，并要求对应的结束标记。HTML 语言支持 6 级分段标题，使用标记对<h1></h1>、<h2></h2>、<h3></h3>、<h4></h4>、<h5></h5>、<h6></h6>。这 6 个标记对可以解决各方面的文档问题，另外用户还可以利用表元素和表格元素生成附加结构。

<h1>是最高层的分段标题，通常称为一级分段标题，用于表示页面实体中的第一个元素，并用作该页面的内部标题。很明显，一级分段标题是与定义浏览窗口标题的<title>标记不一样的，因为它是在浏览窗口内部进行显示的。任何分段标题标记本身是内含格式信息的，如字体、章节分割、显示位置等，并使用一定空白来区分不同的分段标题。所以，用户不必为分段标题添加任何格式标记。用户最好按自然分层顺序使用各种分段标题，当然 HTML 语言也允许使用非自然分层顺序，如<h1>标记后不是<h2>标记，而是<h3>标记。

【例 3-4】 使用居中方式显示各级分段标题。

```
1   <html>
2   <head><title>使用居中方式显示各级分段标题</title></head>
3   <body>
4   <h1 align="center">使用居中方式显示一级分段标题<br></h1>
5   <h2 align="center">使用居中方式显示二级分段标题<br></h2>
6   <h3 align="center">使用居中方式显示三级分段标题<br></h3>
7   <h4 align="center">使用居中方式显示四级分段标题<br></h4>
8   <h5 align="center">使用居中方式显示五级分段标题<br></h5>
9   <h6 align="center">使用居中方式显示六级分段标题<br></h6>
10  </body>
11  </html>
```

说明：程序中的第 4～9 行分别以居中方式显示各级分段标题。由于 HTML 语言默认规定分段标题是左对齐显示的，所以在分段标题标记中使用 align="center"属性后，就可以产生居中对齐效果。从图 3-9 中，可以看到这 6 个分段标题对应的字体和字号。

注意：分段标题标记内含许多样式信息，如同 Word 中的标题 1、标题 2、标题 3、正文等样式。

2）文档结构标记

HTML 页面的初始段用于定义它的总体结构，如标识为 HTML 文档类型、指定创建 HTML 页面所用的版本、提供标题信息等。下面分别介绍<html>、<head>和<body>标记。

（1）总体标记<html></html>。使用该标记可以将整个 HTML 文档包括起来，从而让浏览器知道该 HTML 文档从什么位置开始，到什么位置结束。一个良好的程序设计风格是使用<html>标记开始一个网页，使用</html>标记结束该网页。

图 3-9　使用居中方式显示各级分段标题

（2）标题标记<head></head>。该标记用于说明整个标题内容，表 3-6 给出的标题元素可以在文档头部分进行引用。

表 3-6　标题元素

标题元素	说　　明
<title>	定义文档标题，该标题将出现在浏览窗口顶部的标题栏中
<script>	定义所使用的脚本描述语言，如 JScript、JavaScript、VBScript 等
<style>	定义各种格式表单、串联格式表单等
<base>	定义用于引用的 URL 地址
<meta>	定义总体信息，如说明、关键字、作者等
<isindex>	用于各种关键字搜索
<link>	定义标识与其他文档的链接关系

（3）文档体标记<body></body>。该标记内部就是全部文档体内容，其中，分段标题部分可表示各种分段标题，文本元素部分主要用于改变文本格式，块元素部分主要用于定义段落类型。在<body></body>标记中，主要属性如表 3-7 所示。

表 3-7　<body></body>标记中的属性

属　　性	说　　明
text	指定文本的显示颜色
link	指定没有访问的超链接定义显示颜色
vlink	指定已访问的超链接定义显示颜色
alink	指定单击过的超链接定义显示颜色
bgcolor	指定整个文档所用颜色，background 属性比 bgcolor 属性优先
background	指定背景图像和颜色

属性名不区分大写字母与小写字母，但建议标记名、属性名、属性值使用小写字母。尽管用户完全可以随便书写，不过良好的编码风格将增加 Web 网页代码的可读性。

3）换行标记与部分公共属性

（1）换行标记
。要结束当前行或在页面最左侧处开始新的一行，用户就可以使用换行标记
。凡是需要在标题或表项中占用一行以上时，用户都应该使用
标记。
是一个空白标记，它与段落标记的区别在于：它不会加入任何额外的空白内容，仅仅表示换行的意思。所以，用户可以认为它是在文本中插入一个新行。

（2）属性 align。这是一种公共属性（许多标记都可以使用这个对齐属性），用户可以将该属性与本章介绍的许多标记一起使用。align 属性具有 3 种属性值，其中 left 表示指定内容按左对齐方式（即默认设置），center 表示指定内容按居中对齐方式，right 表示指定内容按右对齐方式。

【例 3-5】 各种定位方法和
标记的使用情况。

```
1  <html>
2  <head><title>各种不同的定位方法和标记的使用情况</title></head>
3  <body>
4  <h1 align="center">静夜思<br></h1>
5  <h4 align="left">唐朝<br></h3>
6  <h2 align="right">作者：李白<br></h2>
7  <h4>床前明月光，疑是地上霜。<br>举头望明月，低头思故乡。<br></h4>
8  </body>
9  </html>
```

说明：程序中的第 4 行以居中方式显示一级标题“静夜思”，第 5 行以左对齐方式显示四级标题“唐朝”，第 6 行以右对齐方式显示二级标题“作者：李白”，第 7 行显示正文部分，并用换行标记
将正文部分分两行进行显示。在浏览器上运行文件后的结果如图 3-10 所示。

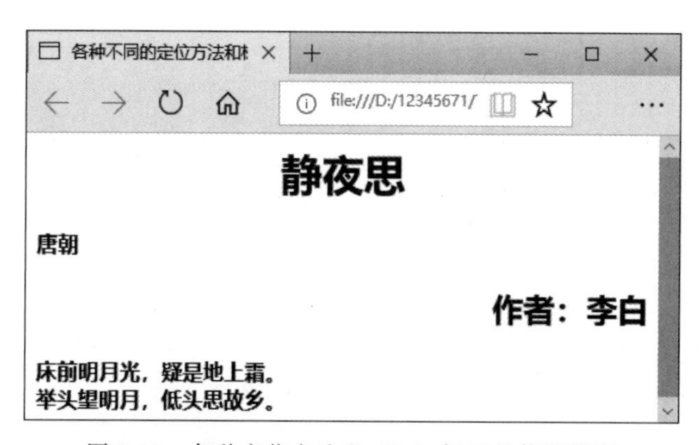

图 3-10　各种定位方法和
标记的使用情况

4）块元素标记（<p>与<pre>）

所谓块元素标记是指普通文本型的段落标记和某些专用型的段落标记，如段落分隔、页面注解、页面注脚、外部引文等。在定义块元素后，浏览器将自动插入段落分隔符和换行符，对该文本进行文字调整并显示。在块元素所包括的文本内容中，所有的制表符、冗余空格、enter 符号、控件字符等都使用一个空格来表示。

(1) 段落标记<p></p>。段落是最简单的 HTML 页面元素，可以使用许多公共属性，使用<p></p>段落标记可以指定普通的正文段落。段落的第一行可能不使用缩进对齐方式，这与浏览器的处理机制有关。段落标记是一个容器，用于将文本内容与其他页面元素分隔开来。在 HTML 中，所包括的任何内容都应该有标记定义。

(2) 预定格式文本<pre></pre>。这是一种非段落性的元素。使用<pre></pre>标记对将指定的内容文本按原样保留。它对使用表格的文本内容是非常有用的，这时水平制表符(即 Tab 键)也将起作用。具体而言，预定格式文本是按等间隔字体表示的，并且所有的换行符和冗余空白都会保留。使用固定宽度的字体来显示文本共有3个标记，如<listing>标记表示按每行 132 个字符的等间隔显示文本，<xmp>标记表示按每行 80 个字符的等间隔显示文本，<plaintext>标记表示按自由格式显示文本。

【例 3-6】 <pre>、<listing>和<xmp>标记的使用情况。

```
1    <html>
2    <head> <title>pre、listing 和 xmp 标记的使用情况</title></head>
3    <body>
4    <listing>这是一个螺旋矩阵</listing>
5    <pre>
6        1   2   3   4  5
7       16  17  18  19  6
8       15  24  25  20  7
9       14  23  22  21  8
10      13  12  11  10  9
11   </pre>
12   <xmp>这是一个螺旋矩阵</xmp>
13   <pre>
14       1   2   3   4  5
15      16  17  18  19  6
16      15  24  25  20  7
17      14  23  22  21  8
18      13  12  11  10  9
19   </pre>
20   </body>
21   </html>
```

说明：程序中的第 4 行表示按每行 132 个字符的等间隔显示文本，第 12 行表示按每行 80 个字符的等间隔显示文本，读者要注意这两种显示效果的区别。第 5～11 行和第 13～19行表示按预定格式显示文本。在浏览器上运行文件后的结果如图 3-11 所示。

4. 水平直线标记

要将标题、段落等内容放大显示，可以使用水平直线标记<hr>。<hr>是一个空白

```
pre、listing和xmp标记
file:///D:/12345671/
这是一个螺旋矩阵

   1  2    3    4    5
  16  17   18   19   6
  15  24   25   20   7
  14  23   22   21   8
  13  12   11   10   9

这是一个螺旋矩阵

   1  2    3    4    5
  16  17   18   19   6
  15  24   25   20   7
  14  23   22   21   8
  13  12   11   10   9
```

图 3-11　<pre>、<listing>和<xmp>标记的使用情况

标记，用于指定水平直线插到文本内容来分隔段落。另外，浏览器也可以利用水平直线来调整每一行的实际宽度。在水平直线标记中，可以使用 width 属性、size 属性和 align 属性。其中，width 属性可定义水平直线的长度（以像素为单位），size 属性可定义水平直线的厚度（以像素为单位），align 属性可定义水平直线的位置。

【例 3-7】 使用水平直线分隔文本。

```
1   <html>
2   <head><title>使用水平直线来分割文本</title></head>
3   <body>
4   <hr width=60% align="center">
5   <p align="center">床前明月光，疑是地上霜。</p>
6   <hr width=60% align="center">
7   <p align="center">举头望明月，低头思故乡。</p>
8   <hr width=60% align="center">
9   </body>
10  </html>
```

说明：程序中的第 4、6、8 行使用<hr>标记产生 3 条水平直线，以便将文本分隔开。第 5、7 行以居中方式显示文本内容。在浏览器上运行文件后的结果如图 3-12 所示。

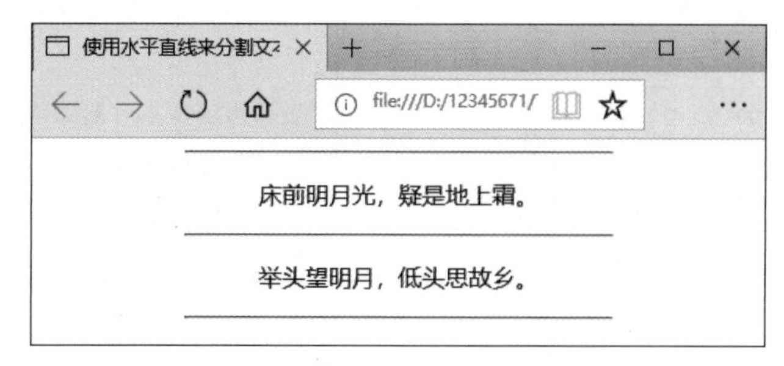

图 3-12　使用水平直线分割文本

3.3.4 文本格式编排

下面介绍如何编排文本格式，以及如何使用逻辑格式和物理格式。使用过 Word 软件的用户已经知道，格式标记可以改变指定文本的输出格式。HTML 允许格式标记进行嵌套，相应的嵌套层数也没有限制，不过用户最好只进行 3 层左右的格式嵌套。文本格式可以分为逻辑格式和物理格式。

1. 逻辑格式

逻辑格式是上下文相关的，例如<strong>标记就是逻辑格式标记，它用于突出显示指定文本。使用逻辑格式可以使不同浏览器能够表示相同的 HTML 代码。该格式比文本更加突出。许多置标标记都可以出现在逻辑格式标记内部(但不要使用结构性标记)。具体而言，用户最好是在开始段落或块引用之后使用格式标记，例如：

语句 1：

```
<p><em>markup</em></p>
```

语句 2：

```
<em><p>markup </p></em>
```

很明显，第 1 条语句比第 2 条语句好得多。

表 3-8 给出常用的逻辑格式标记。

表 3-8 逻辑格式标记

标　记　对	名　　称	说　　明
<cite></cite>	引文	使用斜体字显示标题或参考文献
<em></em>	一般强调	使用斜体字或下画线显示指定文本
<strong></strong>	加重强调	使用粗体字显示指定文本
<tt></tt>	电传打字文本	以等间距字体方式显示
<big></big>	较大字体	使用比现行字体尺寸稍大一些的字体
<small></small>	较小字体	使用比现行字体尺寸稍小一些的字体
<dfn></dfn>	定义名词	代表新术语
<strike></strike>	删除线	表示指定文本有删除线
<code></code>	编码	对样本程序中的代码以等间距字体显示
<kbd></kbd>	键盘	表示由用户输入的一个字符序列
	下标	使用下标表示形式
	上标	使用上标表示形式
<samp></samp>	样本	表示一个文字字符序列
<var></var>	变量	表示由用户提供值的名字

2. 物理格式

物理格式是上下文无关的，例如<u>标记就是物理格式标记，它用于给指定文本加下画线显示。

（1）物理格式标记对<b></b>、<i></i>和<u></u>。HTML 语言中包括如下 3 个物理格式标记对。其中，<b></b>标记对表示以粗体方式显示指定文本，<i></i>标记对表示以斜体方式显示指定文本，<u></u>标记对表示以下画线方式显示指定文本。

如果用户想要粗体、斜体或下画线效果时，就可以使用上面的物理标记。例如，使用标记对<b></b>后，就可以指定文本以粗体方式进行显示，从而与其他文本内容区别开来。所以，在有必要区分不同文本内容的地方，用户都可以使用逻辑格式标记。

（2）字体标记<font>。<font>标记是 HTML 语言能够识别的一种特殊格式标记，它一般是与 size 属性和 color 属性一起使用的。其中，size 属性可以是正数(1～7)，用于表示指定文本比现行字体尺寸要大些；size 属性也可以是负数(－1～－7)，用于表示指定文本比现行字体尺寸要小些。例如：<font size＝＋2> Java </font>Script<font size＝＋2> markup </font>。该语句将使字符串“Java”和“markup”比“Script”显示的字形大，因为前者使用 2 号字体，而字符串“Script”使用默认字体。

3.3.5　本地图像

图像与其他网页设计元素一样都是非常重要的，在 Web 网页中增加图像将使浏览效果大为改进。一方面，图像可以为浏览者提供许多他们无法从正文内容中看到的信息；另一方面，图像的信息量比数字或表格的信息量要大得多。

1. 图像标记与属性

要在网页上安排本地机图像，用户可以使用<img>标记，它是一个空白标记；但是，在图像周围是没有段落分隔符号或其他空白区域的。如果用户并未规定周围有文字环绕时，图像可以像单个字符那样嵌入文本。HTML 脚本中的图像可以使用定位链接方式与网页的一个具体位置相连，而网页上的本地图像是嵌入文本中的。换句话说，可放置文本内容的任何位置，也可以放置本地图像。图像标记<img>具有 3 个重要属性：align、src 和 alt。

（1）属性 align。该属性对本地图像可用 3 个值，表示本地图像与正文内容间的排列方式。其中，align＝"top"表示图像使用顶端对齐排列，align＝"middle"表示图像使用居中对齐排列，align＝"bottom"表示图像使用底端对齐排列。

（2）属性 src。源属性是一种强制性的属性，用于代表被嵌入图像文件的 url 地址，如同使用定位链接标记<a>的 href 属性那样来规定 url 地址。

（3）属性 alt。如果没有提供要显示的本地图像或者用户不加载本地图像，则 alt 属性可以用于规定可以进行显示的正文字符串。

【例 3-8】 本地图像使用示例。

```
1  <html>
```

```
2  <head><title>本地图像使用示例</title></head>
3  <body>
4  <img src="example1.jpg" width=520 height=174>
5  <br>
6  <img src="example2.jpg" width=520 height=174>
7  <p>这是两个本地图像</p>
8  </body>
9  </html>
```

说明：程序中的第4、6行分别显示两个图像文件example1.jpg和example2.jpg，图像大小为520×174(实际图像大小)，第5行实现换行，第7行指定提示内容。在浏览器上运行文件后的结果如图3-13所示。

图3-13　本地图像使用示例

2. <img>标记中的高级属性

要对网页中所使用的图像或图形重新定义大小、显示方式、对齐方式等，可以使用Web主控工具箱。其中，<img>标记中的height属性和width属性允许用户按不同的尺寸大小使用同一幅本地图像，例如在网页底部重复显示同一幅本地图像。下面介绍<img>标记中的高级属性，如表3-9所示。

表3-9　<img>标记中的高级属性

属　性	说　　明
width	用于确定以像素为单位的图像宽度。当该属性与height属性共同使用时，指示浏览器在图像文件数据到达网络前就为本地图像预先留出网页空间，以便在图像文件全部加载结束前就产生代表该图像所占空间的框架
height	用于确定以像素为单位的图像高度

续表

属 性	说 明
border	当<img>标记作为超文本内容的一部分时，浏览器一般要围绕本地图像绘出一个彩色边框（一般为蓝色）。使用 border 可以设置以像素为单位的边框宽度，如果用户不想要彩色边框，则可以使用属性值 border=0 来取消边框定义
hspace	用于在紧挨图像的左侧和右侧留出一定的空白空间，hspace 属性设置是以像素为单位的空白宽度。默认时，hspace 属性是一个非常小的非零数字
vspace	用于在紧挨图像的上端和下端留出一定的空白空间，vspace 属性设置是以像素为单位的空白宽度。默认时，vspace 属性是一个非常小的非零数字
usemap	用于标识使用 map 元素定义的客户端映像图信息
ismap	该属性是与服务器端的 usemap 属性完全等价的。当单击时，使该单元内容传递到网络服务器，这是早期解决映像图问题的方法。现在，对于纯文本型和基于语言的用户代理而言，最好还是使用<map>标记

3.3.6 有序表、无序表和定义表

HTML 提供了有序表、无序表和定义表 3 类列表。其中，有序表中的表项是有编号顺序的，一般使用<ol></ol>标记对来标记整个表结构；无序表中的表项是完全串联在一起的，一般使用<ul></ul>标记对来标记整个表结构；定义表可以使用<dl>和</dl>标记对进行定义。

1. 有序表和无序表

有序表中的表项是有编号顺序的，一般使用<ol></ol>标记对来标记整个表结构。而无序表中的表项是完全串联在一起的，一般使用<ul></ul>标记对来标记整个表结构。这两种表中的每一项都是可以被包括在<li></li>表项标记对内的，当浏览器进行显示时，表项通常有一定的左缩进。

HTML 中的表是可以嵌套的，这对于描述任何轮廓结构、书内目录、层次关系而言，是非常理想的。在有序表或无序表中除嵌套表外，用户不要使用任何其他默认有段落分隔的标记，如分段标题标记、水平尺标记、表格或表单等，但图像和超链接是一个例外。

【例 3-9】 使用有序表和无序表的示例。

```
1  <html>
2  <head><title>使用有序表和无序表的示例</title></head>
3  <body><hr>
4  <!--使用有序表和无序表-->
5  <h3>内容目录</h3>
6  <h3>编号情况</h3>
7  <ol>
8  <li>使用有序表</li>
9  <li>使用无序表</li>
```

```
10  <!--使用嵌套表-->
11  <ul>
12  <li>使用嵌套表一</li>
13  <li>使用嵌套表二</li>
14  <li>使用嵌套表三</li>
15  </ul>
16  <li>使用定义表 a</li>
17  <li>使用定义表 b</li>
18  </ol><hr>
19  </body>
20  </html>
```

说明：程序中的第5、6行属于提示信息，第7～18行使用<ol></ol>标记定义有序表。其中，第11～15行使用<ul></ul>标记定义嵌套表。注意，无序表的嵌套是出现在两个有序表项之间，而不在表项的内部。在浏览器上运行文件后的结果如图3-14所示。

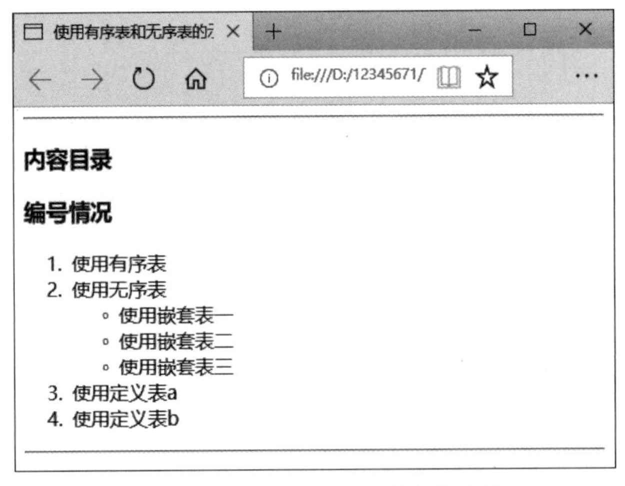

图3-14 使用有序表和无序表的示例

在以上HTML文件中，同样可以使用缩格写法，这样可以使HTML文件更容易阅读。不过，缩格写法并不会影响到浏览器的浏览效果。

2. 定义表

定义表内一定有一个称为定义项和定义说明的对象，该对象将作为该定义表中的一个项。其中，整个定义表可以用<dl>和</dl>标记对进行定义。定义项使用<dt></dt>标记对定义，并在网页上使用左对齐方式。定义说明是使用<dd></dd>标记对定义的，并从网页左边向内进行缩进。

定义表是一个非常有效的描述工具。与有序表和无序表不同的是，定义表在定义项部分或定义说明部分内可以任意使用HTML元素，且不受任何限制，这正是定义表之所以非常有效的原因之一。

【例 3-10】 一个简单定义表的示例。

```
1   <html>
2   <head><title>一个简单定义表的示例</title></head>
3   <body>
4   <h2 align="center">图书情况表</h3>
5   <dl>
6   <dt>第 1 本图书</dt>
7   <dd>操作系统,马丰年,清华大学出版社</dd>
8   <dt>第 2 本图书</dt>
9   <dd>汇编语言,刘其言,清华大学出版社</dd>
10  <dt>第 3 本图书</dt>
11  <dd>汇编语言,贾兴元,电子工业出版社</dd>
12  <dt>第 4 本图书</dt>
13  <dd>程序设计,陈若一,电子工业出版社</dd>
14  </dl>
15  </body>
16  </html>
```

说明：程序中的第 5～14 行使用<dl>和</dl>标记定义一个表，具体内容在第6～13行定义描述。在浏览器上运行文件后的结果如图 3-15 所示。

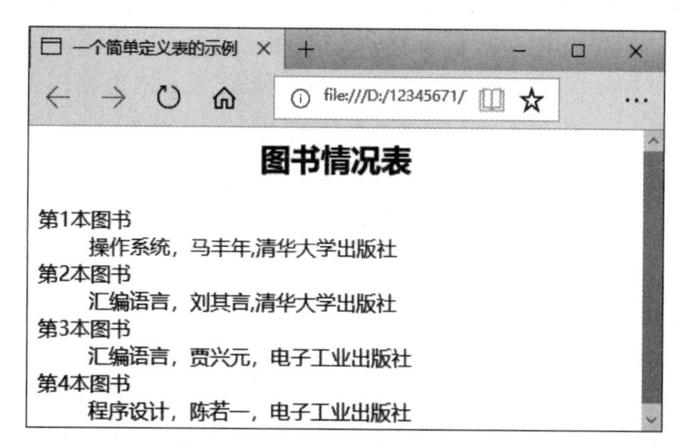

图 3-15　一个简单定义表的示例

【例 3-11】 带分段标题的定义表示例。

```
1   <html>
2   <head><title>带分段标题的定义表示例</title></head>
3   <body>
4   <dl>
5   <dt><h3>这是第一自然段</h3></dt>
6   <dd>床前明月光,疑是地上霜</dd>
7   <dt><h3>这是第二自然段</h3></dt>
8   <dd>举头望明月,低头思故乡。</dd>
9   </dl>
```

```
10  </body>
11  </html>
```

说明：在浏览器上运行文件后的结果如图 3-16 所示。从图 3-16 可以看到，使用分段标题后可以大大提高网页的表现力。

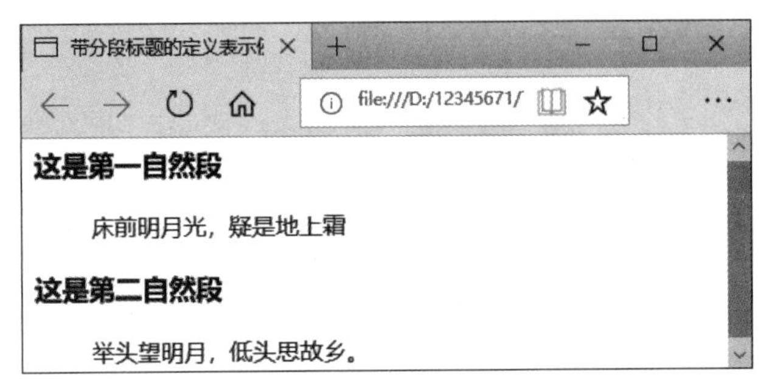

图 3-16 带分段标题的定义表示例

3. 表格

表格允许按行和列的形式来组织信息，它使用比一般列表更丰富的形式来表达信息。表格是 HTML 的一大特色，在不能使用表格时，用户只能使用制表符号来排列每一表栏目中的预定格式文本。这对于简单表格是一种可以理解的方法，特别是对那些纯数字表格，使用<pre></pre>标记对规定固定宽度的字体，也可以得到外观效果不错的网页。另外，用户在设计网页时还可以直接使用制表符号来输出电子表格。在电子表格软件（如 Excel 2010）中拥有优秀的 HTML 输出向导工具软件，它能够将数据表中的数据输出到一个 Web 网页上。

1）基本表格子元素

表格单元可以包含所有 HTML 元素，如表单、图像、分段标题、其他表格等。表格单元可以分为标题单元和数据单元两大类。其中，数据单元使用<td></td>标记对来确定，并按左对齐方式显示；标题单元使用<th></th>标记对来确定，并按粗体字、居中排列方式显示。

任何表格都是以<table>标记开始、</table>标记结束的，使用<tr></tr>标记对可以确定表中的行内容，表格至少拥有一行或一个单元。要指定表格的标题，应该使用表格子元素<caption></caption>标记对。默认时，表格的标题将位于表格上端居中的位置，当然用户可以使用 align 属性指定其他的表格标题排列方式，如左边对齐、右边对齐、底部对齐等。下面的 HTML 文件可以产生一个 7 行 3 列的简单表格。

【例 3-12】 一个 7 行 3 列的简单表格示例。

```
1  <html>
2  <head><title>一个 7 行 3 列的简单表格示例</title></head>
3  <body>
4  <table>
5  <caption>图书情况表</caption>
```

```
6  <tr><th>书名</th><th>作者</th><th>定价</th></tr>
7  <tr><th>软件工程</th><td>盛乐中</td><td>20</td></tr>
8  <tr><th>汇编语言</th><td>刘其言</td><td>10</td></tr>
9  <tr><th>程序设计</th><td>陈若一</td><td>60</td></tr>
10 <tr><th>操作系统</th><td>马丰年</td><td>20</td></tr>
11 <tr><th>人工智能</th><td>唐国盛</td><td>10</td></tr>
12 <tr><th>汇编语言</th><td>贾兴元</td><td>30</td></tr>
13 </table>
14 </body>
15 </html>
```

说明：程序中的第5行指定表格标题，第6～12行指定表格中的具体内容。在浏览器上运行文件后的结果如图3-17所示。

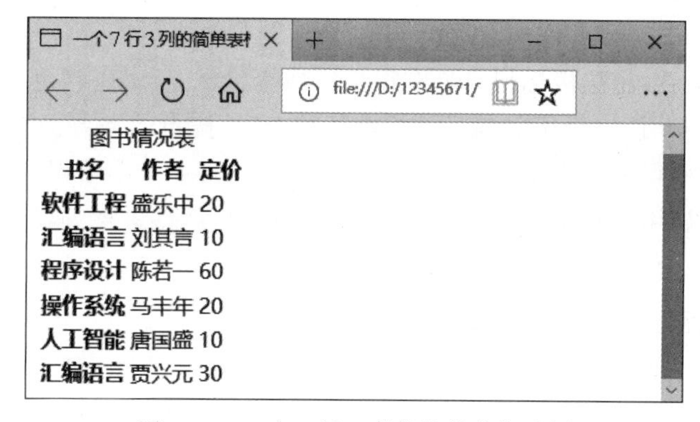

图3-17　一个7行3列的简单表格示例

4. 表格属性<table>

在表格标记和子元素<tr>、<th>和<td>中，可以使用align属性：align="left"、align="center"和align="right"。通常情况下，一个表格将占满浏览器中的全部显示窗口。为了控制表格在显示器中的具体位置，用户应该在<table>标记中使用align属性和width属性，例如：<table align="center" width=50%>。该指令表示表格使用居中对齐方式，并只占用浏览器全部显示窗口的一半。

在使用<caption>标记规定表格格式时，align属性的值可以是top，也可以是bottom，这样就可以控制表格是在浏览器顶部或底部进行显示。align属性与其他表格元素共同使用来控制表格单元内数据的布局，对应的属性值只有3种，即align="left"、align="center"和align="right"。表格单元级的排列方式比行排列方式优先，而行排列方式又比表体或表头排列方式优先。相反，如果在行排列方式没有进行规定时，则排列方式自然将继承表头或表体的默认取值；如果在单元级没有规定时，则单元排列方式将继承行排列方式的默认规定。

valign属性类似于align属性，它用于控制表格单元内容的垂直位置。它可以具有以下的属性值：top、middle和bottom，默认值为middle。很显然，数据单元的内容越复杂，则使用align属性和valign属性也就越麻烦。

3.3.7 定位链接标记

所谓超链接就是嵌入在文档中的特殊命令，它允许在浏览器中装入其他网页，从而使浏览器能看到更多网页。由于互联网上的 Web 站点一般都是由多个网页组成的，所以使用超链接可以在不同网页间进行切换。全部网页都存放在网络服务器中，网络服务器负责向任何发出请求的计算机用户提供指定的网页。

超链接是互联网最基本特征之一，这也是使 Web 技术最终成为万维网的关键所在。由于超链接在 HTML 标记中的重要作用，所以链接标记也可以称为定位链接标记。

定位链接标记是由<a></a>标记对组成的，该标记允许将任何文字、图像或对象等与一个 Web 网页提供的其他文字、图像或对象等相链接。一般定位链接标记可以用于如下两种场合建立起全方位的链接。一是在公开的各种 HTML 文档上进行链接，如电子版的书刊信息。二是在具体 Web 站点中的任何网页上进行链接，如个人主页信息。

从功能角度来看，超链接标记只具有很少的功能和属性，所以它也是使用最简单的一种 HTML 标记，但功能完全不能满足日益增长的 Web 技术的需要。超链接标记的语法细节非常严格，容不得一点错误。如果使用超链接时出现一个小错误，则该超链接就将无法正常进行。所以，用户在知道超链接出现一个错误时，就得进行编辑修改。有时错误可能只是忘记书写一个引号而已。

1. 定位链接标记<a>

定位链接(anchor)就是将许多 Web 网页链接在一起的链路，所以定位链接通常也可以称为链路。实际上，定位链接是 Web 网页中的一个重要组成部分，当 Web 网页访问者单击定位链接标记时，系统将切换到该定位链接对应的 Web 网页。要识别网页上的链接，可以使用如下两种方法。其一是带下画线的、且在浏览器窗口上以蓝颜色进行显示的内容，蓝颜色就是定位链接的默认颜色；其二当用户使用光标经过链路并让鼠标指针指向该链接时，浏览器将在显示器的底部(状态栏)显示出链接的网址。

2. 属性 href

在定位链接标记中有一个非常重要的属性就是 href 属性，它可以用于表示任何“超文本引用(hypertext reference)”。下面是 href 属性的一个使用示例：

```
<a href="link.htm">JavaScript</a
```

其中，href 属性的值是统一资源定位符 URL，可以表示各种各样的 Web 地址。如果定位链接的起点与终点都在同一个 html 文档中，则 href 属性的值应该是前面带符号“#”的一个字符串。以下示例说明 href 属性的使用情况。

【例 3-13】 href 属性的使用示例。

1) HTML 文件

```
1  <html>
2  <head><title>href 属性的使用示例</title></head>
3  <body>
```

```
4  <a href="提醒段.htm">提醒段</a>
5  href 属性的使用示例
6  <p name="sources">href 属性的使用示例</p>
7  </body>
8  </html>
```

说明：程序中的第 4 行定义一个链接，当单击图 3-18 中的“提醒段”时，就可以通知浏览器跳转到文件“提醒段.htm”中，其后“提醒段”就将成为新链接的终点。

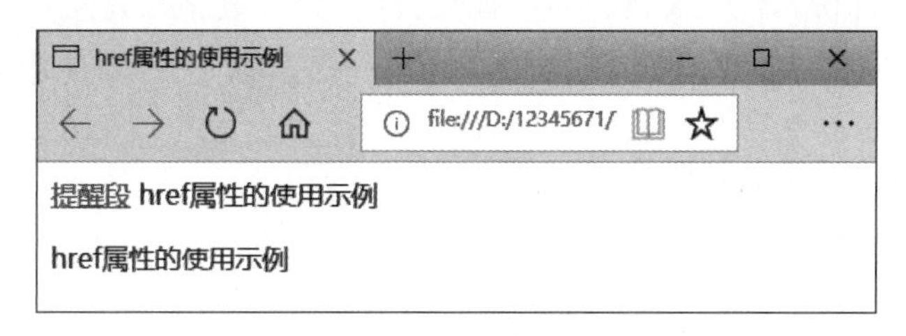

图 3-18　href 属性的使用示例

2）提醒段.htm 文件

```
1  <html>
2  <head><title>这是提醒段.htm 文件</title></head>
3  <body>
4  <h2 align="center">这是提醒段.htm 文件</h2>
5  </body>
6  </html>
```

这种链接方法允许用户进行快速导引，从而在用户的自定义文档内建立起相应的超链接。在一个内容丰富的 Web 网页中，文档的第一行中就应该使用 name 属性，这样就可以建立到该 Web 网页的链接。

3. 属性 name

在以上示例中使用段落标记中的 name 属性，该属性可以用于标识“超文本引用(href)”的链接终点。如果用户要在一个 HTML 文档的同一位置使用 name 属性，则可以使用上面的定位链接命令。

3.4　使用 JavaScript 制作网页

JavaScript 是一种使用方便的对象式脚本描述语言，它主要应用于建立真正的联机应用程序。无论是在客户端还是在服务器端，这种联机应用程序都可以将对象和信息资源连接在一起。网页设计者和应用程序开发人员都可以使用 JavaScript 动态地描述在客户端和服务器端上运行的各种操作。JavaScript 程序通过嵌入到 HTML 语言中实现具体功能，这样可以弥补 HTML 语言的不足。另一方面，在网页中使用<script>标记嵌入 JavaScript 程序后，可以让网页内容更加丰富。

JavaScript 脚本程序属于解释型，不需要编译过程，可以直接由 Edge 浏览器负责解释并运行。JavaScript 脚本能够表现动态页面效果，如科学计算、检查数据合法性、改变页面颜色、动态显示时间、网页特效等。

3.4.1 数字时钟

要实现数字时钟，需要引用 Date（日期）对象。内置对象 Date 是用于处理系统日期与系统时间的，且月份、日期、天数、小时、秒数、毫秒数等数字都是从零开始的，只有年份是从 1900 年开始的。要创建内置对象 Date 的一个对象实例，可以使用如下的 3 种形式。

（1）ObjDate=new Date()。

（2）ObjDate=new Date(＜日期值＞)。

（3）ObjDate=new Date(＜年＞,＜月＞,＜日＞[,＜小时＞[,＜分＞[,＜秒＞[,＜微秒＞]]]])。

【例 3-14】 使用 JavaScript 脚本生成如图 3-19 所示的数字时钟网页。

图 3-19　使用 JavaScript 语言制作的数字时钟

```
1   <html>
2   <head>
3   <title>使用 JavaScript 制作数字时钟</title>
4   <script language="JavaScript">
5   function clock() {
6       var tm=new Date();
7       var hu="",mt="",sc="";
8       hu=tm.getHours()+100+"";
9       mt=tm.getMinutes()+100+"";
10      sc=tm.getSeconds()+100+"";
11      dgt.innerHTML="<font size=30>"+hu.substr(1)+":"+mt.substr(1)+":"+
        sc.substr(1)+"</font>";
12  }
13  </script>
14  </head>
15  <script language="Javascript">
16  setInterval("clock()",1000);
17  </script>
18  <body bgColor="white"><center>
```

```
19  <form method="post" action="# ">
20      <div id="dgt"></div>
21  </form>
```

说明：由于JavaScript是嵌入到HTML语言中的，所以下面仅就JavaScript语句部分进行说明。程序中的第3行指定网页标题是“使用JavaScript制作数字时钟”，第4行表示开始嵌入JavaScript语句，第5～12行定义一个函数clock()用于产生数字时钟，第16行表示每隔1s就调用函数clock()显示新的数字时钟，第18行设置网页背景为白色，第19行定义一个窗体。

3.4.2　文字特效

文字特效是指文字以动态形式呈现。

【例3-15】 编程实现使一行文字在页面中上下来回跳动，网页浏览效果如图3-20所示。

图3-20　文字内容上下来回跳动

程序清单如下。

```
1   <html>
2   <head><title>JavaScript 脚本</title>
3   <script language="JavaScript">
4   var move="down";              //确定文字移动方向
5   function pulseTo(top) {       //跳至位置 top
6     info.style.top=top;
7     if (top>document.body.offsetHeight-40)
8         move="up";              //控制文字内容向上移动
9     if (top<36)
10        move="down";            //控制文字内容向下移动
11    if (move =="down")
12        step=6;                 //文字内容向下跳动
13    else
14        step=-6;                //文字内容向上跳动
15   setTimeout('pulseTo('+(top+step)+')',40);
16  }
```

```
17 </script>
18 </head>
19 <body onload="pulseTo(16);">
20 <p id="info" style="position:absolute;top:20;left:40">
21     <font size=5 color="blue">
22     文字内容上下来回跳动
23     </font>
24 </p>
25 </body>
26 </html>
```

说明:程序中的第4行定义文字移动方向变量move,第5～16行定义函数pulseTo(),该函数是根据上下位移情况来确定文字内容上下移动的方向,第19行表示网页文件加载后将自动调用函数pulseTo(),第20～22行指定进行移动的文字内容是"文字内容上下来回跳动",且使用5号蓝色字体。

3.4.3 事件处理与键盘事件

所谓事件就是用户与网页之间进行交互时产生的各种操作,而事件驱动就是浏览器为响应一个事件而进行的处理过程。例如,"单击"一个超链接或命令按钮后,JavaScript解释器就将产生一个"单击"事件,并告诉浏览器现在需要处理"单击"事件。实际上,浏览器在网页程序运行过程中始终都在等待人机交互事件的发生。当人机交互事件发生时,JavaScript解释器将自动调用事件句柄,并完成相应的事件驱动工作。其中,使用键盘情况可以分为3种,即键入字符、按下功能符、按下组合键,这3种情况都可能引发键盘事件。

1. 键盘事件

下面介绍常用的3个键盘事件,如表3-10所示。

表3-10 键盘事件

事 件	说 明
onkeydown事件	在按下键盘上的一个键时发生
onkeyup事件	在释放键盘上的一个键时发生
onkeypress事件	在按下并释放键盘上的一个键时发生

对于整个网页而言,其键盘处理函数的定义应该放在<body>标记中,即:

```
<body 键盘事件="键盘处理函数名()">
```

2. 常用快捷键和键值

为方便用户使用快捷键,下面介绍一些快捷键及相应的键值(由keyCode属性表示),如表3-11所示。

表 3-11 快捷键和键值

快捷键	键值	快捷键	键值	快捷键	键值	快捷键	键值
Backspace	ox8	Tab	ox9	Enter	oxD	Shift	ox10
Ctrl	ox11	Esc	ox1B	Delete	ox2E	Pageup	ox21
PageDown	ox22	End	ox23	Home	Ox24	Intert	ox2D

注意：这里的"0x"表示十六进制数据，用于对应 Unicode 码。当然，大写字母 A～Z 键对应的键值与 ASCII 编码相同，分别对应 65～90；数字 0～9 键对应的键值也是与 ASCII 编码相同，分别对应 48～57；数字小键盘上的 0～9 键值分别对应十六进制数据 0x60～0x69。

【例 3-16】 keyCode 属性使用示例。

```
1  <html>
2  <head><title>JavaScript 脚本</title></head>
3  <body onkeyup="whichKwd(event)"><pre>
4  <script language="JavaScript">
5  var kwd="";
6  function whichKwd(event) {
7      kwd+="\n"+window.event.keyCode;
8  }
9  function btnClick() {
10     if (kwd=="")
11         window.alert("没有按键!");
12     else
13         window.alert("已经按键!"+kwd);
14 }
15 </script>
16 <form>
17     <input type="Button" name="button1" value="跟踪按键" onclick=
       "btnClick()">
18 </form>
19 </pre></body>
20 </html>
```

说明：程序中的第 5 行声明全局变量 kwd 并进行初始化，第 6～8 行声明有参函数 whichKwd()以记录按键的 ASCII 码值，第 9～14 行声明函数 btnClick()能够判断用户是否按键并显示适当信息，第 17 行定义内含 click 事件的命令按钮。当按下"跟踪按键"按钮后，将显示出用户的按键(由 keyCode 属性表示)情况，如果用户未按下任何键，则显示提示信息"没有按键!"，否则显示"已经按键!"和按键的 ASCII 码。运行该脚本后的显示效果如图 3-21 所示。

注意：图 3-21 是分别按 F5、1、2、3、A 和 B 键后的显示结果。这里的 F5 键表示页面刷新，对应的键值是 116。另外，"1"的键值是 49，字母"A"的键值是 65。

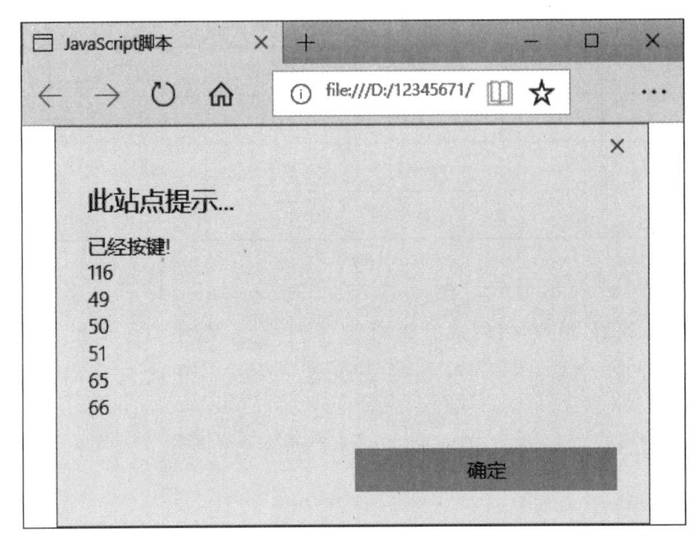

图 3-21 keyCode 属性使用示例

3.4.4 password 对象

password 对象代表 HTML 表单中用于输入的密码,专门用于输入敏感信息。在表单设计上每出现一次 HTML 的<input type="password">标记,系统就会创建一个 password 对象。这个输入的字段供用户输入账号、身份信息、密码等需要保密的信息。在输入时,输入内容将被隐去(即不正常显示,而是使用星号等代替),以防止他人看到输入内容。当然,在表单提交过程中输入数据是以明文形式发送的。

与文本框 text 的元素类似,当密码字段内容发生改变时,将会触发 onchange 事件句柄。要来访问密码字段,可以通过遍历表单的 elements[]中的数组元素,或者使用方法 document.getElementById()。

【例 3-17】 password 对象示例。

```
1   <html>
2   <head><title>JavaScript 脚本</title>
3   <script language="JavaScript">
4   function oper() {
5       var str="\n 输入口令是: \t"+window.form1.p1.value;
6       str=str+"\n 文本区域为: \t"+window.form1.t1.value;
7       alert(str);
8   }
9   </script>
10  </head>
11  <body><pre>
12  <form name="form1">
13  password 对象: <input type="password" name="p1" size=20><br>
```

```
14  textarea对象: <textarea rows="6" cols="48" name="t1"></textarea><br>
15  <input type="button" value="显示输入信息" onclick="oper()">
16  </form>
17  </pre></body>
18  </html>
```

说明：程序中的第4～8行定义函数oper()，功能是获取password对象和textarea对象中的信息，并显示出来；第13、14行创建password对象和textarea对象，分别用于保存密码(无显示)和文本；第15行通过单击命令按钮调用函数oper()。脚本运行后的初始界面和输入情况如图3-22所示。

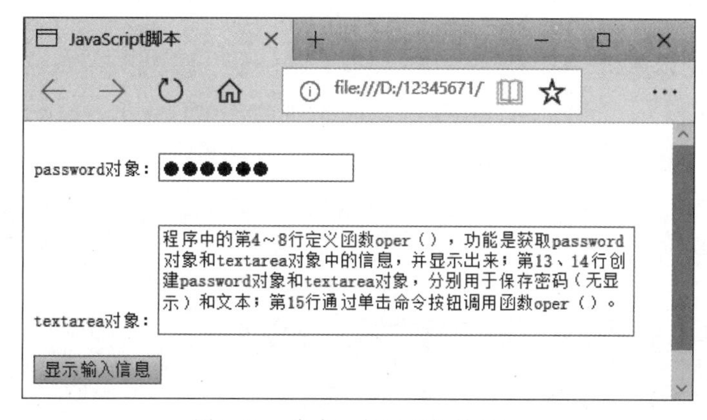

图3-22　脚本运行后的初始界面

单击“显示输入信息”按钮后，将在提示信息框中显示输入的密码和文本，如图3-23所示。

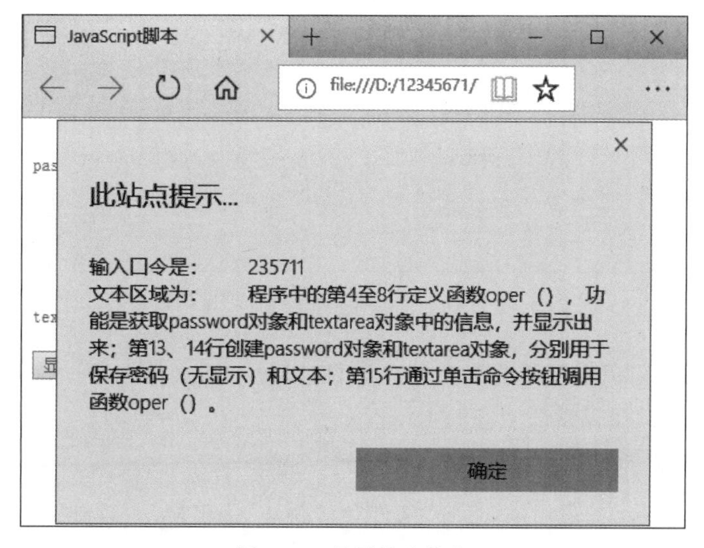

图3-23　显示输入信息

3.5 使用 Dreamweaver 制作网页

Dreamweaver CS6 是专业的网页制作软件，用于建立 Web 站点，设计、编码和开发各种 Web 页面和应用程序。在 Dreamweaver 中，即可以直接编写 HTML 代码，又可以在可视化编辑环境中进行直观设计。尤其是 Dreamweaver 中的可视化编辑功能，使读者可以快速地创建 Web 页面而无须编写任何代码，从而提高网站开发的工作效率。

3.5.1 Dreamweaver 简介

1. 获取帮助信息

在 Dreamweaver 主窗口中，按 F1 键或选择“帮助”→“Dreamweaver 帮助”菜单命令，系统将打开“Dreamweaver 用户指南”窗口，如图 3-24 所示。

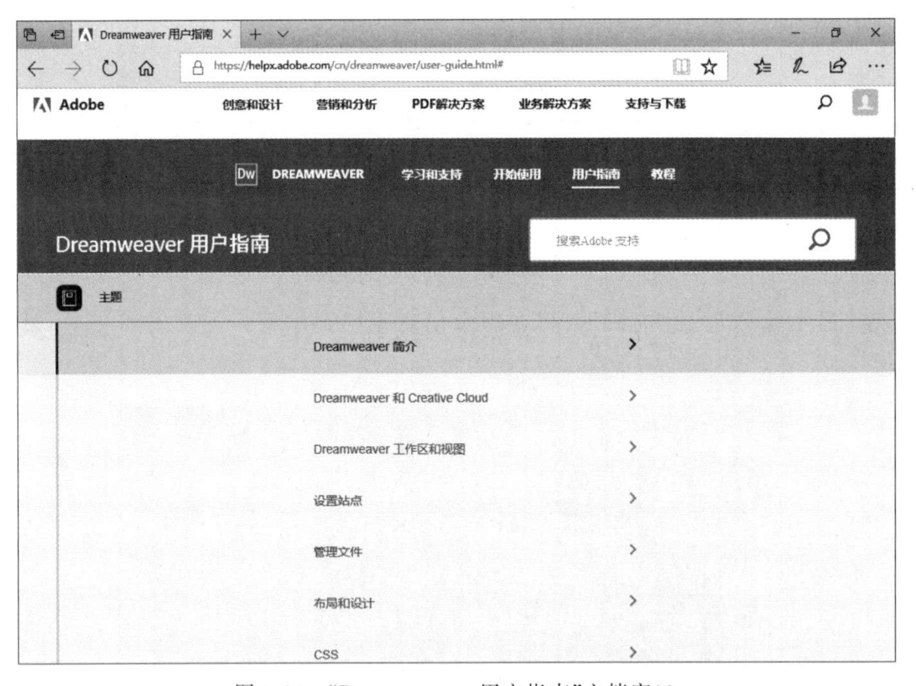

图 3-24 “Dreamweaver 用户指南”文档窗口

在图 3-24 中，可以根据需要展开相应条目，以便查阅文档。帮助信息是用户自学的一种重要手段，最具权威性。

2. 新建网页文件

在 Dreamweaver 主窗口中，选择“文件”→“新建”菜单命令，打开“新建文档”对话框，如图 3-25 所示。

在“新建文档”对话框中，选择“空白页”→“页面类型”→HTML 菜单命令，单击“创建”按钮后将打开一个网页编辑窗口，如图 3-26 所示。

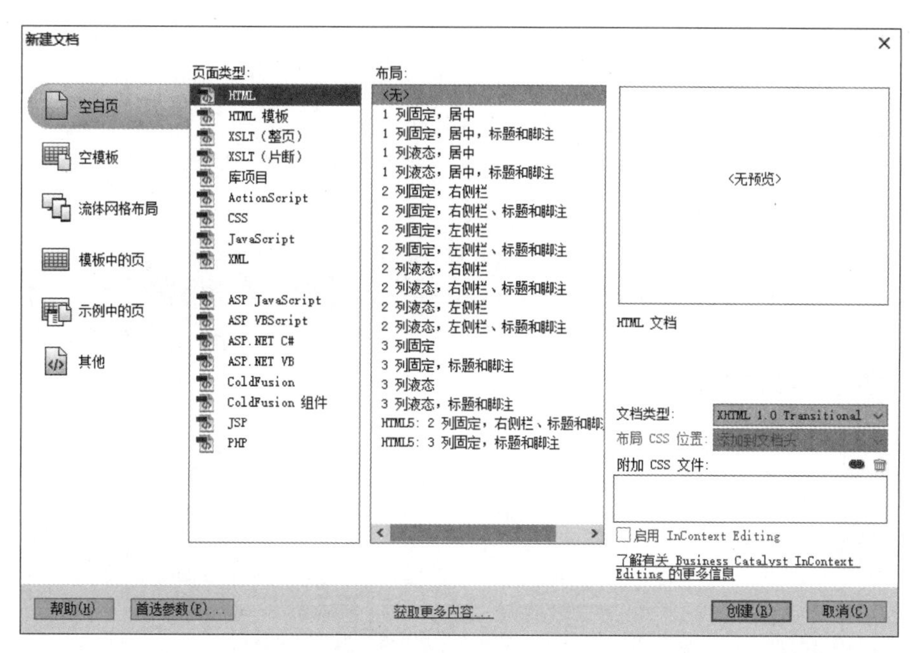

图 3-25　“新建文档”对话框

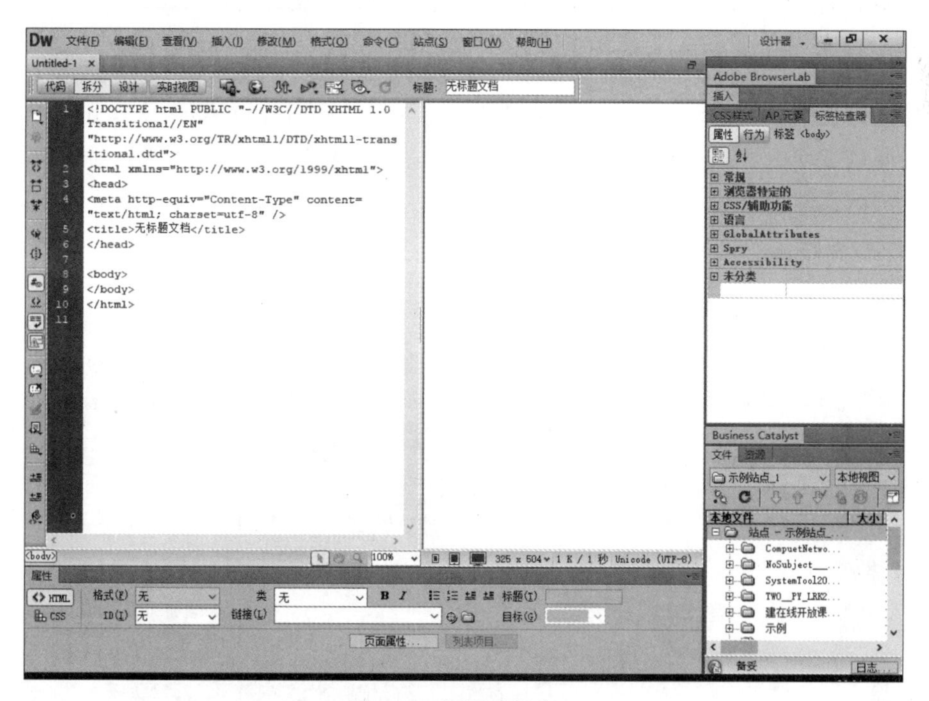

图 3-26　网页编辑窗口

在网页编辑窗口中，系统提供一个示范 HTML 文件。若要完全新建一个 HTML 文件，则应该在清除示范文件后输入新的代码。

3. 4个操作视图

Dreamweaver 共提供代码视图、拆分视图、设计视图和实时视图 4 个操作视图，在 Dreamweaver 主窗口的左上角有 4 个视图的名称标签。

(1) 代码视图。选择 Dreamweaver 主窗口左上角的“代码”标签，系统将自动进入网页的 HTML 代码编辑视图，如图 3-27 所示。

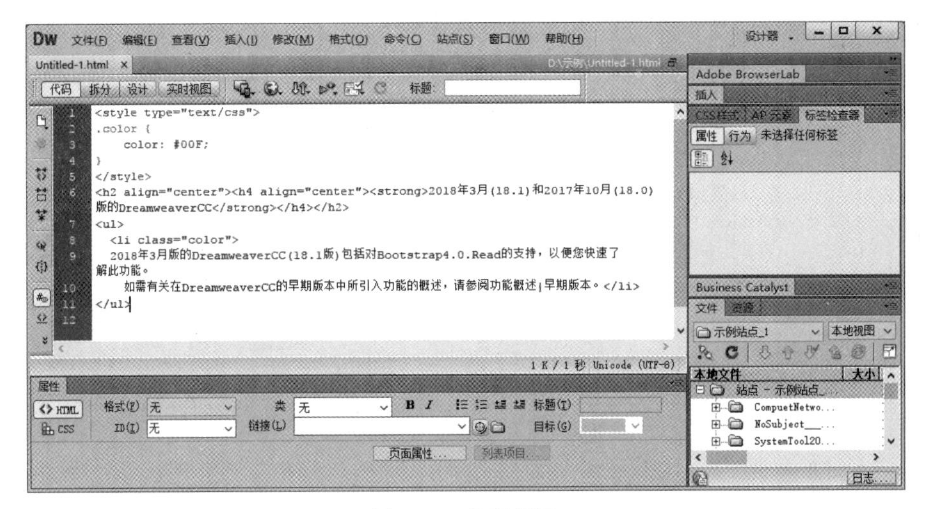

图 3-27 代码视图

在代码视图中，HTML 标记与内容用蓝色表示，样式用红色表示，文本用黑色表示。在脚本调试过程中，保证初始代码正确非常重要，而代码视图通过良好的界面和辅助信息为脚本调试提供支持。

(2) 拆分视图。拆分视图是将设计视图和代码视图合并在同一个窗口中，如图 3-28 所示。

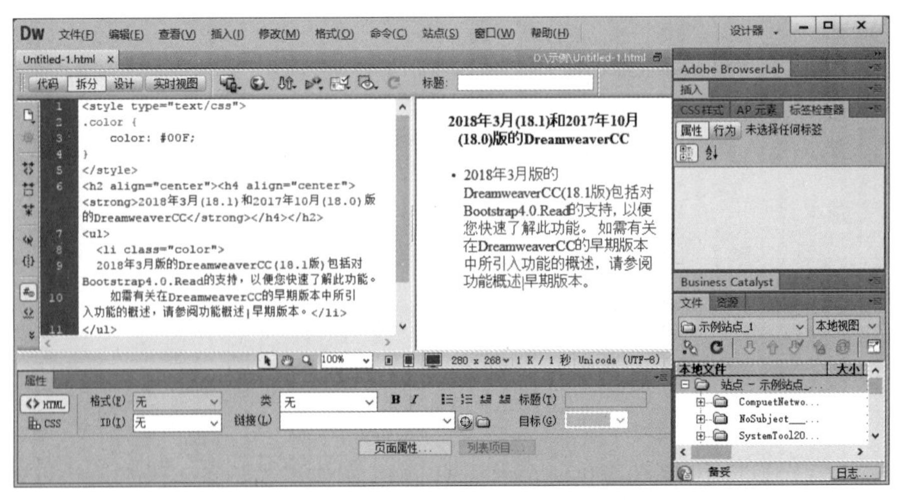

图 3-28 拆分视图

（3）设计视图。在设计视图中，可以使用“所见即所得”方式设计页面，而不是使用“编写脚本代码”实现页面。一方面，通过 Dreamweaver 初学者可以像使用 Word、PowerPoint 文档那样设计网页；另一方面，可以在编写脚本代码困难时利用设计视图完成，如图 3-29 所示。

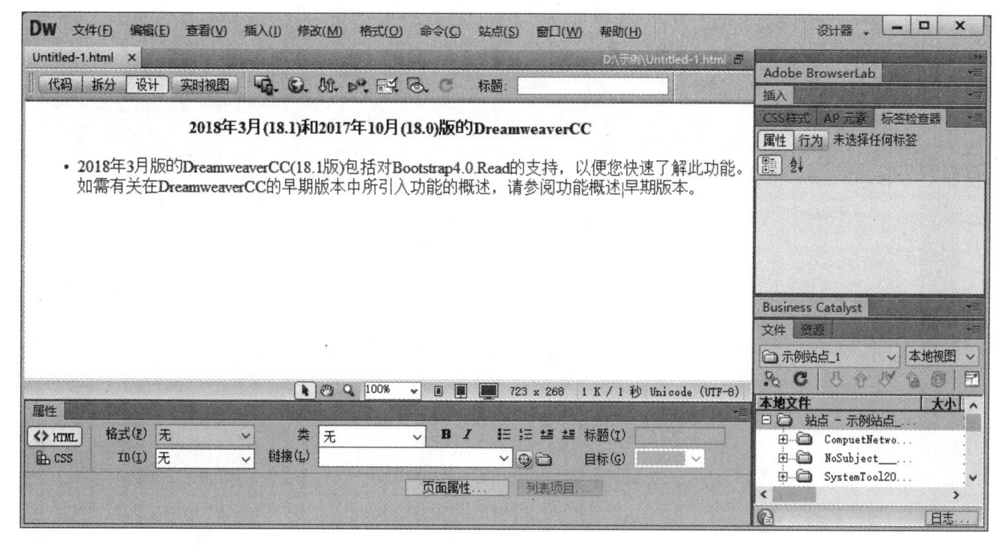

图 3-29　设计视图

在图 3-29 中，可以轻松设计页面文字的字体、字号、颜色、对齐方式等。

（4）实时视图。选择 Dreamweaver 主窗口左上角的“实时视图”标签，系统将进入预览视图，如图 3-30 所示。若计算机系统没有安装 Web 浏览器，则 Dreamweaver 就会加载预览视图。

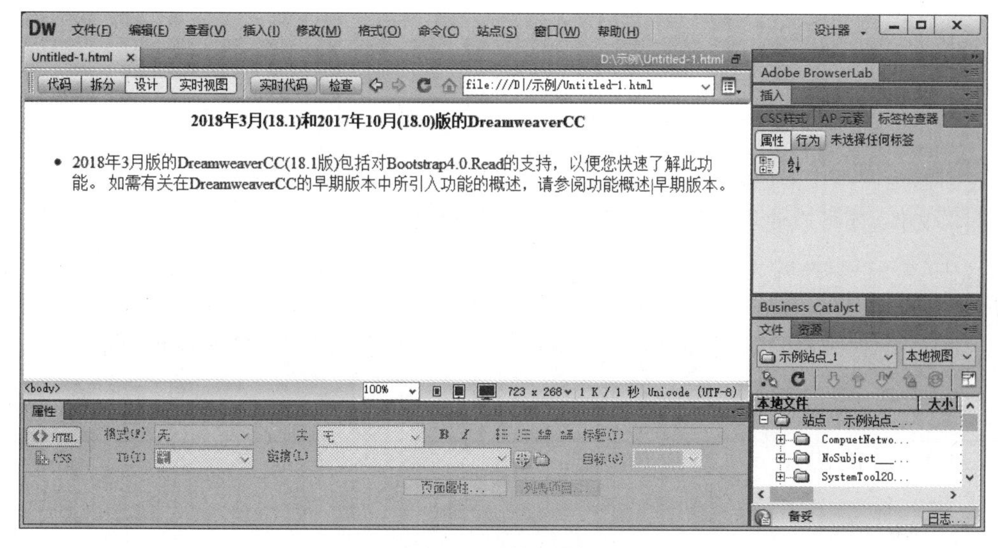

图 3-30　实时视图

实时视图实现没有浏览器窗口的页面显示，即 Dreamweaver 将脚本代码和页面显示集成在一起，这能够免除软件切换的麻烦。

4. 调试 HTML 文档

综上所述，Dreamweaver 具有源代码自动生成、手工调试以及语法敏感的特点。所以，若 HTML 文档错误是可以进行定位修改的，如图 3-31 所示。

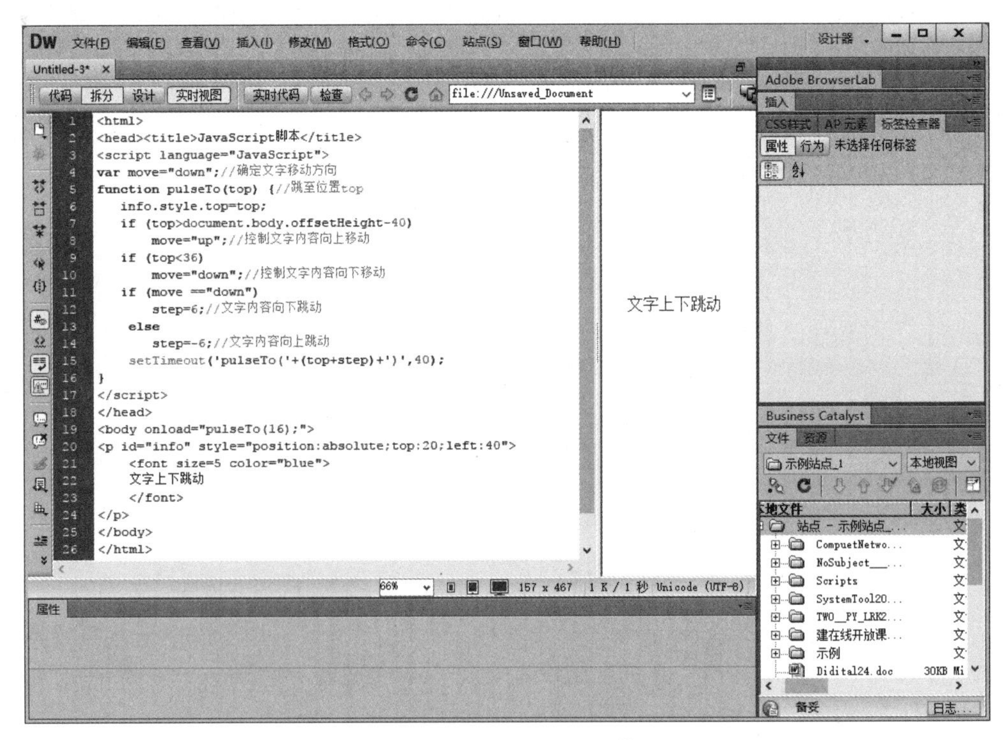

图 3-31 调试 HTML 文档

3.5.2 使用图像

图像是网页中必不可少的元素之一。用户不但可以在网页中插入 PNG、JPG 等格式的图像文件，还可以使用图像作为网页或表格的背景。

在 Dreamweaver 主窗口中，选择“插入”→“图像”菜单命令，打开“选择图像源文件”对话框，如图 3-32 所示。

插入图像后还可以进行图像属性的设置，如图像名称、图像宽度与高度、图像源文件名、替代文本、图像链接对象等，如图 3-33 所示。

3.5.3 使用媒体

1. 媒体文件

Dreamweaver 所用的主要媒体文件如表 3-12 所示。

图 3-32　“选择图像源文件”对话框

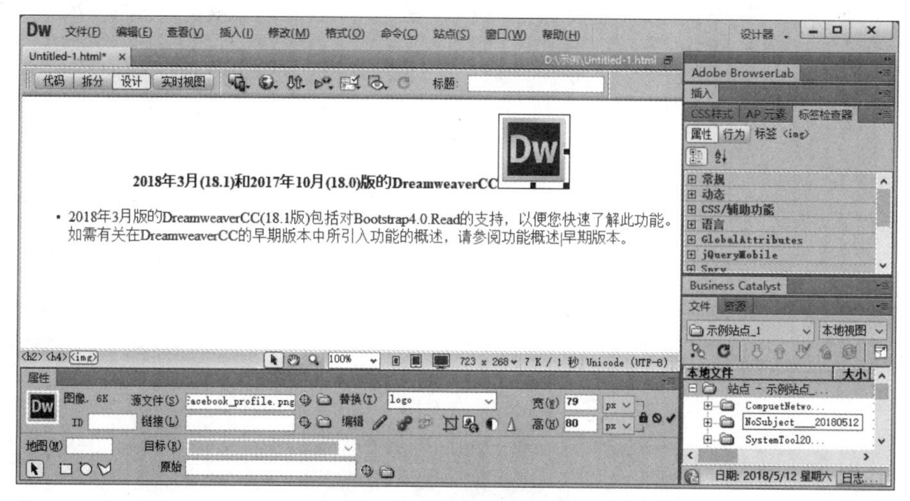

图 3-33　设置图像属性

表 3-12　媒体文件

媒体文件	说　　明
FLV	视频格式。文件极小，加载速度极快
Shockwave	多媒体播放器。实现播放与收看文件，且效率高
Applet	由 Java 描述的小应用程序，可以嵌套在 HTML 中，主要实现网络服务
ActiveX	集成开发平台。可在 Web 页中插入多媒体、交互式对象、复杂程序等
插件	由遵循一定规范的应用程序接口而编写的程序

2. 插入 Flash 动画

在 Dreamweaver 主窗口中，选择“插入”→“媒体”→SWF 菜单命令，打开“选择 SWF”对话框，如图 3-34 所示。

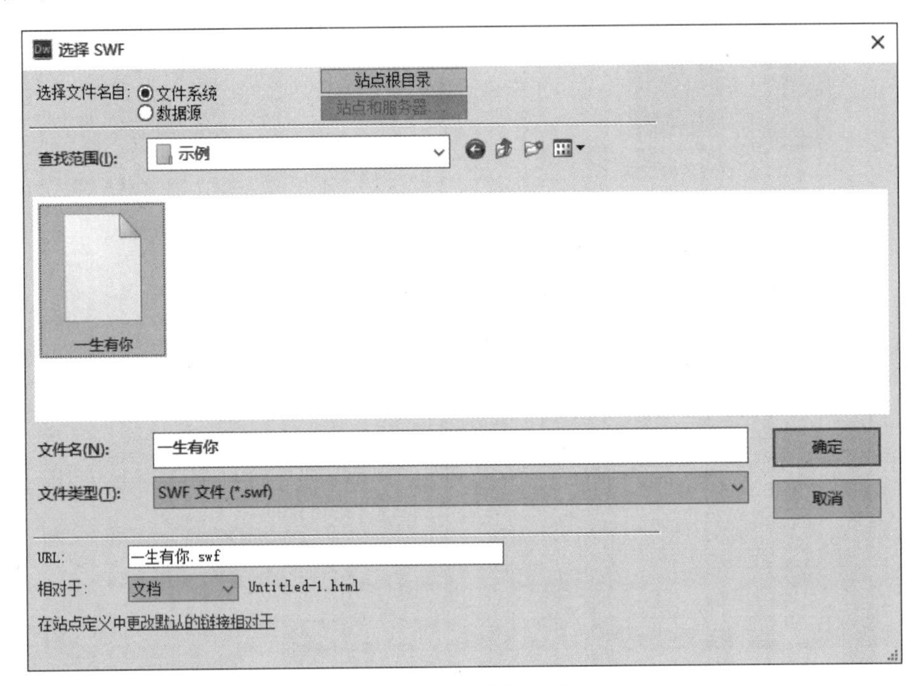

图 3-34 “选择 SWF”对话框

选择完 SWF 文件后，在实时视图中就可以播放该 Flash 动画了，如图 3-35 所示。

图 3-35 实时视图

3.5.4 使用表格

1. 插入表格

在 Dreamweaver 主窗口中，选择“插入”→“超级链接”菜单命令，打开“表格”对话框，如图 3-36 所示。

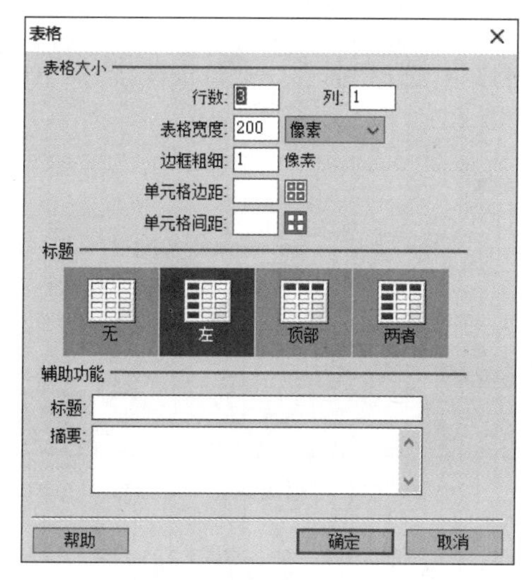

图 3-36 “表格”对话框

选择完后，就可以设计表格并编辑单元格内容，如图 3-37 所示。

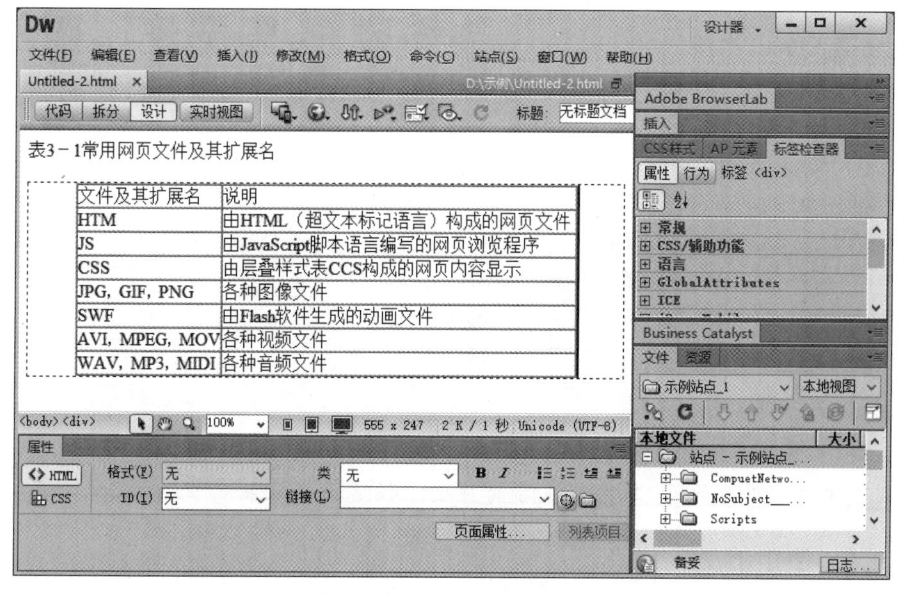

图 3-17 表格示例

2. 美化表格

借助层叠样式表的样式对表格进行美化。例如,打开"CSS 样式"面板,单击"CSS 样式"标签进行设置。

3.5.5 使用超级链接

1. 创建超级链接

在 Dreamweaver 主窗口中,选择"插入"→"超级链接"菜单命令,打开"超级链接"对话框,如图 3-38 所示。

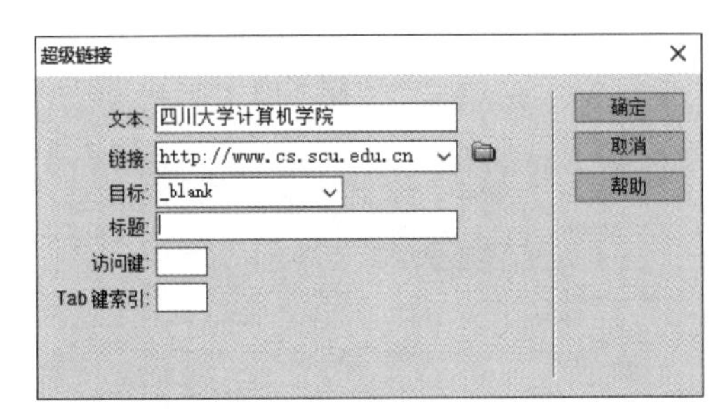

图 3-38 "超级链接"对话框

创建外部链接可以使用完整的 URL,链接载体通常为文字或图片,例如:

(1) 在"文本"框中选择要创建超级链接的文本,如指定为"四川大学计算机学院"。

(2) 在"链接"文本框中输入网址,如 http://www.cs.scu.edu.cn。

(3) 在"目标"下拉列表框中要选择打开超级链接的窗口名称。

2. 创建 E-mail 链接

在 Dreamweaver 主窗口中,选择"插入"→"电子邮件链接"菜单命令,打开"电子邮件链接"对话框,如图 3-39 所示。

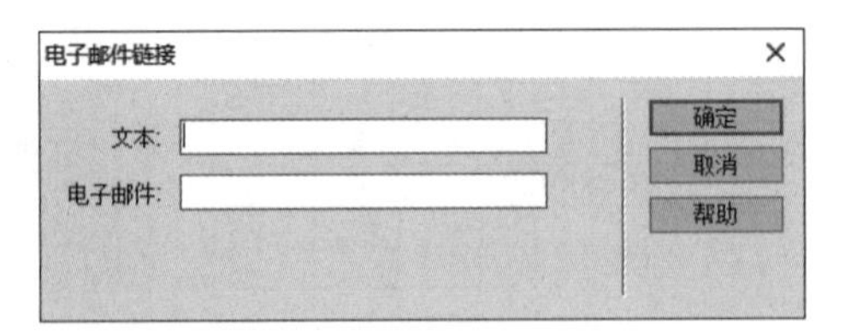

图 3-39 "电子邮件链接"对话框

提示: 也可以选中图片或者文字,直接在属性面板"链接"框中填写"mailto: 邮件地址"。创建完成后保存页面,就可以在实时视图上预览网页效果。

3.5.6 使用框架

1. Dreamweaver 中的框架操作

框架可用于网页布局设计,它能够将一个浏览器窗口划分为多个区域、每个区域分别显示不同 HTML 文档。可以根据网页设计需要，在一些区域中放置不需要改变的元素，在另一些区域中放置需要改变的内容。例如，在一个框架中包含导航控件的文档，而在另一个框架中显示含有内容的文档。所以，通常不会出现单一框架，常用情况是将若干个框架组成一个左右排列、上下排列或综合排列的框架组。

框架集就是 HTML 文档，用于定义一组框架的页面布局和属性，如框架数、大小、位置信息等，以及在每一个框架中初始显示页面的 URL。

2. 创建框架和框架集

在 Dreamweaver 主窗口中，选择“插入”→HTML→“框架”菜单命令，打开“框架和框架集”快捷菜单，如图 3-40 所示。

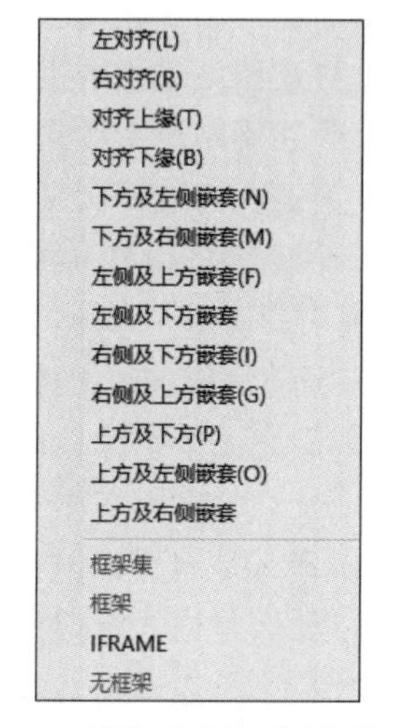

图 3-40　“框架和框架集”快捷菜单

若选择“框架和框架集”快捷菜单中的“下方及左侧嵌套”，得到框架集如图 3-41 所示。

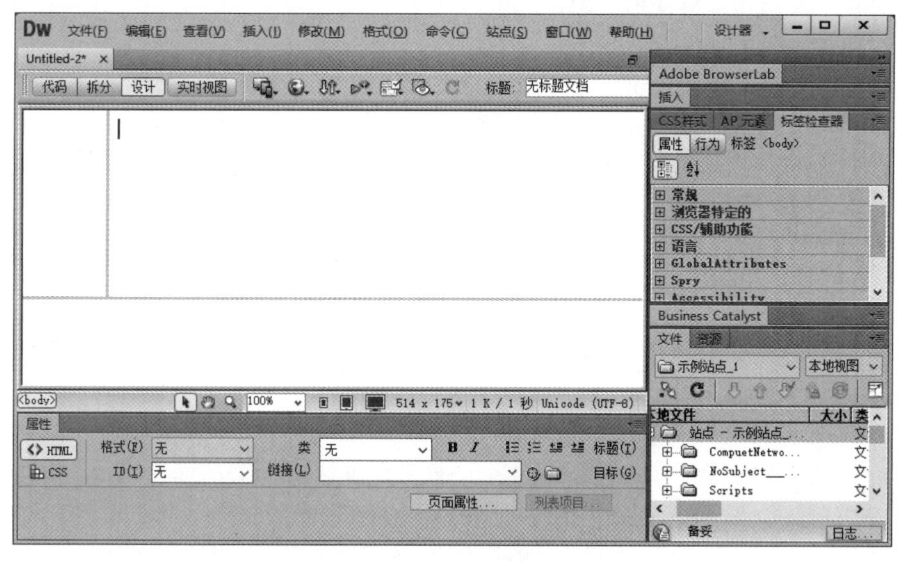

图 3-41　框架集示例

习　题　3

一、简答题

1. 什么是网站？简述网站中包含的主要网页类型。
2. 简述网页文件中的主要网页元素。
3. 什么是静态网页？什么是动态网页？

4. 什么是主页？主页包含哪些内容？
5. 简述网站制作的一般步骤。
6. 简述网站排版的主要内容。
7. 简述网站色系的作用。
8. 简述在构造网页文件时所用的全部网页素材。
9. 什么是 HTML 语言？它的描述效果是如何呈现的？
10. 什么是字符实体？什么是置标标记？
11. 简述 HTML 文件的组成。
12. 简述 4 个结构标记的主要功能与运用。
13. 什么是字符实体？如何使用？
14. 什么是容器标记？什么是空白标记？
15. 什么是格式标记？什么是页面结构标记？
16. 什么是逻辑格式？什么是物理格式？
17. 什么是有序表？什么是无序表？什么是定义表？如何使用？
18. 如何设计 HTML 的表格？
19. 什么是定位链接标记？如何使用？
20. 简述 JavaScript 脚本的主要运用。
21. 简述 Dreamweaver 的主要功能。
22. 如何获取“Dreamweaver 用户指南”？
23. 简述 Dreamweaver 中的 4 个操作视图。

二、上机题

1. 输入如下 HTML 文件，说明程序在 Edge 浏览器中的浏览效果并截图。

```
<html>
<head><title>显示一个简单表格</title></head>
<body>
<table>
<tr><th>姓名</th><th>数学</th><th>语文</th><th>体育</th></tr>
<tr><th>张文明</th><th>60</th><th>68</th><th>90</th></tr>
<tr><th>李兴宏</th><th>80</th><th>45</th><th>65</th></tr>
<tr><th>刘立力</th><th>75</th><th>81</th><th>85</th></tr>
</table>
</body>
</html>
```

2. 输入如下 HTML 文件，说明程序在 Edge 浏览器中的浏览效果并截图。

```
<html>
<head><title>静夜思</title></head>
<body>
<font size="+3" color="# ff0000">静夜思</font>
```

```
<p aglin="center">床前明月光,疑是地上霜。</p>
<p aglin="center">举头望明月,低头思故乡。</p>
</body>
</html>
```

3. 编写 HTML 脚本,显示"插入一个本地图像"文本和一个本地图像。

4. 输入如下脚本文件,说明程序在 Edge 浏览器中的浏览效果并截图。

```
<script language="JavaScript">
var d1=new Date("JAN 1,2010");
var d2=new Date("JUN 1,2018");
var seconds,alldays
seconds=24 * 60 * 60 * 1000;
alldays=(d2.getTime()-d1.getTime())/seconds;
alldays=Math.round(alldays);
document.write("这两个日期之间的天数为"+alldays+"!");
</script>
```

5. 输入如下脚本文件,说明程序在 Edge 浏览器中的浏览效果并截图。

```
<html>
<head><title>JavaScript 脚本</title>
</head>
<body><center>
<h4>随页面刷新显示不同图像!</h4>
<script language="JavaScript">
var num=3;
var pp=Math.random();
var seed=Math.round(pp * (num-1))+1;
var b=new Array()
b[1]="pica.jpg";
b[2]="picb.jpg";
b[3]="picc.jpg";
var pic="";
pic+="<img width=240 src="+b[seed]+">";
document.write(pic);
</script>
</center></body>
</html>
```

6. 运用 Dreamweaver 制作个人简历,内容包括姓名、学号、所在学院、受教育过程、家乡介绍、职业规划等,素材含文本、超链接、图像、表格等。

第4章 信息安全基础

教学目标

(1) 掌握信息安全的基本概念。

(2) 掌握处理信息安全问题的各种常识和方法。

(3) 熟悉信息安全管理方法。

(4) 了解信息安全道德和法律法规。

“安全”的基本含义可以理解为,客观上不构成具体威胁,主观上不存在心理恐惧。在计算机网络及其技术日益普及的现代社会,信息安全包括的范围非常广泛,如大到国家的军事与政治安全,小到个人信息泄露、防范企业机密泄露、防范青少年浏览不良信息等,信息安全的实质就是要保护信息系统中的信息资源免受威胁、干扰和破坏。信息安全也是国家安全战略之一,许多国家、政府及行业、组织等都非常重视。

本章从信息安全的基本概念和常识性方法开始进行介绍,进而讲述各种信息安全管理方法,以及相关的信息安全道德和法律法规。

4.1 信息与信息安全的概念

任何信息使用者要求信息安全可靠是非常正常的,但要保证信息安全并不是一件简单的事。本节主要介绍信息的定义、性质与分类,信息安全的概念与属性,以及各种可能的信息安全威胁。

4.1.1 信息概念

1. 数据和信息的定义

人类赖以生存的世界是一个物质的世界,全部物质构成一个物质流,人类就处在这个物质流中。同时,人类也生活在一个信息的世界中,全部信息构成一个信息流。信息是人类用以对客观世界直接进行描述的、可以在人们之间进行传递的一些知识。物质的存在伴随着信息的存在,同样物质变化会引起信息变化。实际上,世界是由物质构成的,能量是一切物质运动的原始动力,而信息则是人类适应自然以及人类进行沟通的基础。

人类在政治、经济、军事、文化、教育和艺术等各种活动中都将产生大量的信息,人们正处在信息化社会中。当然，信息是需要被处理和加工，以及被交流和使用的。

（1）数据和信息。随着计算机技术的迅速发展，利用计算机的高速处理能力和巨大的存储容量，人们可以对大量的数据进行保存和加工处理为有用的信息。为了表达信息，人们使用各种各样的符号和它们的组合，这些符号及其组合就是数据。数据是信息的具体表示形式，信息是数据的有意义的表现。信息可以理解成报告、事实、知识、见闻、消息、情报、通知、数据等，而数据则是对客观实体的一种描述形式，属于信息的载体。

（2）数据处理。有了数据就产生了数据处理的问题。所谓数据处理包括对数据的收集、记载、分类、排序、存储、计算、传输、制表等，只有经过数据处理信息资源才能得到合理和充分的使用。这种使用反过来促进社会生产力的发展并且又产生出新的数据。

2. 信息性质

信息、物质和能源是人类赖以生存的三大资源之一，通过信息，人们可以控制物质和能源的具体使用。信息的积累和传播，是人类文明进步的基础，其性质如表4-1所示。

表4-1 信息性质

性质	说明
传递性	信息需要依附于某种载体进行传递，但信息的复制与传递非常方便，这是信息的本质特征，如报刊、书籍、语言、广播、电视、电话、表情、动作等都是信息传递方式
转换性	信息可以由一种表示形态转换成另一种表示形态，也可以由不同的载体来存储，如可以将自然信息转换为文字、图像、语言等形态，甚至可以转换为程序代码或电信号
识别性	由于不同信息源有不同识别方法，所以识别信息方式可以分为直接识别、间接识别和比较识别。其中，直接识别属于感官识别，间接识别则是通过各种测试手段实现的识别，比较识别是通过不同信息特征进行的识别
存储性	信息可以用不同方式存储在不同介质上，如人类发明的文字、摄影、录音、录像、计算机存储器等都可以实现信息存储
扩充性	信息将随着需求和时间的变化不断扩充。另外，信息经过处理后还可以再生，如自然信息经过人工处理后可用语言、图形、声音等方式呈现，计算机存储的数据与文字也可以进行显示、打印、绘图等
可量度	信息可以使用各种度量单位进行度量并进行编码，如计算机系统广泛使用的二进制数制系统
可压缩	信息可以进行压缩是基于信息本身存在冗余，以及同一事物可以用不同信息进行表示，人们可以用较小信息量来表示事物的主要特征
有效性	信息在一定时间与范围内是有效的，超过指定时间与范围就是无效的。而且任何信息从信源传播到信宿都需要经过一定的时间，都有其时滞性
可共享	同一信源可以供给多个信宿，因此信息是可以共享的
真伪性	信息有真伪之分，客观反映现实世界事物的程度是信息的准确性
层次性	信息是分等级层次的
可处理	信息可以通过一定的手段进行处理
有价值	信息是一种资源，因而是有价值的

3. 信息分类

从广义角度对信息进行分类，则有宇宙信息、自然信息和社会信息。

（1）宇宙信息。主要是指宇宙内部中的各种天体不断发出各种电磁波信息，众多行星产生的各种反射信息，最终合成并传播的原始信息和反射信息。

（2）自然信息。主要是指地球上的各种生物为繁衍生息而表现出来的各种自然行为和表现形态、生物的各种运动信息以及无生命物质的运动信息。自然信息通过声波、电磁波和物质的作用表现出来，其存在是与人的认识无关的，无论人们是否认识到这些自然信息，它们都将始终存在。

（3）社会信息。主要是指人类通过语言、文字、手势、眼神、图表、图形与图像等形式所呈现的、对客观世界的反映信息。社会信息是由人类社会活动产生的，与人们的认识紧密相关，如各个学科知识等。

综上所述，信息不是事物（如能源或材料），也不是实体（信息无形无色），而是事物存在或变化过程中产生的结果，如数据、新闻、认识、事实、内容、消息等，这实际上就是对物质（能源和材料）存在的方式、形态或运动状态的反映。

由于信息的内涵非常丰富，所以从狭义角度可以对信息进行如下分类：

① 按重要性程度进行分类：战术信息、战略信息、作业信息等。

② 按应用领域进行分类：军事信息、社会信息、科技信息、管理信息等。

③ 按信息加工顺序进行分类：一次信息、二次信息、三次信息、高次信息等。

④ 按信息表示形式进行分类：数字信息、声音信息、图像信息、视频信息等。

⑤ 按性质进行分类：定量信息、定性信息等。

4. 信息载体

信息可以通过各种方式存储在不同的载体中，信息载体形式一般包括印刷型、缩微型、声像型、电子型和多媒体等。

（1）印刷型信息载体。印刷型信息又称书本型信息，它是以纸张为表示载体、印刷为记录手段的传统信息形式。图书、期刊杂志、报纸、印刷型检索工具等都属于印刷型信息的载体。它的优点是便于阅读和流通，符合人们的阅读习惯；缺点是存储密度低，收藏和管理比较困难。

（2）缩微型信息载体。它是以缩微胶片或平片为载体、缩微摄影技术为记录手段的信息形式。随着激光和全息摄影技术的应用，目前还可用超级缩微胶片和特级缩微胶片，如一张全息胶片可存储20万页文献。它的优点是体积小、存储密度高、保存期长、便于收藏和管理；缺点是必须借助缩微胶片阅读机才能进行阅读，费用较高。

（3）声像型信息载体。即视听资料，这是以磁性和感光材料为载体、借助特殊机械装置直接把图像和声音记录下来的信息形式。主要载体包括光盘、录音带、幻灯片、唱片、录像带、电影胶片等。它的优点是有声有色、直观、亲切和表现力强。

（4）电子型信息载体。它是以二进制数字方式将图、文、声、像等信息存储到磁、光、电介质上并通过计算机实现阅读的信息形式，如联机数据库、网络数据库、电子图书、电子期刊、光盘数据库等。该类信息在计算机网络技术的支持下，通过应用软件将信息变为数字语言和机器语言并存储在磁带、光盘、磁盘等介质上，从而建立起相应的文献数据库。它的特点是出版周期短、存储量大、传递迅速、存取速度快、容易复制和方便共享。

(5) 多媒体信息载体。它采用计算机、通信、数字、超文本(Hypertext)或超媒体(Hypermedia)技术，一方面综合实现文字、图像、动画、声音等并实现人机交互，另一方面实现全球信息共享。这种信息实际上是上述4种信息的综合，属于立体化信息。

4.1.2 信息安全

1. 信息安全概念

(1) 信息安全内容。1994年颁布的《中华人民共和国计算机信息系统安全保护条例》中指出：计算机信息系统的安全保护，应当保障计算机及其相关的和配套的设备、设施(含网络)的安全，运行环境的安全，保障信息的安全，保障计算机功能的正常发挥，以维护计算机信息系统的安全运行。

国际标准化组织(ISO)的计算机安全的定义是，“所谓计算机安全，是指为数据处理系统建立和采取的技术和管理的安全保护，保护计算机硬件、软件和数据不因偶然和恶意的原因而遭到破坏、更改和泄密。”该定义则主要是指信息的完整性、可用性、保密性和可靠性，如表4-2所示。

表4-2 信息安全内容

内容	说　　明
完整性	保证数据的一致性，防止数据被非法用户篡改。即信息在存储或传输过程中保持不被修改、不被破坏和丢失的特性
可用性	可被授权实体访问并按需求使用的特性，即当需要时能够存取所需信息。在网络环境中拒绝服务、破坏网络和非正常运行等都属于可用性的缺失
保密性	信息不泄露给非授权用户、实体或过程并被利用的特性。保证机密信息不被窃听，或窃听者不能了解信息的真实含义
可靠性	保证数据不被非法用户篡改，在存储和传送过程中要安全

(2) 信息安全层面。信息安全主要包括信息系统的安全、信息的安全保护、信息系统的可靠和网络系统的安全4个层面。

① 信息系统的安全。包括硬件安全和软件安全。硬件安全的核心是CPU芯片的质量，软件安全主要是操作系统安全和应用软件安全。

② 信息的安全保护。主要指数据与信息本身的安全保护，可使用的技术包括反病毒技术、授权与访问控制技术、密码技术、认证识别技术等。

③ 信息系统的可靠。主要使用系统容错、数据备份等技术，要保证信息系统的可靠性，经常进行数据备份是非常重要的。例如，Windows 10系统就提供数据备份功能，具体操作是选择“开始”→“设置”→“更新和安全”→“备份”，如图4-1所示。

图 4-1　Windows 10 系统的数据备份

④ 网络系统的安全。主要是指网络系统中的硬件、软件、数据等都受到保护，不会由于偶然或恶意的原因而遭到更改、破坏和泄露，使网络系统能够正常地运行，网络服务不会中断。

(3) 安全评估标准。实际上，为帮助计算机用户解决信息安全问题，不同的国家与组织将根据自身需要制定出许多安全评估标准。这些安全评估标准包括美国国防部和美国国家标准局制定的可信计算机系统评估准则、欧洲共同体制定的信息技术安全评测准则和 ISO/IEC 机构制定的安全评估标准。

20 世纪 80 年代中期，美国国防部发布了具有较大影响的《可信计算机系统评估准则》(TCSEC，即桔皮书)，如表 4-3 所示。

表 4-3　可信计算机系统评估准则

等级	名　称	说　　明
A 类	验证保护级	A1 级：验证设计级(提供低级别校验级手段)
		超 A1 级
B 类	强制保护级	B1 级：标记安全保护级(如 System V 系统等)
		B2 级：结构化保护级(支持硬件保护)
		B3 级：安全区域保护级(数据隐藏与分层、屏蔽等)
C 类	自主保护级	C1 级：自主安全保护级(不区分用户，基本的访问控制)
		C2 级：控制访问保护级(有自主的访问安全性，区分用户)
D 类	最低保护级	D 级：无保护级(没有安全性可言，例如 MS DOS 系统)

1999 年，我国发布的《计算机信息系统安全保护等级划分准则》是我国计算机信息系统安全保护等级系列标准的第一部分，其他相关应用指南、评估准则也在不断完善中。

2. 信息安全要素

信息安全包括完整性、保密性、可用性、不可否认性和可控性 5 个基本要素，如表 4-4 所示。

表 4-4　信息安全要素

要　素	说　明
完整性	表示信息未经授权不能进行修改，即信息在存储或传送过程中保持不被偶然或蓄意地修改、伪造、删除、重放、插入等破坏。完整性要求保持信息的原样，即信息的正确生成、正确存储和传输。只有获得授权才能访问和修改数据，并且能够识别数据是否已被篡改
保密性	表示信息不被泄露给非授权的用户、实体或进程利用，即防止信息泄露给非授权用户或实体，信息只能被授权使用。保密性是保障信息安全的重要手段，以确保信息不会暴露给未授权的实体或操作进程
可用性	表示信息可被授权实体访问并按需求使用，即信息服务在需要时允许授权用户或实体使用，或在信息系统部分受损或降级使用时仍能为授权用户提供有效服务。可用性是网络信息系统面向用户的安全性能，确保获得授权的实体在需要时可访问数据，即攻击者不能占用资源而阻碍授权者的操作
不可否认性	表示在信息系统的交互过程中确保参与者是真实的，即所有参与者都不可能否认或抵赖曾经进行的操作，从而对任何网络安全问题提供调查的依据和手段
可控性	表示对信息的传播与内容均具有控制能力，可控制授权范围内的信息流向与及操作方式

3. 安全操作

要保证信息系统安全，注意使用如下的日常安全操作步骤是非常重要的：

(1) 不要频繁开关机，关机后应等数分钟才能重新开机。

(2) 在开机带电情况下，不要插拔任何接口卡和电缆线。

(3) 不要触摸集成电路芯片，因为人体静电会破坏芯片。

(4) 注意主机箱风扇、处理器风扇是否正常转动。

(5) 因为振动将会损坏硬盘盘面，所以要防止振动。

(6) 显示器不要开得太明亮，并设置屏幕保护程序。

(7) 至少 20 天左右要开机一次，以便驱除霉气并为 CMOS 电池充电。

(8) 慎重安装软件，有些应用软件会引起资源冲突并造成系统瘫痪。

4. 信息安全措施

鉴于信息安全问题的全球性蔓延趋势，甚至成为计算机犯罪和恐怖活动的一种手段，为此必须高度重视信息安全，并采取相应的技术手段和管理措施。

(1) 加强信息安全教育。加强对计算机专业人员和普通计算机用户的计算机安全教育，认识到病毒的危害性和信息安全的重要性。

(2) 尊重知识产权。要告诫信息系统应用者不要随意复制和使用未经过安全测试的软件，杜绝计算机病毒交叉感染和传播渠道。一般情况下，对于未经病毒感染或已消除病毒感染且及时修补系统漏洞的计算机系统，只要严格控制复制操作和实时检查，就可以有效防止计算机病毒的入侵，用户无须购置防范病毒的相关软件。

(3) 加强信息安全队伍的建设。鉴于信息安全类犯罪属于高科技犯罪，所以管理部门要注重人员素质、职业道德和实际工作能力。鉴于过去的经验教训，涉及智力领域的高科技犯罪时，进行安全防范更应重视。

信息安全应该建立在技术保障的基础之上，缺乏技术实力就难以防患信息系统事故和灾难发生，更难以控制计算机犯罪的日益增长和病毒蔓延的复杂化局面。在某一时期或某一环节上的决策失误，都会造成恶性循环，并有可能丧失对事态的控制。

要保障信息系统安全，首先是切实加强信息安全的科学管理。其次，信息系统应用者要注意在系统运行过程中，随时复制数据文件，一方面可以作为备份使用，另一方面可以作为文件分析使用。最后，应该知道任何数据文件的篡改或破坏，都将对整个信息系统产生灾难性的后果。

4.1.3 信息安全威胁

信息安全的主要威胁包括计算机系统缺陷、非法攻击、信息窃取、黑客、木马病毒、计算机病毒等。

1. 计算机系统缺陷

信息安全威胁可以来自计算机系统本身的缺陷，如硬件问题、软件问题、网络系统缺陷等都将导致信息安全问题。

（1）硬件问题。包括机器操作时环境安全、设备位置的存放安全、硬件本身设计时的安全措施、电磁泄露等问题。

（2）软件问题。从软件工程角度可知，每千行程序代码中就可能存在约 10 个缺陷，所以软件规模越大和功能越复杂，那么软件内部隐藏的不安全因素就越多。

（3）网络系统缺陷。信息安全威胁还可能来自网络系统缺陷，如超级用户权限、协议脆弱性、操作系统的进程或线程的创建机制、远程过程调用、数据库管理系统脆弱性等。

2. 非法攻击

攻击者经常利用信息系统的安全缺陷或脆弱性，通过各种攻击手段发现原来需要保密、但实际上已经暴露的信息“特性”，并绕过防范机制入侵信息系统。

3. 信息窃取

如果信息没有采取加密措施，信息将以明文形式在网络中进行传送，则非法入侵者就可以在传送数据包的网关（或路由器）上进行截获。其后，非法入侵者就可以对所窃取信息进行分析，并可以找到信息的存储格式和构成规律，从而造成用户信息的泄露。另外，对通信线路中传输信号实施搭线监听，或者利用通信设备在信息传送过程中产生的电磁信号泄露也可以窃取用户信息。

4. 黑客

黑客（Hacker）是指专门研究、发现计算机和网络漏洞的计算机爱好者。早期的黑客们只是计算机方面的“发烧友”，他们对计算机有着执着的追求和狂热的兴趣，不断地研究计算机和网络知识，进而发现计算机和网络中存在的漏洞，并寻求解决和修补漏洞的方法。但是，也有部分黑客专门利用计算机和网络中存在的漏洞进行破坏。

如何利用系统漏洞入侵计算机和网络系统、窃取服务器中的资料或完全控制服务器。为此,可采用一些控制策略来防止黑客攻击,如表4-5所示。

表4-5 防止黑客攻击的策略

策　略	说　明
身份认证	确保只有确认身份者才可以拥有访问信息系统的权利
数据加密	可以提高数据传输的安全性,增加窃取数据的难度
完善访问控制	通过设置入网权限、网络资源的访问权限、目录安全等级控制等控制策略,以防范黑客攻击
安全审计	记录与安全有关的全部事件,保存在日志文件中以便将来分析查询
端口保护	不要随便打开计算机系统中的任何端口
设置路由器	通过设置路由器来屏蔽内部网络的结构和IP地址信息
安全防护措施	不要随便运行来历不明的软件,不随便打开来历不明的电子邮件与附件,不要随便下载软件,不要随意点击具有欺骗诱惑性的超级链接

5. 木马病毒

木马病毒一般不会自我繁殖,也并不会"刻意"地去感染其他文件,而是通过一段木马程序来控制其他的计算机,主要木马病毒有网游木马、网银木马、网页点击木马、下载操作木马和即时通信木马等,详见4.2.4节。

6. 计算机病毒

在《中华人民共和国计算机信息系统安全保护条例》中,对计算机病毒做如下定义:计算机病毒就是能够通过某种途径潜伏在计算机存储介质(或程序)里,当达到某种条件时即被激活的具有对计算机资源进行破坏作用的一组程序或指令集合。

早在1949年,冯·诺依曼发表题为《Theory and Organization of Complicated Automata》的论文,首次提出计算机程序可以进行自我复制的思想,这就是计算机病毒的初步模型。实际上,计算机病毒是能够通过修改其他程序并进行"感染"的一种程序,"感染"后的程序将包含病毒程序的副本,这样就能够继续感染其他程序。所以,任何能够影响计算机使用、破坏计算机数据的程序就是计算机病毒。

1) 计算机病毒的特征

目前已经发现的计算机病毒的主要特征包括潜伏性、激发性、传播性、隐藏性和破坏性。

(1) 潜伏性。病毒可以依附在许多存储媒介中,并在数日或数月内,在计算机系统中复制病毒程序而不为人知。

(2) 激发性。病毒激发的本质就是一种条件控制。在条件作用下,通过外部环境导致病毒程序活跃起来,从而攻击信息系统。

(3) 传播性。病毒作为一个独立的程序体,它具有很强的再生能力。实际上,计算机病毒的再生机制反映出病毒程序的本质特性,在信息系统工作时可依据病毒程序的中断请求进行随机读写，从而进行病毒传播。

(4) 隐藏性。病毒程序既可用汇编语言又可用高级语言编写，过去有人使用200条高级语言语句完成一个病毒程序，像这样短小精悍的程序，具有极高的隐藏性而不易被人察觉。

(5) 破坏性。病毒程序一旦进入正在运行的信息系统中，则开始搜索可进行感染的其他程序，从而使病毒很容易扩散至整个系统。如占用内存和磁盘空间、修改文件内容、删除数据、搞乱CMOS设置，甚至格式化磁盘等。

2) 计算机病毒的结构及传染方式

根据计算机病毒的特征，以及通过对当前流行计算机病毒的分析，计算机病毒程序一般包含3部分：病毒安装模块、病毒传染模块和病毒激发模块。它的传染方式包括直接传染、间接传染和交替传染。

计算机病毒是在不同时间、系统、国家（地区）的计算机上广泛进行扩散的并进行再生。在某些情况下，计算机病毒的传播可以按指数增长。计算机病毒的寄生往往涉及程序设计的技巧，病毒程序寄生的基本条件是潜伏性好、不易被人发现，有各种不同的寄生方式。

需要指出的是，源病毒程序是一个整体程序，当源病毒进行再生时，产生的再生病毒往往出于潜伏机制的考虑而将病毒程序分散存储，当病毒程序受到激发控制后在内存寻找一个存储空间，采用指针控制把分散的病毒程序安装成一个整体程序，将系统的控制转移到病毒体程序，然后再执行病毒所在的程序。

3) 计算机病毒类型

按照计算机病毒入侵系统的途径，大致可分为源码病毒、入侵病毒、操作系统病毒和外壳病毒4种类型。在互联网日益流行的今天，还出现许多现代病毒，如蠕虫病毒和冲击波病毒。

(1) 源码病毒。源码病毒是在源程序被编译之前，插入到诸如C、C++、Java、Visual Basic等高级语言编写的源程序中。源码病毒往往隐藏在大型程序中，一旦插入到大型程序中其破坏性和危害性是很大的。在当前国际上流行的计算机病毒中，源码病毒较为少见，用源码编写病毒程序难度也大。与其他类型的病毒程序相比，受病毒程序感染的程序对象有一定的限制。

(2) 入侵病毒。入侵病毒通常入侵到现有程序中，实际上是将病毒程序的一部分插入到主程序中。入侵病毒难以编写，当病毒程序入侵到现有程序后，不破坏主文件就难以删除病毒程序本身。

(3) 操作系统病毒。用计算机病毒的本身逻辑加入或替代部分操作系统进行工作，操作系统病毒是最常见的，危害性也是最大的。这是因为整个计算机是在操作系统控制下运行的，操作系统病毒的入侵造成病毒程序对系统持续不断地攻击。有些流行的计算机病毒，当系统引导时就把病毒程序从硬盘上装入到内存，在系统运行过程中不断捕捉中央处理器的控制权，进行计算机病毒的扩散。

(4) 外壳病毒。这种病毒将它们自己置放在主程序的周围，一般情况下不对原来程序进行修改。外壳型病毒易于编制，大约有半数以上的计算机病毒是采用这种外围方式传播病毒的,外壳病毒也易于监测或清除。

(5) 蠕虫病毒。1988 年 11 月,美国康奈尔大学的学生罗伯特·莫里斯编写出“莫里斯蠕虫”病毒在网络中进行蔓延,共造成数千台计算机不能正常工作。该病毒利用网络通信功能将病毒不断地从一个结点发送到另一个结点,并且能够自动启动,这样不仅消耗大量的本地计算机资源,而且大量占用网络带宽,导致网络堵塞或使拒绝网络服务,最终造成整个网络系统的瘫痪。

(6) 冲击波病毒。该病毒利用 Windows 系统中的远程过程调用漏洞(RPC)进行传染,受“传染”的机器会莫名其妙地死机或重启,IE 浏览器不能正常地打开链接,不能进行复制、粘贴等操作,应用程序出现异常如 Word 无法正常使用。要发现冲击波病毒可以使用如下操作:按 Alt+Ctrl+Del 组合键并选择弹出菜单中的“任务管理器”选项,在弹出的对话框中选中“Windows 进程”条目,找到病毒进程并强行杀毒,如图 4-2 所示。

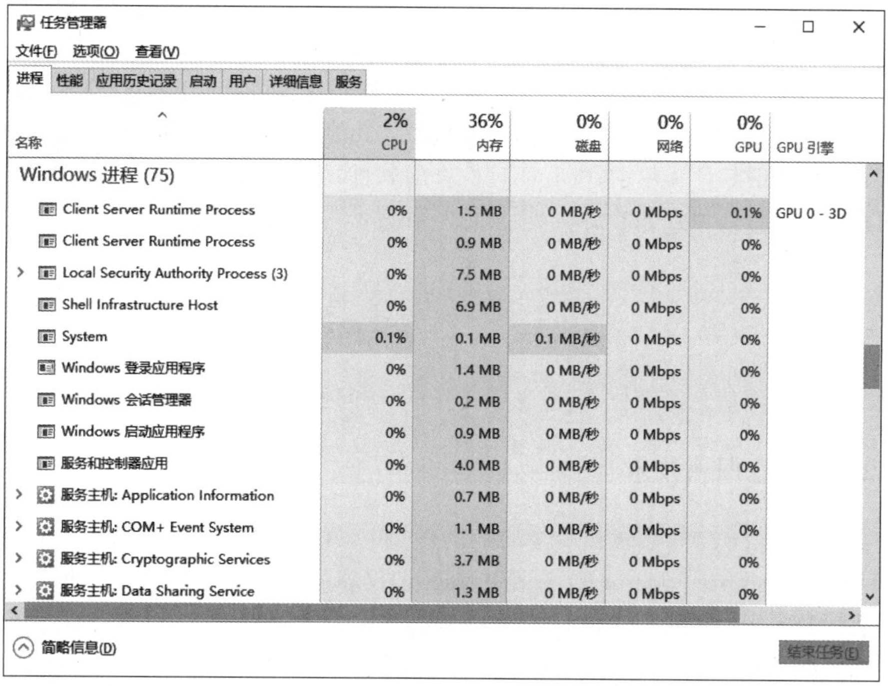

图 4-2 Windows“任务管理器”对话框中的“Windows 进程”

需要指出,对于计算机病毒的分类涉及多种因素,各种因素往往又交叉在一起,只能抓住关键性的因素加以区分,分类的目的是为了识别和检测系统内隐藏的计算机病毒。

4) 制作和传播计算机病毒属于计算机犯罪

计算机病毒一经出现,就迅速扩散和大范围蔓延,成为国际上危害计算机系统安全的公害。不管最初设计某种计算机病毒的意图如何,一种新型计算机病毒的出现,它的再生机制和破坏方式很快成为国际社会上计算机犯罪的一种手段和工具。计算机系统资源共享的环境和微型计算机的日趋普及,特别是网络成为信息载体和人们日常交流信息的工具,极大地加速了计算机病毒的扩散和传播。

计算机犯罪（特别是基于软件手段的计算机犯罪）是非授权入侵或破坏计算机系统的一种手段，相当多的计算机犯罪采用在计算机系统内放置逻辑炸弹的破坏方式。计算机病毒具有再生机制，可以感染合法用户的可执行程序或数据文件，从而达到非授权入侵计算机系统的目的。受病毒感染的计算机系统，可以在一定的外界条件下激发系统内潜伏的病毒程序。

5）防范计算机病毒

国际信息处理联合会曾经通过了一项决议，要求各成员单位将该决议广为公布并且提交政府，敦促政府采取法律措施。决议内容如下：各国政府应采取行动，把散布病毒定为犯罪行为；全世界每一个从事计算机教育的人员应向学生宣讲病毒的危害；政府、大学和计算机制造者应加强计算机安全新技术的开发；全世界每一个计算机工作人员应认识到计算机病毒的严重危害；每一个出版者应拒绝登载计算机病毒的详细程序；每一个计算机工作人员不得扩散病毒程序，用于研究工作而必须使用计算机病毒时，应该严格加以控制；从事检测和防范病毒的人员，不得将病毒提供给其他人员。

对于普通用户而言，特别要注意如下要求：定期对计算机系统进行安全检查；工作人员使用磁盘的数量、内容要编号、注册和登记；严禁其他人员进入机房及使用计算机设备；不随意复制他人的软件和数据；没有经过检查的软件，不允许投入系统运行；严禁工作人员在计算机上进行其他方面的活动，特别是网络游戏。

4.2 信息安全技术

本节主要介绍信息保密技术、信息安全认证、访问控制和网络安全。

4.2.1 信息保密技术

Bruce Schneier（美国隐私专家和作家）在《Applied Cryptography：protocols，algorithms，and source code in C》一书中说道：“仅靠法律保护我们自己还远远不够，我们还需要用数学来保护我们自己”。

下面将使用数学语言说明数据加密、数字认证和数字签名，以及三方认证和安全审计。

1. 数据加密

数据加密就是将被传输的数据变换成表面上杂乱无章的数据，合法接收者可通过逆变换恢复原来的数据，而非法窃取得到的则是毫无意义的数据，这是防止非法使用数据的最后一道防线，如图 4-3 所示。

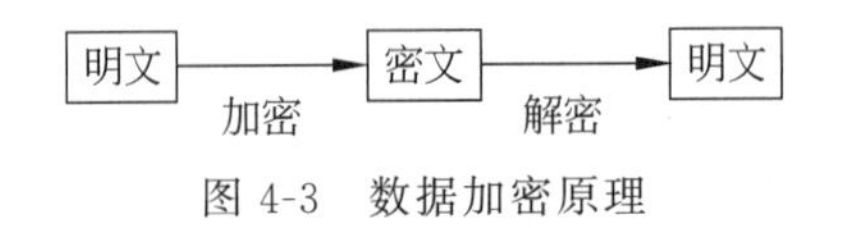

图 4-3 数据加密原理

在各种数据加密技术中，涉及的术语如表 4-6 所示。

表 4-6 数据加密技术中的术语

术语	说明
明文	没有经过任何变换的原始数据
密文	已经由加密算法变换后的数据
加密	将明文转换为密文的过程
加密算法	加密过程中所使用的变换技术
解密	对密文实施与加密过程相反的变换以获得明文的过程
密钥	控制加密过程和解密过程的标记

1）移位加密法和替换加密法

数据加密并非计算机技术首创，早期通信应用中就开始使用各种加密技术，其中最简单的就是移位加密法和替换加密法。

(1) 移位加密法。就是按某种规则重新排列明文中的字符顺序。例如，假设密钥为数字序列 2645713，那么加密时将密钥写成一行，然后将明文“计算机信息安全”写在该数字序列下，并按 1234567 的顺序抄写下来，这样就可以得到加密后的密文“算安信息全计机”，如图 4-4 所示。

要得到明文，则只需要按照密钥 2645713 指定的顺序重新抄写一遍密文即可。

(2) 替换加密法。即凯撒加密法，就是用新字符序列按照一定规律来替换原字符序列。例如，把一个字母序列用另一行相对应的字母序列进行替换，即将每个字符的 ASCII 码值加 4，并进行模为 26 的求余运算，这里密钥为数字 4，如图 4-5 所示。

密钥：	2	6	4	5	7	1	3
明文：	计	算	机	信	息	安	全
密文：	算	安	信	息	全	计	机
加密算法：	移位加密法						

图 4-4 移位加密法

密钥：	4
明文：	ABCDEFGHIJKLMNOPQRSTUVWXY
密文：	EFGHIJKLMNOPQRSTUVWXYABCD
加密算法：	替换加密法

图 4-5 替换加密法

使用替换加密法，可以将明文“CODE”变换成密文“GSHI”。解密时，只需要用相同的方法进行反向替换方可。

2）加密技术分类

(1) 按明文处理方法不同，加密技术可分为分组密码和序列密码。其中分组密码的加密方式是将明文序列先用固定长度进行分组，每组明文使用完全相同的密钥和加密函数进行处理。为了减少存储和提高速度，密钥长度基本固定，这样将使加密函数成为系统安全的关键所在。设计分组密码时，最重要的是构造具有可逆性的非线性算法。“可逆性”用于保证解密过程的高效和信息系统的安全，“非线性”则是设计分组密码的自然结局。序列密码的加密方式则按指定序列进行加密。

(2) 按明文转换成密文的操作类型不同，加密技术可分为置换密码和换位密码。其中置换密码的加密方式是将每个字母或每组字母替换成另一个字母或另一组字母。换位密码有时也称为排列密码，换位密码不对明文字母进行变换，只是将明文字母的次序进行重新排列，如图 4-6 所示。

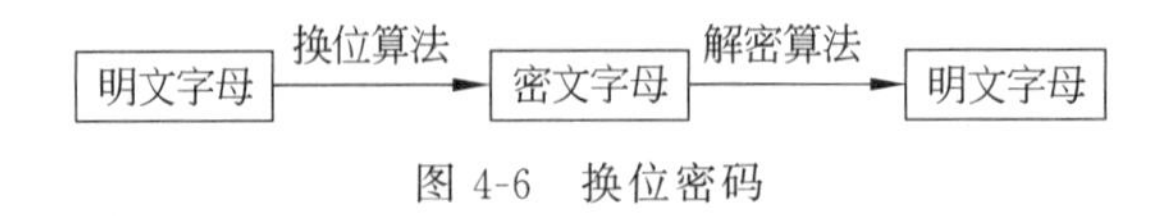

图 4-6 换位密码

解密时要进行如下操作：首先是判断密码类型是否为换位密码，其次是猜测密钥的长度（即列数），最后是确定各列的顺序。

(3) 按密钥使用数量不同，加密技术可分为对称密码和非对称密码。

① 对称密码系统。对称密码系统（或对称密码体制）使用对称算法，即加密密钥和解密密钥能够互相进行推算，如图 4-7 所示。在大多数对称密码算法中，加密密钥和解密密钥完全一致。所以对称密码算法也可以称为单密钥算法。

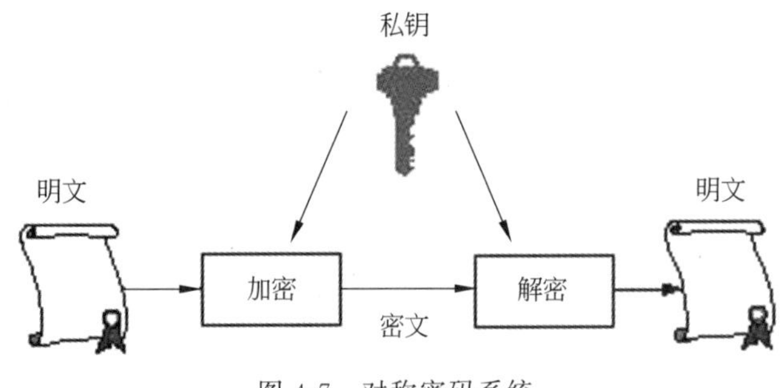

图 4-7 对称密码系统

对称密码系统的主要特点是加密速度快，广泛适用于数据量大的文件；加密时的安全只取决于密钥本身的安全；加密和解密的密钥相同，但密钥分发的管理非常复杂，即 n 个用户将需要 $n(n-1)/2$ 把密钥。但是，每一个用户要记住或保留 $n-1$ 把密钥，当 n 很大时，密钥记忆非常困难。所以，密钥很可能泄漏，密钥保存和使用极不方便。

在使用对称密码系统时，应该满足两方面的安全要求：一是功能强大的加密算法；二是发送方和接收方必须使用安全方式来获得保密密钥的副本。如果外人发现密钥并知道算法，则使用该密钥的所有通信都是可以读取的。

② 非对称密码系统。

- 引言。非对称密码系统使用不同的加密密钥和解密密钥，通常是公钥用于加密而私钥用于解密，或公钥验证签名而用私钥实现数字签名，如图 4-8 所示。这样，每个用户都会保存着一对密钥，即公开密钥和秘密密钥（或私钥），所以这种密码系统又称为双钥系统或公开密钥系统。相对于对称加密技术而言，公钥算法运算速度慢，但密钥的管理和使用非常方便，尤其适合网络环境中的加密需求。

  非对称密码系统的特点是算法复杂导致加密速度慢；加密安全性取决于私钥的秘密性；密钥分发管理简单，n 个用户只需要 $2n$ 个密钥。
- 非对称密码算法。常见的非对称密码算法包括 RSA 算法、DH 算法等。

RSA 算法。1978 年诞生的 RSA 公钥密码算法的命名取自 3 个创始人：Rivest、

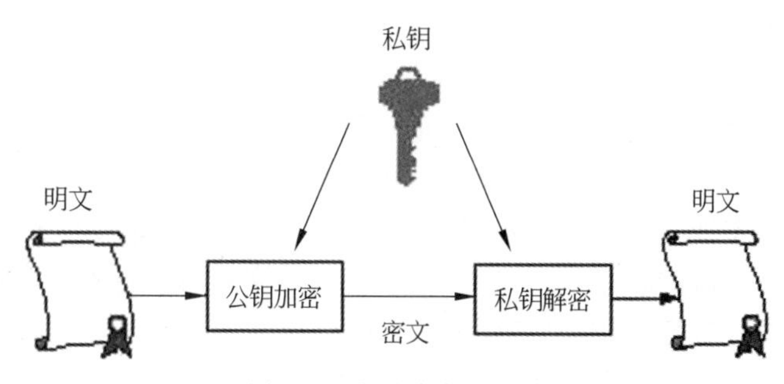

图 4-8　非对称密码系统

Shamir 和 Adelman。RSA 算法的安全性完全取决于大素数(属于数论)分解的复杂度,它采用足够大的整数以便使因子分解非常困难,密码也就很难破译,使得加密程度极高。RSA 公钥密码算法是目前公认的安全密码算法,主要用于通信保密和数字签名。

DH 算法。20 世纪 70 年代中期,斯坦福大学的 Diffie 和 Hellman 提出通过交换公开信息建立一个共享会话密钥的方案,这就是 DH 算法。使用 DH 算法时,无须生成共享会话密钥然后用公钥密码技术进行分发,而是利用公钥密码技术在通信双方生成会话密钥。通信双方都有一个秘密值和两个公开值,将秘密值和公开值结合,通信的双方就可以生成相同的秘密数值,即会话密钥。

③ 密钥。

- 密钥分发技术。密钥分发技术是指将密钥只发送到进行数据交换的双方且外人不能看到的方法。在使用对称密码时,为保证信息交换的安全,双方必须使用完全相同的密钥。为了防范外人访问应该将密钥保护起来,最好经常变更密钥,以防止非法入侵者破译密钥,从而尽可能地降低危害程度。所以,密钥分发技术应该有助于加密系统的安全强度。
- 密钥生存周期。所谓密钥生存周期就是授权使用该密钥的时间周期,这是基于密钥从产生到终结的整个生存周期都需要进行保护。其次,密钥完整性也需要保护,因为任何非法入侵者都可能替换或修改密钥,从而危及加密解密服务。实际上,除公钥密码系统中的公钥外,全部密钥都需要保密。密钥生存周期主要包括以下 6 个阶段:密钥产生、密钥分发、启用与停用密钥、替换或更新密钥、撤销密钥和销毁密钥。

4.2.2　信息安全认证

信息安全认证就是使用电子手段证明发送者和接收者身份及其文件完整性,即确认双方的身份信息在传送或存储过程中没有修改过。主要的信息安全认证技术包括数字签名、数字证书和三方认证。

1. 数字签名

数字签名又称为电子签名,在《中华人民共和国电子签名法》中的定义为“电子签名是指数据电文中以电子形式所含、所附用于识别签名人身份并表明签名人认可其中内容的数据”。“数据电文是指以电子、光学、磁或者类似手段生成、发送、接收或者储存的信息。”

数字签名可用于实现电子文件的认证、核准和生效，可以解决冒充、篡改、伪造、抵赖等问题。具体实现分为两方面，一方面是充分利用公开密钥算法和杂凑（或哈希）函数，由报文内容生成一个杂凑值，并用私钥算法对该杂凑值进行加密构成数字签名，然后将该数字签名作为报文的附件与报文一起发送给接收方；另一方面，报文的接收方将从收到的原始报文中计算出杂凑值，并用发送方的公开密钥对数字签名进行解密，若两个杂凑值完全相同则表示该数字签名是正确的，如图 4-9 所示。

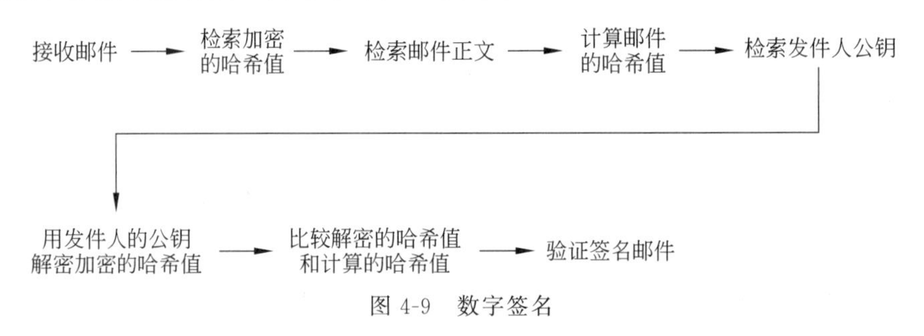

图 4-9　数字签名

进行数字签名时，应该注意如下要求：

(1) 接收方应该能确认发送方的数字签名，以防出现伪造的数字签名。

(2) 发送方在发出数字签名消息后，不能否认所签发的数字签名消息。

(3) 接收方不能否认已经收到的数字签名消息，以防出现恶意的抵赖。

(4) 第三者可以确认收发双方之间的数字签名消息，保证不进行伪造。

【例 4-1】 数字签名示例。

顾客甲发送一份有数字签名的订单给厂家乙，委托厂家乙按订单要求进行生产。厂家乙收到顾客甲的订单后，要确认订单的真假。由于厂家乙只能用顾客甲的公钥解密该订单，所以厂家乙可以确认顾客甲的真实身份。

厂家乙按照顾客甲的订单要求进行生产。假设两个月后发生金融危机，经济不景气，产品积压卖不出去，那么顾客甲可以不承认自己发送的订单吗？由于厂家乙拥有顾客甲用自己私钥签名的订单，只有顾客甲才拥有这个私钥，所以顾客甲是无法抵赖的。

如果两个月后厂家乙不能按订单要求生产出足够的产品，则厂家乙想修改订单中的产品数量，不愿承担自己违约带来的经济损失。由于篡改后的订单是不能用顾客甲的公钥进行解密的，所以厂家乙不能修改订单中的产品数量。

在“电子订单→厂家生产→付款取货”中，安全的数字签名过程如图 4-10 所示。

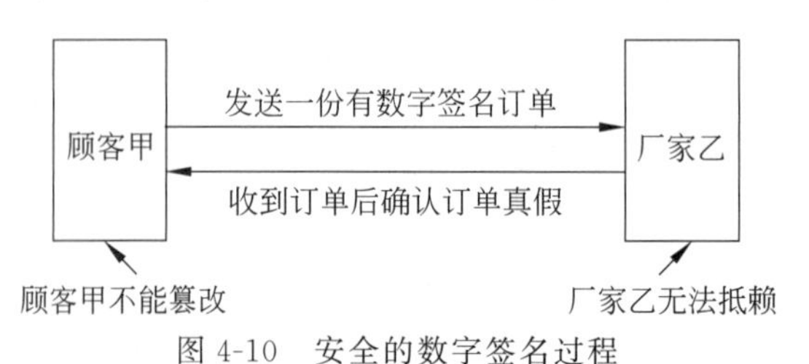

图 4-10　安全的数字签名过程

2. 在 Microsoft Outlook 2010 中设置邮件签名

具体操作过程如下：

(1) 打开 Outlook 2010 软件，可以看到 Outlook 2010 软件的工具栏。单击工具栏左侧的“新建电子邮件”按钮，这时工具栏中就有“签名”按钮，如图 4-11 所示。

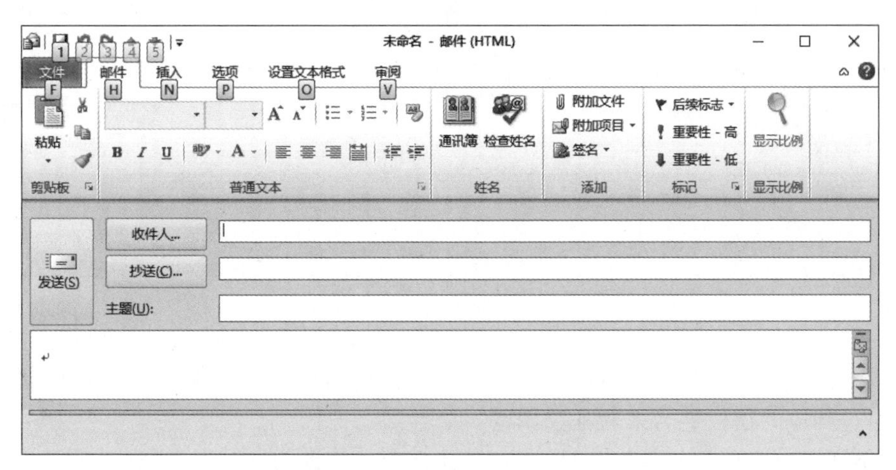

图 4-11　Outlook 2010 工具栏

(2) 单击“签名”按钮后，系统将弹出“签名和信纸”对话框。

(3) 单击“签名和信纸”对话框中的“新建”按钮后，系统将弹出“新签名”对话框，在其中指定签名(如 Clifford，也可以是数字)，如图 4-12 所示。

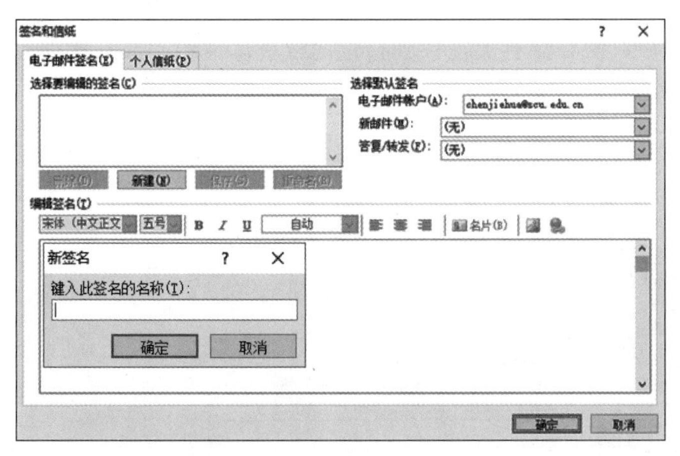

图 4-12　Windows 10“签名和信纸”对话框和“新签名”对话框

(4) 返回到邮件编辑窗口，单击“签名”按钮后，系统将弹出下拉菜单，其中包含自己指定的签名，以后签名内容就会自动出现在邮件中，如图 4-13 所示。

3. 数字证书

数字证书是通过为交易各方身份信息提供标记的数据，来提供验证各自身份的方式，任何用户可以使用数字证书来识别对方的身份。用户首先向公钥证书权威机构提交他的

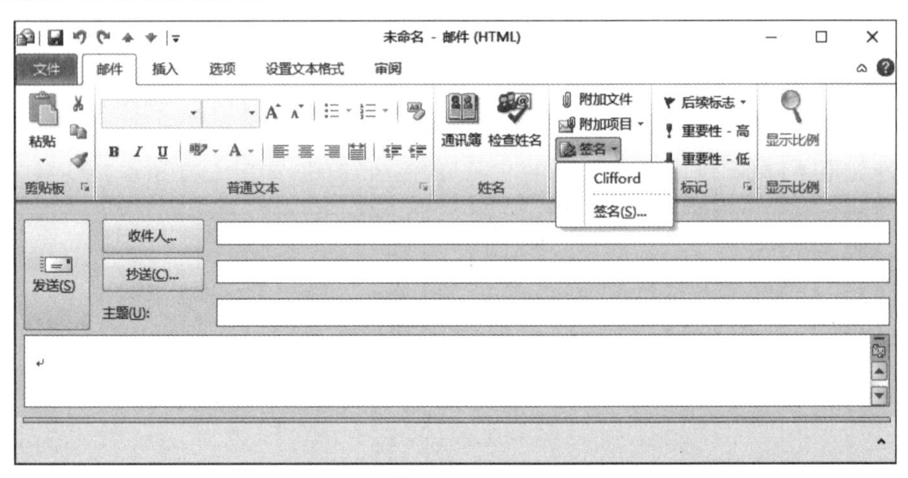

图 4-13　含签名的电子邮件

公钥并获得证书，其后用户就可以公开该证书。任何需要用户公钥的人都可以获得该证书，并通过相应的信任签名来验证公钥的有效性。

数字证书包含用户的身份信息，由权威认证中心签发，是用于数字签名的一个特殊数据文件，相当于一个网上身份证，数字证书的主要内容可以分为两方面：申请者信息和颁发者的信息，其中申请者信息包括证书的序列号、主题、使用有效期限和证书所有人的公开密钥；颁发者的信息包括颁发者的名称、数字签名和签名算法。

数字证书是由权威认证中心签发和管理的，一般分为个人数字证书和单位数字证书。申请的证书类别则有数字签名证书、服务器身份验证证书、电子邮件保护证书、客户身份验证证书等。用户只需要持有关证件到指定的权威认证中心或其代办点申领即可，其中，中国数字认证网的网址是 www.ca365.com，如图 4-14 所示。

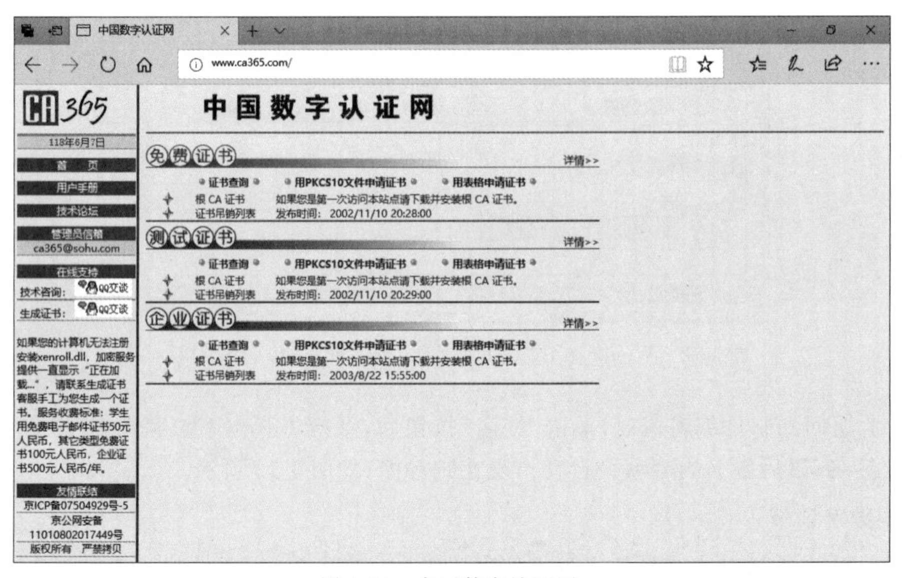

图 4-14　中国数字认证网

4. 三方认证

（1）认证技术概述。认证技术是指信息从发送到接收的过程中没有被第三者修改和伪造。认证技术可用于解决网络通信过程中通信双方的身份认证问题，认证过程涉及对称加密技术与不对称加密技术的结合。认证方式包括账户口令认证、使用摘要算法认证、基于公钥基础设施（PKI）的认证以及下面将要介绍的消息认证和用户身份认证。

① 消息认证。消息认证指确认信息从发送到接收的过程中没有被第三者修改和伪造，这是通过指定接收者能够检验收到的消息是否真实的认证方法，消息认证也就是完整性校验，在银行业中称为消息认证，而在 OSI 安全模型中可称为封装。认证内容包括产生消息时间、消息信源、消息信宿、消息序号、消息内容是否修改等。

② 用户身份认证。指用户双方都能证实对方是这次通信过程的合法用户，在一个保密系统中通常同时要求信息认证和用户认证。认证内容可以分为 3 种。用户所知的相关信息，如口令、账号等；用户持有证物，如私章、钥匙、身份证件、护照等；用户体征，如指纹、手形、笔迹、签字、血型、视网膜、基因等。

（2）三方认证。数字签名与数字证书的认证需要被信任的第三方签名，第三方通常是用户信任的证书权威机构，如政府部门、金融机构、大型公司、公认组织等。电子签证机构可作为通信的第三方，为各种服务提供可信任的认证服务，如向用户发行电子签证证书、为用户提供成员身份验证和密钥管理等。

4.2.3　访问控制

1. 访问控制

（1）访问控制模型。访问控制是指按照用户身份和所从属的预定义组来限制对信息项的访问，或限制对控制功能的使用，它通常用于系统管理员对用户操作进行控制，如对服务器、目录、文件等网络资源的访问限制。

访问控制的主要功能包括允许合法用户访问受到保护的全部网络资源；防止合法用户对受到保护的网络资源进行非授权访问；防止非法主体（如用户或其他计算机）入侵受到保护的网络资源。具体内容包括防火墙控制、网络监测与锁定控制、网络权限限制、目录级安全控制、属性安全控制、网络服务器安全控制、入网访问控制、网络端口与结点的安全控制等。

（2）访问控制方式。访问控制方式分为强制访问控制和自主访问控制两种。其中，强制访问控制是指由系统（如通过系统安全员）对用户定义对象进行统一控制，即按照规定的规则决定哪些用户可以对哪些对象进行何种访问，即使是创建者用户，在创建一个对象后也可能被限制访问该对象；自主访问控制是指由用户自主决定对自定义对象（如文件、数据表、程序等）进行访问，并可以将对自定义对象的访问权进行授权和回收。

2. 安全级别

在《信息安全等级保护管理办法》中将信息系统的安全分为 5 级，如表 4-7 所示。

表 4-7 安全级别

级别	名称	内　　容
1	自主级	适用于普通信息系统，只能对公民、法人、组织等的合法权益产生损害，但不会损害社会秩序、公共利益、国家安全等
2	指导级	适用于普通信息系统，破坏只会对社会秩序和公共利益造成轻微损害，但不会损害国家安全
3	监督级	适用于重要信息系统，破坏会对社会秩序、公共利益、国家安全造成损害
4	强制级	适用于重要信息系统，破坏会对社会秩序、公共利益、国家安全造成严重损害
5	专控级	适用于核心信息系统，破坏会对社会秩序、公共利益、国家安全造成特别严重损害

3. 安全审计

安全审计是指由审计人员根据管理当局的授权、财产所有者的委托以及相关的法律法规，对计算机网络系统中的活动或行为进行的检查、验证和评价。显然，安全审计作为一个专门的审计项目，要求审计人员必须具有较强的专业技术知识与技能。

安全审计涉及 4 个要素：控制目标、控制措施、安全漏洞和控制测试。其中，控制目标是企业根据具体应用要求，结合实际情况制定的安全控制要求；控制措施是企业为实现安全控制目标所制定的安全控制技术、配置方法和各种规范制度；安全漏洞是指容易被干扰或破坏的地方，这是网络系统的安全薄弱环节；控制测试是将企业的安全控制措施与预定的安全标准进行比较，确定控制措施是否存在、是否得到执行、防范漏洞是否有效等。

安全审计可以分为日志审计和行为审计两种。其中，日志审计将协助安全员在受到外来攻击时查看网络日志，以便评估安全策略有效性、网络配置合理性和操作过程合法性，进而掌握外来攻击的轨迹，并进行实时防御；行为审计是通过对用户的网络行为进行审计，确认操作过程合法性以确保安全。

4.2.4 网络安全

网络安全主要包括通信安全、人员安全、信息安全、符合瞬时电磁脉冲辐射标准、操作安全、计算机安全、工业安全、物理安全等内容。从本质上讲，网络安全是网络上的信息安全，即网络系统的硬件、软件及其系统中的数据受到保护，不会遭到破坏、更改、泄露等，系统能够持续正常运行，网络服务也不会中断。

网络安全威胁主要来自 3 个方面：人为无意失误、人为恶意攻击和系统与网络软件漏洞。

(1) 人为无意失误。如因为操作员制定的安全配置不当而造成的安全漏洞，用户安全意识不强，口令选择错误，用户将账号随意转借他人或与别人共享等都会威胁到网络安全。

(2) 人为恶意攻击。分为积极攻击和消极攻击两种。前者是以各种方式有选择地破坏信息的有效性和完整性，后者是在不影响网络系统正常工作的情况下，进行截获、窃取和破译以获得机密信息。

(3) 系统与网络软件漏洞。系统与网络软件漏洞由设计编程人员在编程过程中产生，按照软件工程思想可知，任何程序很难保证没有错误。因此，及时发现和堵住漏洞十分必要。

1. 木马病毒及其防范

木马病毒与一般病毒不同，不会自我繁殖，也并不会“刻意”地去感染其他文件，它是通过一段“木马程序”来控制其他的计算机。木马通常包含客户端程序和服务端程序，其中客户端为控制端，服务端为被控制端，“黑客”们正是利用“控制端”进入“服务端”进行操控或恶意攻击的。木马程序运行时将与被控制端(服务端)进行连接，并将享有服务端的绝大部分操作权限，如删除文件与复制文件、改变计算机配置、修改系统注册表、为计算机指定口令等。

1) 木马病毒种类

木马病毒主要包括网游木马、网银木马、网页点击木马、下载操作木马和即时通信木马5种。

(1) 网游木马。该病毒通常采用记录游戏进程、用户键盘输入内容、接口函数等方法来获取用户的账号和密码，并将窃取到的信息通过发送电子邮件或向远程脚本程序提交的方式发送给木马病毒发布者。其后，“木马程序”将控制用户计算机并进行恶意攻击，如删除文件、复制文件、修改系统注册等。

(2) 网银木马。该病毒针对网络交易系统，主要目的是盗取用户的账号、密码、安全证书等。网银木马针对性强，木马病毒作者首先对银行的网络交易系统进行过仔细分析和研究，然后针对安全薄弱的环节进行恶意攻击。例如2004年的“网银大盗”病毒，在用户进入中国工商银行的“网银登录”页面(图4-15)时，自动将该页面变成安全性能较差的旧版页面，然后记录用户填写的账号和密码，从而造成用户惨重的财产损失。

图4-15　工商银行的“网银登录”新版页面(注：只能用IE浏览器)

（3）网页点击木马。该病毒将恶意模拟用户点击广告等操作，病毒作者的目标就是为赚取高额的广告推广费用。在极短时间内产生大量的点击操作，这使用户正常操作不能进行。

（4）下载操作木马。该病毒主要是从网络上下载其他病毒程序或安装广告软件，由于病毒代码很少，所以它能以较快速度进行扩散。

（5）即时通信木马。即时通信类木马通常分为3种：盗号型、传播自身型和发送消息型，如表4-8所示。

表4-8 即时通信软件木马

病毒分类	说　明
盗号型	该病毒主要目标在于盗取登录账号和密码，进而偷窥聊天记录、操作过程等隐私内容，或者将盗取登录账号和密码卖掉
传播自身型	该病毒首先将搜索并控制聊天窗口，通过发送文件或消息来传播病毒。一般而言，发送文件比发送消息更复杂
发送消息型	该病毒首先搜索聊天窗口，然后控制该窗口并自动发送文本内容（属于网游木马广告），最后通过聊天软件发送带病毒的网址，以便盗取账号和密码

2）防范木马病毒

木马病毒可能造成计算机无法进行复制、粘贴等操作，或者无法正常使用如Office套件、Edge浏览器等软件，或者使计算机运行速度变慢甚至死机，以及盗取软件序列号等。在防范木马病毒时，首先要找到被木马病毒感染的文件，然后通过手动操作结束相关进程并删除被病毒感染的文件。另外，也可使用木马专杀软件和杀毒软件进行病毒查杀。使用防火墙、更新系统、安装系统补丁等也可以防范木马病毒。

3）使用系统命令发现并防范木马病毒

要发现并防范木马病毒可在使用木马专杀软件和杀毒软件的同时，使用Windows 10系统中的相关命令，具体方法包括检查账户信息、检测网络连接和禁用不明服务。

（1）检查账户信息。恶意攻击者通常使用“克隆”账号来控制用户的计算机，如激活系统中的一个不用账户，并将该账户提升到Administrator权限，据此就能够控制用户的计算机。要避免这种情况，可以在命令行中输入“net user”命令来查看计算机中的用户信息，使用“net user 用户名”命令查看指定用户所具有的权限，如图4-16所示。在发现克隆账户时可使用“net user 用户名/del”命令删除“克隆”账号。

（2）检测网络连接。使用Windows系统提供的网络命令可以检测网络连接情况，从中能够看到谁在连接本地的计算机。所用命令为“netstat -an”，该命令将显示全部与本地计算机建立连接的Ip地址信息，如图4-17所示。

从图4-17中可以看到4部分信息：连接方式、本地连接地址、与本地建立连接的IP地址和当前端口状态。通过该命令可以完全监控网络连接情况，从而通过发现可疑连接来防范木马病毒。

（3）禁用不明服务。要禁用不明服务可以使用“net start”命令来检测系统中正在开启的服务，如果发现不是自己开放的服务，则可以使用“net stop server”命令设置为“禁用

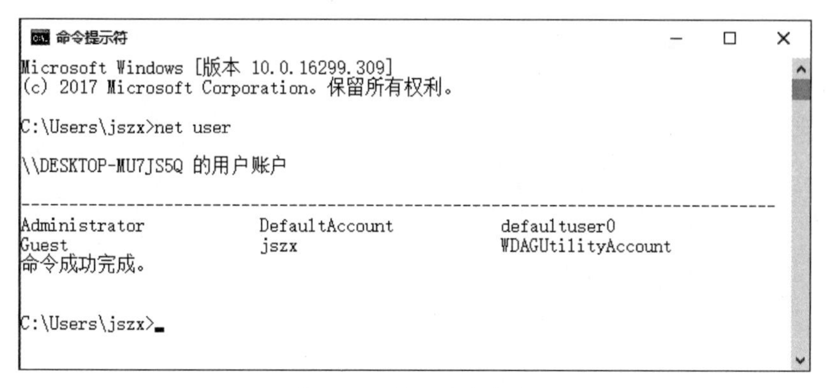

```
命令提示符
Microsoft Windows [版本 10.0.16299.309]
(c) 2017 Microsoft Corporation。保留所有权利。

C:\Users\jszx>net user

\\DESKTOP-MU7JS5Q 的用户账户

-------------------------------------------------------------------------------
Administrator            DefaultAccount           defaultuser0
Guest                    jszx                     WDAGUtilityAccount
命令成功完成。

C:\Users\jszx>
```

图 4-16　检查账户信息

```
命令提示符
C:\Users\jszx>netstat -an

活动连接

  协议  本地地址              外部地址            状态
  TCP    0.0.0.0:135            0.0.0.0:0              LISTENING
  TCP    0.0.0.0:445            0.0.0.0:0              LISTENING
  TCP    0.0.0.0:49664          0.0.0.0:0              LISTENING
  TCP    0.0.0.0:49665          0.0.0.0:0              LISTENING
  TCP    0.0.0.0:49666          0.0.0.0:0              LISTENING
  TCP    0.0.0.0:49667          0.0.0.0:0              LISTENING
  TCP    0.0.0.0:49668          0.0.0.0:0              LISTENING
  TCP    0.0.0.0:49669          0.0.0.0:0              LISTENING
  TCP    192.168.0.100:139      0.0.0.0:0              LISTENING
  TCP    192.168.0.100:50119    101.199.97.108:80      ESTABLISHED
  TCP    192.168.0.100:54405    61.136.163.179:443     CLOSE_WAIT
  TCP    192.168.0.100:54407    104.18.25.243:80       CLOSE_WAIT
  TCP    192.168.0.100:62283    125.88.200.231:80      ESTABLISHED
  TCP    192.168.0.100:63076    52.230.84.217:443      ESTABLISHED
  TCP    192.168.0.100:63081    118.112.23.196:80      CLOSE_WAIT
  TCP    192.168.0.100:64149    14.215.177.50:443      CLOSE_WAIT
  TCP    192.168.0.100:64150    14.215.177.50:443      CLOSE_WAIT
  TCP    192.168.0.100:64151    180.97.104.146:443     CLOSE_WAIT
  TCP    192.168.0.100:64152    180.97.104.146:443     CLOSE_WAIT
  TCP    [::]:135               [::]:0                 LISTENING
  TCP    [::]:445               [::]:0                 LISTENING
  TCP    [::]:49664             [::]:0                 LISTENING
  TCP    [::]:49665             [::]:0                 LISTENING
  TCP    [::]:49666             [::]:0                 LISTENING
  TCP    [::]:49667             [::]:0                 LISTENING
  TCP    [::]:49668             [::]:0                 LISTENING
  TCP    [::]:49669             [::]:0                 LISTENING
  UDP    0.0.0.0:3600           *:*
  UDP    0.0.0.0:5050           *:*
  UDP    0.0.0.0:5353           *:*
  UDP    0.0.0.0:5355           *:*
  UDP    0.0.0.0:50568          *:*
  UDP    127.0.0.1:49664        *:*
  UDP    192.168.0.100:137      *:*
  UDP    192.168.0.100:138      *:*
  UDP    [::]:5353              *:*
  UDP    [::]:5355              *:*
```

图 4-17　检测网络连接

服务”模式，如图 4-18 所示。

2. 防火墙

传统防火墙是指建筑行业在房屋之间修建的用于防止火灾发生时蔓延到其他房屋的

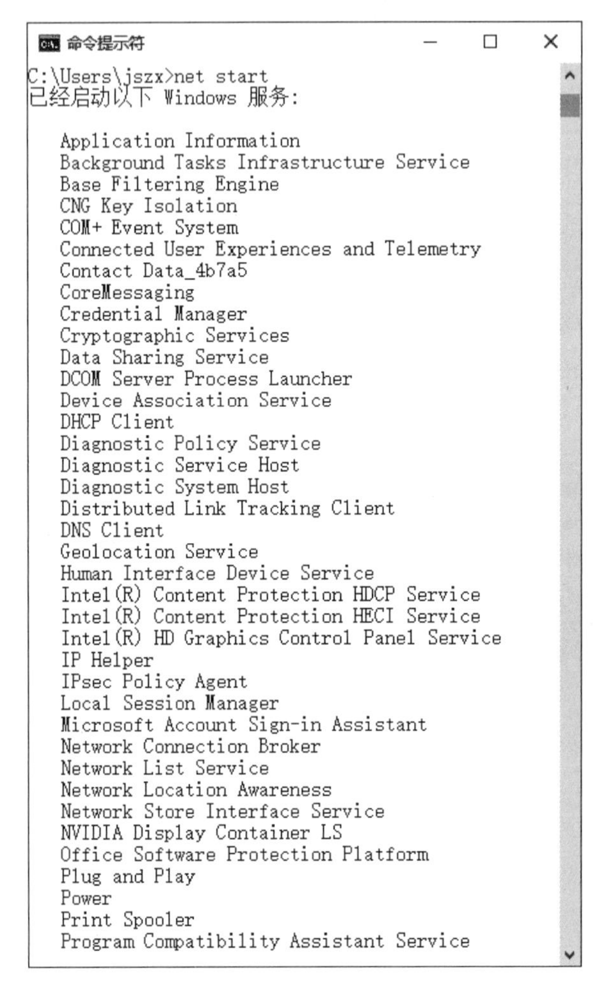

图 4-18 禁用不明服务

一道墙。但在互联网中,防火墙是指在内部网络与可能不安全的外部网络之间设置障碍,以阻止来自外部的对内部网络资源的非法访问和恶意入侵,如图 4-19 所示。

1) 防火墙技术

防火墙通常具备的 3 大技术是包过滤技术、代理服务技术和应用网关技术。

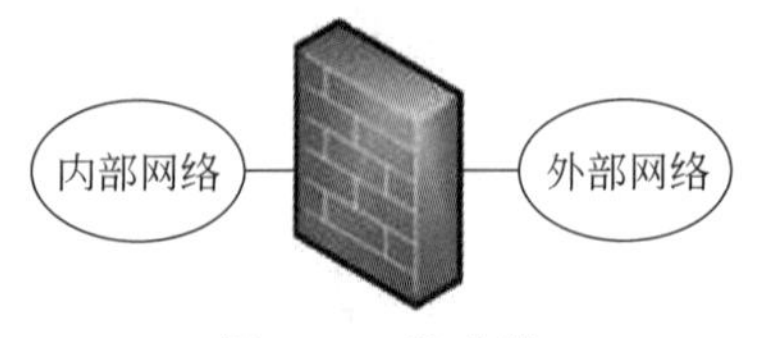

图 4-19 防火墙

(1) 包过滤技术。包过滤是最基本的防火墙实现技术,能够控制哪些数据包可以进出网络系统,哪些数据包应该被网络过滤掉,即不能进出网络系统,如图 4-20 所示。它的具体实现通常是在外部网络与内部网络之间放置一个具备包过滤功能的路由器,由这个路由器实现包过滤。包过滤一般可以使用以下 3 类条件来确定是否“过滤”数据包通过路由器:数据包的源地址与源端口、数据包的目标地址与目标端口和数据包的传送协议。

包过滤规则是:在配置包过滤路由器时,首先要确定哪些数据包可以进出网络系统,哪些数据包应该被网络过滤掉，然后将这些规定翻译成有关的访问控制表。

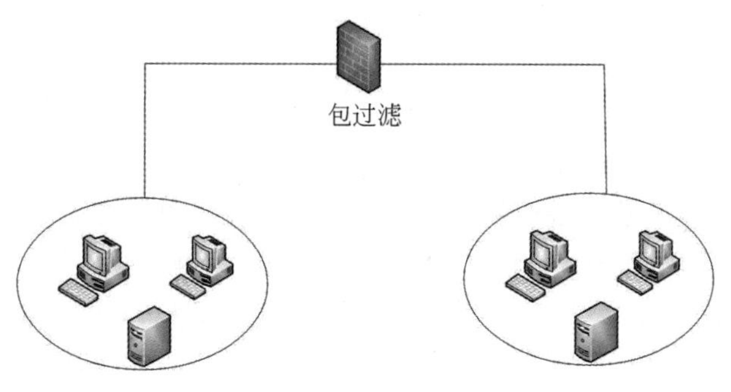

图 4-20　包过滤技术

（2）代理服务技术。完整的防火墙系统通常由屏蔽路由器和代理服务器两部分组成，如图 4-21 所示。其中，屏蔽路由器属于多端口的 IP 路由器，通过对每个进网的 IP 数据包进行检查，然后确定是否转发；代理服务器能够代替网络用户完成特定的 TCP/TP 功能，它是防火墙中的一个服务器进程。本质上，代理服务器就是一个应用层的网关，是专门为指定的网络应用而进行网络连接的网关。例如，用户在使用 Telnet 或 FTP 时，就会与代理服务器进行通信，代理服务器要求用户提供要访问的远程主机名，在用户提供正确的用户身份认证信息后，代理服务器连通远程主机，为整个通信过程提供中继支持。

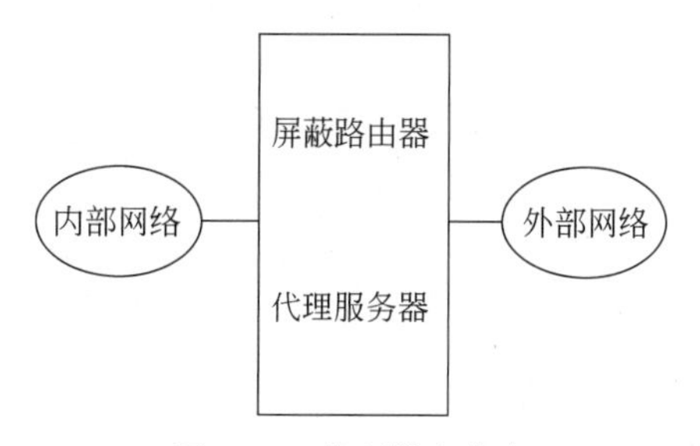

图 4-21　代理服务技术

（3）应用网关技术。应用级网关工作在 OSI 七层参考模型的应用层，用于特定的互联网服务，如远程登录时的文件传输、超文本文件传输等。

防火墙通过对网络数据流量的监控、记录、过滤、报告等操作，将内部网络与外部网络进行隔断以防止黑客利用不安全服务对内部网络的恶意攻击。在互联网上，防火墙作为非常有效的网络安全模型，可以隔离风险区域与安全区域的连接，同时保证不会妨碍用户对风险区域的访问。防火墙通过对网络数据流量的监控，一方面保证只有经过核准的安全信息才能进入网络系统，另一方面抵制所有对企业构成威胁的非法数据。

随着安全性问题的日益严重和普遍，网络入侵可能来自高超的攻击方式，也可能来自错误的系统配置或口令。防火墙用于防止未授权的通信进出被保护的内部网络系统，具体操作包括防止非法入侵者接近和破坏用户的防御设施；限制未授权的非法用户进入内部网络并过滤掉不安全的服务要求；限制用户对特殊站点的访问权限；监视互联网的安全性，以及在防火墙中设置网络边界和服务类型。

2）设置防火墙的目标

设置防火墙的目标是集中安全管理、执行安全策略、保护脆弱服务、控制系统访问、记录与统计网络数据流量、增强保密机制等。

(1) 集中安全管理。防火墙对企业内部网实现集中安全管理，在防火墙中定义的安全规则可以运行于整个内部网络系统，而无须在内部网络中的每台机器上分别设立安全策略。另外，防火墙可以定义不同的认证方法，而不需要在每台机器上分别安装特定的认证软件，外部用户也只需经过一次认证就可以访问内部网络。

(2) 执行安全策略。防火墙提供制定和执行网络安全策略的具体手段，如果没有设置防火墙，则网络安全只能取决于用户本身的操作过程。设置防火墙后，就可以使用防火墙来执行网络访问策略，向用户和网络服务提供访问控制机制。

(3) 保护脆弱服务。通过过滤不安全的服务，防火墙可以极大地提高网络本身的安全和主机系统的风险。例如，使用防火墙可以禁止网络信息、网络文件等服务通过内部网络，同时还可以拒绝传送源路由选择的和网际控制报文(ICMP)重定向的各种数据包。

(4) 控制系统访问。防火墙可以提供对系统的访问控制，如允许从外部访问指定主机，同时禁止访问其他主机(如特定邮件服务器、Web 服务器等)。

(5) 记录与统计网络数据流量。防火墙可以记录和统计通过防火墙的网络通信情况，以便提供关于网络数据流量的统计数据(含合法使用数据和非法使用数据)，从而判断可能的恶意攻击和实施防范。

(6) 增强保密机制。使用防火墙可以阻止攻击者获取攻击网络系统的有用信息，如禁止 Finger 服务功能和 DNS(域名系统)服务。其中，Finger 功能常会列出用户上次登录时间、当前用户名单、是否读过邮件等。使用防火墙可以封锁 DNS 域名服务内容，以便使互联网中的外部主机不能获取站点和 IP 地址。

3) 防火墙的局限

防火墙是内部网络与外部网络之间的一道防御系统，但它本身也存在安全问题，具体表现如下：不能阻止绕过防火墙的恶意攻击；无法防止病毒感染程序或文件；无法阻止来自内部的安全威胁。其中，像内部用户帮助外部入侵者对其他用户的攻击就是防火墙无法防御的，这正好证实法国数学家 Poincare(1854—1912 年)的名言：“为了防备狼，羊群已用篱笆圈起来了，但却不知道在圈内有没有狼。”

4) Windows 防火墙

Windows 防火墙可以限制来自其他计算机上的信息，对未经授权进行连接的用户或程序(可能就是病毒)提供一道安全屏障。它的主要功能包括记录对计算机连接的安全日志、阻止计算机病毒进出未经授权的计算机系统和经用户要求阻止或允许某些网络连接请求。

【例 4-2】 在 Windows 10 系统中设置防火墙。

要在 Windows 10 系统中设置防火墙，可按如下步骤进行：

选择“开始”→“设置”→“Windows Defender 防火墙”→“启用或关闭 Windows Defender 防火墙”，如图 4-22 所示。

3. 虚拟专用网 VPN

虚拟专用网是在公共数据网络基础上，通过使用数据加密技术和访问控制技术，以实现两个或多个可信任内部网之间的互联。虚拟专用网在组成时通常都要求使用具有加密功能的路由器或防火墙，从而保证数据在公共信道上的传送是完全可信任的。

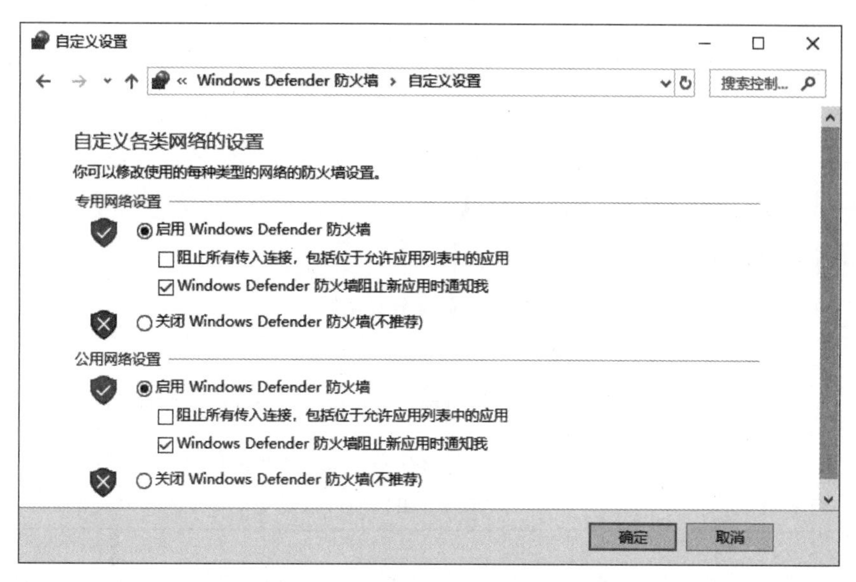

图 4-22 设置“Windows 防火墙”

4. 网络隔离

在外部网络和内部网络进行通信时，内部网络的机器安全就会受到威胁。通过网络传播，甚至还会影响到与互联网或 Intranet 相连接的其他网络，最终还可能涉及法律、金融、社会稳定等安全敏感领域。所以，在进行网络设计时有必要将公开服务器(如 Web、E-Mail、DNS 系统等)与外网进行隔离，以避免网络体系结构信息的外泄；同时还要对外网的服务请求进行过滤，如果仅允许传送正常的数据包，其他服务请求在到达主机前将遭到拒绝。其次，防火墙技术就是通过网络隔离来控制网络的访问权限。

5. 入侵检测

入侵检测系统(IDS)能够扩展系统管理员的安全管理能力(包括网络监视、进攻识别、安全审计、及时响应等)，并提高信息安全系统的完整性。随着网络安全要求的提高，入侵检测将成为防火墙的有益补充，以便帮助网络系统快速发现来自外部的恶意攻击。

入侵检测系统的主要功能包括监测和评估重要系统和数据文件的完整性；实施安全审计并管理操作系统的运行；监视和分析系统与用户的活动；识别并响应任何恶意入侵模式，如记录入侵事件、切断非法网络连接、故障报警等；分析和审计系统配置的脆弱性；统计并分析异常行为模式的影响。

入侵检测系统就是对网络活动进行实时监测，该系统一般设计在防火墙后面，能够与防火墙、路由器等网络设备一起工作，用于检测局域网网段上的所有通信活动。主要工作包括：记录网络活动；禁止网络活动；重新配置系统；禁止来自防火墙外部的恶意流量；对用户进行审计分析等。

在信息系统中，信息、计算机和网络是不可分割的一个整体。信息的采集、处理、存储都是以计算机为载体的，而信息的共享、传送、发布则需要依赖于网络系统。所以，只要保障了计算机安全和网络系统安全，就可以保障信息安全。

4.3 信息安全管理

信息系统的安全管理部门应该制定相应的管理原则来保证信息系统在处理数据过程中的安全与保密，信息系统的安全管理原则包括：职责分离原则、多人负责原则和任期有限原则，如表4-9所示。

表4-9 安全管理原则

原　　则	说　　明
职责分离	通过职责分离可以使安全管理更专业更合理
多人负责	通过负责制度才能使安全管理更具体更有效
任期有限	通过有限任期可以使安全管理更实时更灵活

本节主要介绍风险分析、安全策略、系统防护、实时检测、应急响应和灾难恢复。

4.3.1 风险分析

网络安全是计算机用户对机器运行的基本前提，这不仅是局部安全问题，而是整个信息系统网络的安全问题，需要从多个方面进行全面的防护。实现任何防护之前，需要清楚知道安全风险的来源，对网络安全进行风险分析就应运而生。

对网络安全的风险分析也就是安全测试评估。通过安全测试评估可以掌握网络与信息系统的安全测试与风险评估技术，以便建立完整测评流程及风险评估体系，同时在进行安全测评时要强调等级保护原则。风险分析和安全测评的主要内容包括等级保护机制和完善指标体系两个方面。

1. 等级保护机制

等级保护机制要求在建立适应等级保护和分级测评机制的通用信息系统与信息技术产品测评模型、方法和流程时，要使用不同等级使用不同测评方法。首先，等级划分要符合等级保护原则，重点是对通用产品建立一个标准的风险分析流程；其次，要建立统一的测评信息库和知识库，以保证测评系统的统一性，甚至制定和使用相关的国家技术标准。

2. 完善指标体系

完善指标体系应该包含3个方面：制定定性和定量的安全测评指标体系、建立面向大型网络和复杂信息系统安全风险分析的模型与方法以及建立基于管理和技术的风险分析与评估流程。实际上，指标体系主要是进行抽象说明，而安全保障应该建立在具体控制机制上。

4.3.2 安全策略

安全策略的重点就是安全存储系统技术，主要目标包括两个方面。

(1) 通过使用海量数据的加密存储和检索技术,以便保障存储数据的机密和安全访问。

① 使用海量分布式数据存储设备,并要求具有高性能的存储访问和数据加密功能,以及建立数据在被非授权访问时的自毁方法。

② 使用海量存储器的高效密文数据检索。一方面,数据加密的基本目标是无规则化,并且根本看不到规则;另一方面,数据检索的基本目标是规则化,并有规律可循。所以,折中方法是数据加密要对检索操作提供支持,同时又具备较强的安全防护能力。

(2) 通过使用高可靠存储技术,以便保障海量存储系统中的数据是可靠的。

① 采用基于主动防御的存储安全技术。主动防御的技术包括:通过风险分析与评估、安全测评等技术对现行网络安全态势进行正确判断,并根据判断结果实施主动防御,这需要存储系统本身具有安全保护能力。而传统防御是在检测到非法入侵后,才对发现的问题进行响应,但破坏可能严重到不可修复的地步。主动防御将根据态势判断结果,对系统进行及时调整,以便提高系统自身的安全防护能力。

② 构建基于冗余模式的高可靠存储系统,使之具有故障监测、数据一致性保护、透明切换、实时处理等功能。所谓"高可靠存储系统"的实现技术就是可以使用数据冗余,一旦网络系统出现故障甚至崩溃,还可以利用冗余数据。

③ 制定安全的数据组织方法,选择合理的数据组织可以提供系统的安全。实际上,存储数据组织、数据备份和容灾技术的充分结合,将构成一体化的数据安全策略。

4.3.3 系统防护

系统防护是根据系统可能出现的安全问题而采取的预防措施,这些措施通常包括防火墙、数据加密、访问控制、身份认证、授权访问、虚拟专用网技术、安全扫描和数据备份。另外,系统防护还与网络系统的硬件平台、网络操作系统配置和网络应用软件互相关联,涉及许多安全措施。

(1) 要建立详细的安全审计日志,以便检测并跟踪恶意攻击、病毒危害等。

(2) 安装电子钱包、支付网关等软件时,要检查和确认是否存在安全漏洞。

(3) 要力求技术与管理相结合,使信息系统具有极小的穿透性。例如,可通过诸多认证后才能进行连接,并对进网数据必须进行安全审计。

4.3.4 实时检测

实时检测是一个网络防御体系完备有效的重要因素之一,强大完备的入侵检测体系可以弥补防火墙所用静态防御的缺陷。实时检测就是对来自外部网络的各种行为进行统计分析,及时发现各种可能的恶意攻击行为,并采取适当措施进行防范。

实时检测的工作原理如下:首先将入侵检测引擎接入到网络系统的中心交换机上,使入侵检测系统集网络监视、入侵检测和网络管理三大功能于一身,能够实时捕获内部网络与外部网络之间的全部传输数据。实时检测将充分利用系统内含的攻击特征库,使用攻击特征匹配、动态智能分析等方法,检测网络系统中发生的任何入侵行为和异常操作。

4.3.5 应急响应和灾难恢复

一方面，网络管理员可以对在数据库系统中记录的相关事件进行分析；另一方面，若系统发出报警，则网络管理员应该能够及时采取处理措施。

一个完整有效的网络安全体系，只有“防范”和“检测”两种措施是完全不够的，还应该具有灾难容忍和系统恢复方面的功能。由于任何一种网络安全体系都不可能做到十全十美，错误不可能完全避免。如果出现安全方面的漏检和漏防情况，则将造成极其严重的后果。另外，像有些天灾人祸（如地震）也会对信息系统造成灾难性破坏。

综上所述，这就要求系统在发生灾难性破坏时，系统和系统中的数据能够快速地恢复，从而保护网络信息系统安全。目前所用灾难恢复技术分为基于数据备份的灾难恢复技术和基于系统容错的系统容灾技术两种。

1. 基于数据备份的灾难恢复技术

数据备份是数据保护的最简单方法，也是数据安全的最后屏障，任何数据备份的闪失都将造成无法弥补的损失。其工作原理是，实现数据容灾经常需要使用两个磁盘，且两者之间应该建立磁盘复制机制，并且一个磁盘放在本地，另一个磁盘放在异地。其中，本地磁盘供本地备份系统使用，异地磁盘（即容灾备份磁盘）实时复制本地磁盘中的数据。两者之间使用IP地址进行连接，从而构成完整的数据容灾系统。实际上，数据容灾是通过IP地址容灾技术来保证数据的安全。但是，在网络通信时任何有关离线介质的传送安全并不能得到保证。

2. 基于系统容错的系统容灾技术

系统容错技术一般可以使用系统级别集群技术，它通过对系统整体冗余和容错来预防任何系统部件引起的故障和死机问题。集群系统包括：本地集群网络、异地集群网络、双机备份等，可以提供各种系统可用性和容灾性。

4.4 信息安全的道德与法规

在信息社会里，从事信息活动必须遵守相应的行为准则，用户要自觉地用信息道德标准来约束和规范所有的操作行为，保证信息活动与信息社会整体目标一致，并主动承担相应的社会责任和义务。

信息道德的评价内容包括，理解影响信息资源的社会和政治问题，遵守知识产权中的“合理使用”规则并尊重原作，遵守国家在信息与信息技术方面制定的相关政策、法律和道德规范，在获取和使用信息资源时能遵守法规政策以及约定俗成的一些规范。

4.4.1 信息安全道德

道德属于哲学研究的一个分支，表示一个社会调整人际之间和人与社会之间关系的行为规范。道德常与正义与非正义、善与恶、公正与偏私、诚实与虚伪等概念紧密相关，并据此来评价人的各种行为和调整人际之间的关系。道德行为是基于伦理价值而建立的一套行为处世的方法以及各种教育和社会舆论的约束,使人们在内心形成许多与主流社会一致的精神信念和生活习惯。

要保证信息安全,在道德范畴可以从3个方面进行规范,即企业道德准则、计算机专业人员道德准则和计算机用户道德准则。

1. 企业道德准则

企业的道德准则包括:保护数据不丢失并应当经常备份,受保护的数据不被滥用或出错,尽量保持数据的完整和正确,及时更正数据错误。

2. 计算机专业人员道德准则

计算机专业人员的道德准则包括以下几点:为社会进步和人类幸福做贡献,成为一个诚实的公民,不有意或无意地伤害他人,尊重他人的知识产权和隐私权,使用他人的知识产权应征得他人同意并注明,要公平、公正地对待他人,不泄露单位机密,等等。

3. 计算机用户道德准则

计算机用户的道德准则包括以下几点:不编制或故意传播计算机病毒;不使用、不传播盗版软件;不模仿计算机"黑客"的行为;不进行未经授权的计算机访问;使用互联网时要自律,不阅读、不复制、不制作妨碍社会治安和污染社会环境的暴力、色情等信息;树立良好的信息安全意识;积极、主动、自觉地学习和使用现代信息技术。

【例4-3】 美国计算机协会制定的"计算机伦理规范10条"。

"计算机伦理规范10条"俗称"十戒",具体内容如下。

(1) 不应该用计算机去伤害他人;

(2) 不应该去影响他人的计算机工作;

(3) 不应该窥探他人的计算机文件;

(4) 不应该用计算机进行偷盗;

(5) 不应该用计算机作伪证;

(6) 不应该复制或使用没有购买的软件;

(7) 不应该使用他人的计算机资源,除非得到准许或者作出补偿;

(8) 不应该剽窃他人的智力产品;

(9) 应该注意应用程序和设计系统所产生的社会效应;

(10) 应该注意,使用计算机时是在进一步加强对他人的理解和尊敬。

4.4.2　信息安全法律法规

随着全球信息化进程和信息技术发展,信息化各种应用在持续提高,信息安全显得非常重要。目前,信息安全形势严峻:一方面频繁出现信息安全事件,这些安全事件造成了灾难性后果;另一方面,信息安全问题本身出现多样化、复杂化、系统化等特点,用户需要解决的信息安全问题日益增多,同时解决安全问题所需手段不断增加。所以由国家制定各种信息安全法规可以确保计算机信息网络安全,尤其是作为国家重要基础设施的信息系统安全至关重要。

1. 信息安全法律法规

为尽快制订适应和保障我国信息化发展的计算机信息系统安全总体策略，全面提高安全水平，规范安全管理，国务院、信息产业部、公安部等从 1994 年开始制定发布了一系列信息系统安全方面的法律和行政法规，以便管理和指导社会各界进行信息安全工作，如表 4-10 和表 4-11 所示。

表 4-10 法律

年 份	法 律
2016	中华人民共和国网络安全法
2015	中共中央国务院印发《法治政府建设实施纲要(2015—2020 年)》
2015	《刑法修正案(九)》修改扰乱无线电通信管理秩序罪
2015	中华人民共和国电子签名法(2015 年修正)
2005	全国人民代表大会常务委员会关于维护互联网安全的决定

表 4-11 行政法规

年 份	行 政 法 规
2016	互联网上网服务营业场所管理条例
2016	中华人民共和国电信条例
2016	《电信和互联网用户个人信息保护规定》(工业和信息化部令一第 24 号)
2016	全国人民代表大会常务委员会关于加强网络信息保护的决定
2016	网络出版服务管理规定
2012	国务院关于大力推进信息化发展和切实保障信息安全的若干意见
2010	通信网络安全防护管理办法

2. 国内现状

制定严格的法律法规将使许多行为有法可依，有章可循，从而防范计算机犯罪。面对日趋严重的网络犯罪，必须建立和制定与信息安全相关的法律法规，使犯罪分子慑于法律的威严，不敢轻举妄动。例如，于 1997 年 3 月由中华人民共和国第八届全国人民代表大会第五次会议修订的新刑法《中华人民共和国刑法》中，首次界定计算机犯罪，该法第二百八十五条、第二百八十六条、第二百八十七条以概括列举的方式分别规定非法侵入计算机信息系统罪、破坏计算机信息系统罪、利用计算机实施金融犯罪等。

(1) 已初步建立信息安全的法律体系，但在全面化、有效性、可操作性等方面还需要完善。据统计，截至 2008 年，我国共制定与信息安全相关的法律 65 部，内容主要涉及信息内容安全、信息安全系统与产品、网络信息系统安全、计算机病毒与防治、金融、保密管理、密码管理等方面。从形式上来看，含法律决定、法规性文件、行政管理法规、部门规章及相关文件、地方性法规、地方政府规章与相关文件、司法解释及文件等层次。尽管我国在与信息安全相关的司法制度和行政管理体系方面取得许多成果,但与欧美等先进国家相比较,在全面化、有效性、可操作性方面等方面还存在很大的差距。

(2) 信息安全的标准体系没有完全形成,目前的标准体系主要是由基础标准、技术标准和管理标准等组成的。例如,我国信息技术安全标准化技术委员会主持制定的信息安全国家标准,分别对安全检测手段、信息安全的软件与相关硬件、施工技术要求、行政管理措施等方面制定数十个标准。但总体而言,我国的信息安全标准体系仍处在持续发展和完善阶段。美国信息安全政策体系值得学习和借鉴,其主要内容包括:由商务部、国防部、审计署、预算管理等部门各司其职,形成完整的风险分析、评估、监督和检查问责的工作机制;并制定对军政部门、公共部门、私营企业等领域的风险管理政策和操作指南,形成军、政、学、商各方面分工协作的风险管理体系。

习 题 4

一、简答题

1. 什么是信息?简述信息的主要性质。
2. 什么是信息安全?简述信息安全的主要内容。
3. 简述信息安全的5个基本要素。
4. 简述信息安全的主要威胁。
5. 什么是计算机病毒?简述计算机病毒的5大特征。
6. 简述计算机病毒的4种基本类型。
7. 什么是数据加密?简述移位加密法和替换加密法的算法思想。
8. 什么是对称密码系统?简述其主要特点。
9. 什么是非对称密码系统?简述其主要特点。
10. 简述《信息安全等级保护管理办法》中关于信息系统安全划分的5个级别。
11. 什么是安全审计?简述安全审计涉及的4个要素。
12. 网络安全威胁主要来自哪3个方面?
13. 什么是木马病毒?简述木马病毒的5种形式。
14. 什么是防火墙?简述防火墙的三大技术。

二、上机题

1. 检查一台计算机中的Windows 10系统是否设置防火墙,若没有则进行设置。
2. 在一台计算机中重新安装Windows 10系统,并进行网络安全设置。
3. 选择一款反病毒软件,介绍其反病毒原理和操作过程(含截图),字数在600~800字。
4. 在网上查找国内的信息安全法律法规,思考国家为什么要制定这些法律法规。
5. 在网上查找一个信息安全的应用实例,并给出评价。

第5章　电子商务

教学目标

（1）了解电子商务的基本概念；

（2）熟悉电子商务系统的内容及运作方式；

（3）了解电子商务的软、硬件支撑平台；

（4）了解电子商务的安全技术；

（5）熟悉与电子商务有关的法规；

（6）掌握开展电子商务的基本方法。

电子商务是在网络通信技术和经济非常发达的现代社会中，掌握信息技术和商务规则的人运用电子工具，高效率、低成本地从事以商品交换的各种活动的总称。它强调人在商务活动中的主体地位，将环境、人、劳动对象等有机地联系起来，极大地提高了商务过程中的效率。本章主要介绍电子商务的基本概念、软硬件支撑平台和开展电子商务的基本方法。

5.1　电子商务的相关知识

本节主要介绍电子商务的定义和特点，以及国内外电子商务的发展现状及前景。

5.1.1　电子商务的概念

在介绍电子商务之前，先来分析一个真实事件。早在2006年初，加拿大青年麦克唐纳经历近一年时间在全美各地来回奔波交换物品后，用一个回形针换到一套住房的一年居住权。具体“换物”过程是由一个30cm长的红色回形针开始，先后换取钢笔、门把手、烤炉、发电机、啤酒、摩托车等，最后用一份唱片合约换到美国亚利桑那州一套住房的一年居住权。通过这个故事可以发现，没有互联网技术和电子商务是不可能实现的。

【例5-1】 换物网。

使用换物网非常方便，可免费注册，免费领券，无须软件下载与安装，直接利用邮箱激活即可，主页如图5-1所示。

电子商务一词由“电子”和“商务”合成而得。实际上，“电子”是实现“商务”活动的工具和手段，“商务”是先进“电子”工具得以利用的结果。电子商务并非是一个简单的技术

图 5-1　换物网

或商业概念，而是现代信息技术和商业技术的完美结合。

目前，电子商务（Electronic Commerce）通常是指在全球商贸活动中，基于互联网的浏览器与服务器应用模式，实现买卖双方非面对面的各种商贸活动，如消费者的网上购物、商户间的网上交易、在线电子支付、客户服务、货物递交等，以及各种商务活动、交易活动、金融活动和相关综合服务活动的一种新型商业运营模式。电子商务可以划分为两种，即狭义电子商务和广义电子商务。

狭义电子商务是指以互联网技术为基础进行的物品和服务交换，包括利用互联网从事的各种商务活动，即电子交易（E-Commerce）。

广义电子商务是指一切使用电子工具从事的商务活动，这些电子工具包括电报、电话、广播、电视、传真、计算机、计算机网络、国家信息基础结构（NII）、全球信息基础结构（GII）、互联网等，即电子商业（E-Business）。

5.1.2　电子商务的特点

电子商务与传统商务不同，其特点主要体现在全球性、便捷性、集成性、安全性和依赖性等方面，如表 5-1 所示。

表 5-1　电子商务的特点

特　点	说　　明
全球性	通过互联网使电子商务跨越地域限制，任何企业和个人只要上网就可以实现全球范围内的商务活动
便捷性	基于互联网的商务活动非常便捷，人们可以将“思维速度”通过“操作速度”来进行商务活动

续表

特　点	说　　明
低成本	没有店面租金、商品库存、销售人员、营销投入等开销
虚拟性	互联网使商务活动在一个虚拟世界中实现，对传统商务概念进行全面冲击。商家不在卖场内经营，消费者也不会面对商场柜台，而是显示器上显示的商品信息
集成性	一方面，电子商务集成网上广告、市场调查、市场分析、订购商品、生产安排、物流配送、电子支付、客户服务等商务活动；另一方面，电子商务还将企业、分销商、用户、银行、海关部门、税务部门等商务主体集成起来
安全性	在保障电子商务安全的基础上，才能使电子商务得到快速发展。例如黑客攻击、病毒侵害、网上盗窃等安全问题，是可以通过技术措施进行防范的
依赖性	电子商务的实现基础是互联网，没有网络架构是不能实现电子商务的
服务性	利用互联网可以使客户得到更好的售后服务，使企业能够实现自动商务处理

5.1.3 国内外电子商务的发展现状及前景

1. 国内电子商务的发展现状

国内电子商务从1997年开始至今已经度过23年，其中经历3个发展阶段。

1）第一阶段

在电子商务发展过程中，是先有电子商务思想，后有电子商务应用。“思想启蒙”就是IBM、Microsoft、Dell等计算机厂商完成的，“商务需求”则是互联网和电子商务技术相互促进的结果，进而引领国内电子商务的应用与发展。在1997年后的数年内，国内电子商务的参与者正是一些计算机厂商，如联想、北大方正、清华同方等。

2）第二阶段

经过电子商务的“思想启蒙”，激发人们的电子商务需求。在2000年后的数年内，这一阶段以网站为主要特征的电子商务服务商大量出现，成为国内电子商务最早的应用者。

3）第三阶段

随着电子商务应用与发展的进一步深化，以网站为主的电子商务开始走下坡路。另一方面，大量的传统企业开始进入电子商务领域。实际上，国内电子商务从2001年开始进入以企业为主的电子商务。

近年来，国内电子商务发展迅猛。据2018年1月31日公布的《第41次中国互联网络发展状况统计报告》统计，2017年全国电子商务交易总额已经超过71751亿元，比上年度增长6%。国内网络购物同样发展迅速。

2. 欧美国家在电子商务开展前的现状

欧美国家电子商务能够飞速发展的因素包括极高的电脑普及率、高效的物流配送体系和完善的信用保障体系。

电脑普及率高。欧美国家的电脑普及率非常高，网民人数占总人口的2/3以上，尤其是青少年，几乎全部都是网民。较强的购买能力和庞大的网民群体为电子商务的开发和发展创造了良好的环境。

物流配送体系健全。欧美国家的物流配送体系非常完善，尤其近年来出现许多大型的第三方物流公司，使任何地区的网民能够在网络购物的当天或数天内，就可以收到商品。例如，美国联邦快递、联邦包裹快递等大型物流公司，专门负责为众多商家把各种商品送到顾客手中。

信用保障体系完善。欧美国家普遍实行信用卡消费制度，建立了完善的信用保障体系，这就为电子商务的网上支付提供了操作基础。大多数欧美国家的信用保证业务已经有数十年的历史，人口可以自由流动。另外，欧美人普遍将个人信用看成是自己的第二生命，很少贪小利失大义。例如，在网上购物时，欧美人一般会在购买商品时直接输入自己的用户名和密码，并将信用卡中的电子货币划拨到商务网站上，网站在确认到款后，立即就进行送货。

3. 电子商务的发展过程

电子商务的发展过程经历 3 大阶段，即电子邮件阶段、信息发布阶段和电子商务阶段，如表 5-2 所示。

表 5-2 电子商务的发展过程

阶　段	说　明
电子邮件阶段	从 20 世纪 70 年代开始，通信规模每年按数倍速度增长
信息发布阶段	从 1995 年起，以 Web 技术为代表的信息发布开始快速成长起来，最终导致互联网的广泛应用
电子商务阶段	电子商务是划时代的创新，也是互联网的重要应用之一。另一方面，随着互联网技术的完善，互联网将成为电子商务普及到千家万户的操作平台

4. 欧美国家电子商务的发展过程和前景

早在 20 世纪 70 年代，美国运输业就开始使用电子数据交换(EDI)和电子资金传送(EFT)，并在 1975 年发布第一个 EDI 标准，随后美国加利福尼亚银行又提出 EFT 标准。1970 年，美国银行家协会开发无纸金融信息传递的全国结算系统，并提出相应的行业标准。

电子数据交换和电子资金传送使用的是计算机网络，即属于局域网技术的专用网络或增值网络，建网难度较高，操作费用不菲。随着互联网的出现，使电子商务活动成为可能。互联网发展如此迅速，是任何人始料不及的。同样，将来的电子商务活动也是任何人都不能想象的。

电子商务业务在欧美国家中非常流行，例如法、德两国的电子商务营业额已占商务总额的 1/4，而美国则高达 1/3。早在 1995 年，美国在线、雅虎等电子商务公司就开始盈利，目前的亚马逊、戴尔、IBM、沃尔玛等公司利用电子商务也从中获得巨额利润。

5. 电子商务发展前景

1) 商家对商家电子商务发展前景

企业对企业（俗称 B2B）电子商务发展趋势应该是产品和服务的创新，早期 B2B 模式仅提供供求信息和在线交易。但是，现在的客户需求已经发生变化，这就需要 B2B 模式具有新颖化的服务质量和人性化的产品性能。例如，慧聪网通过不断发展同盟和合作伙伴，并组织各种展会为会员提供服务。

2）商家对客户电子商务发展前景

企业对客户（俗称 B2C）电子商务的发展趋势使得很多的企业开始建立网站，并通过互联网来销售商品，宣传企业品牌，进行网站推广，实施网络营销。例如，美国戴尔公司加强地区性的现场推广，将在线交易和线下销售相结合，事实证明效果显著。

3）客户对客户电子商务发展前景

客户对客户（俗称 C2C）电子商务的发展趋势应该是向精细化和区域化发展，使全国所有城市均能够进行 C2C 商务活动。它的好处是规模小、交易平台灵活和可信度高。

5.2 电子商务的主要功能及工作模式

本节主要介绍电子商务的功能、交易模式和工作流程。

5.2.1 电子商务的功能

1. 电子商务的功能

互联网具有全球性、低成本、开放性、高效率、高速性等特点，使电子商务开启新的贸易形式。电子商务利用简单、快捷、低成本的通信网络，使买卖双方在虚拟世界中地进行各种商务活动。这不仅将改变企业的管理、生产、经营、销售等活动，而且还将改变整个社会的经济制度和运行方式。

电子商务的主要功能如下。

（1）电子商务将促进电子政务快速发展。一方面电子政务有利于政府转变职能，提高管理效率，如网络办事、电子政府、网上税务、网上政府采购、政务公开等；另一方面，电子商务必将降低行政开销，促进政府提高服务效果。

（2）电子商务是将传统的商务流程进行电子化和数字化实现的，一方面用电子流代替实物流，可以减少人力物力和降低成本；另一方面突破时空限制，使得商务活动可以在任何时间和地点进行，极大地提高了效率。

（3）电子商务改变了传统的商品流通模式，使生产者和消费者能够直接进行交易，从而极大地改变整个社会的经济制度和运行方式。

（4）电子商务所具有的开放性、服务性、全球性等特点，为企业创造了更多的商务机会。

（5）电子商务让企业能够以低成本进入全球电子化市场，使得中小企业可以和大企业拥有一样的信息资源，从而提高中小企业的竞争能力。

（6）通过信息化、自动化、网络化和智能化，电子商务为物流企业提供了良好的操作平台，极大地节约了社会总交易成本。同时，通过互联网可以方便物流信息的收集和传递。

2. 电子商务的直接功能和间接功能

电子商务的主要功能可以分为直接功能和间接功能两方面。

1）电子商务的直接功能

电子商务的直接功能包括提高商务效率、节约商务成本和提高服务质量。

（1）提高商务效率。电子商务在互联网中实现对时空限制的突破，使得商务活动可以在任何时间和地点进行，从而极大地提高效率，尤其是对于地域广阔但交易规则相同的商务活动。

（2）节约商务成本。电子商务通过商务流程的电子化与数字化、互联网的无限时空等，都将极大地降低商务沟通、非实物交易、时间耗费等方面的成本。

（3）提高服务质量。电子商务有利于进行经济或商务活动的管理和控制，可以将政府、企业、个人有机结合起来，通过克服"政府失灵""市场失灵"等问题来提供优质服务。

2）电子商务的间接功能

电子商务的间接功能包括促进整个国民经济和世界经济高效化、节约化和协调化；带动信息产业，知识产业和教育事业等一大批新兴产业的发展；物尽其用、保护环境，有利于人类社会可持续发展。作为一种商务活动过程，电子商务将带来一场史无前例的经济革命。虽然，电子商务还属于新生事物，但影响深远。除上述影响外，电子商务还将对经济制度、法律制度、教育制度、文化生活、就业模式等带来巨大的影响。如果说互联网使人类"进入"信息社会，那么电子商务将人类真正"融入"信息社会。

5.2.2　电子商务交易模式

电子商务按参与者主体之间的关系可以分为 3 种：企业对企业的电子商务、企业对客户的电子商务和客户对客户的电子商务。

1. 企业对企业的电子商务（Bussiness to Bussiness，俗称 B2B）

企业对企业的电子商务又称为商家对商家的电子商务，是指企业与企业之间通过互联网进行商品、服务和信息的交换。即进行电子商务交易的供需双方都是企业、商家或公司，并使用互联网技术构建的各种商务网络平台，实现商务交易活动。包括发布商品信息、订货、确认订货、支付货款、签发票据、确定配送方案、监控配送过程、传送商品、接收商品等。B2B 电子商务包括的功能如表 5-3 所示。

表 5-3　B2B 电子商务的功能

功　能	说　明
销售管理	进行商品推广、网上订货、客户档案管理等
文档管理	安全及时地传递交易文档、订单、发票等商务文件信息
供应管理	减少供应环节和供应商数量，减少订货成本和周转时间，用较少人员实现较多订货
库存管理	缩短"订货→运输→付款"环节，合理安排库存，促进商品周转，消除存货不足和存货过多的问题
支付管理	实现网上电子货币的支付操作

在中国目前提供B2B业务的网站非常多，例如阿里巴巴、慧聪网、瀛商网、中国制造网、敦煌网、中国化工网、鲁文建筑服务网等。

【例 5-2】 阿里巴巴网站（www.1688.com）。

阿里巴巴网站的快速发展引起全球电子商务研究者的高度关注，其B2B发展模式与雅虎的门户网站模式、亚马逊的B2C模式和eBay的C2C模式并列，被称为“互联网的第四模式”。作为全球B2B电子商务的著名品牌，它也是目前全球最大的网上贸易市场，多次被相关机构评为全球最受欢迎的B2B网站（图5-2）。

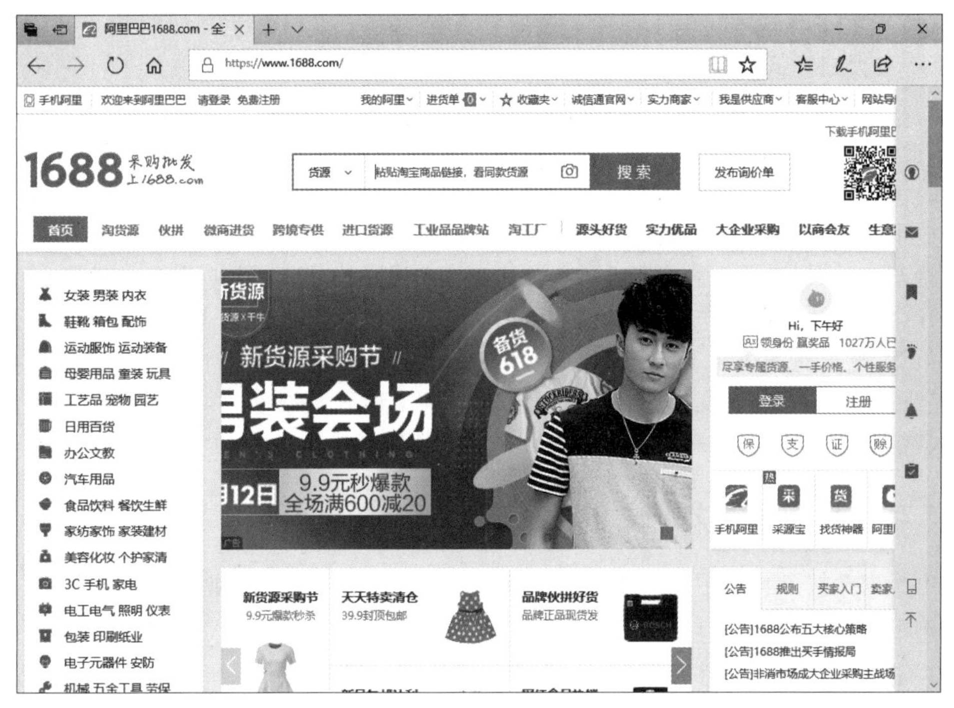

图 5-2　阿里巴巴网站主页

2. 企业对客户的电子商务（Bussiness to Customer，俗称B2C）

企业对客户的电子商务模式是国内最早出现的电子商务模式，它是指直接利用网络实现商品流通与零售，例如电子商店、网上订货等。

【例 5-3】 IBM网上商城（www.ibm.com）。

IBM（国际商业机器公司）的总公司位于美国纽约州阿蒙克市，1911年创立，是全球最大的信息技术和业务解决方案提供商。目前，IBM拥有全球雇员20多万人，业务遍及160多个国家和地区。软件产品包括DB2、Lotus、Rational、Tivoli、WebSphere 5大家族；服务器产品包括基于Intel架构的服务器xSeries、基于AMD架构的服务器、BladeCenter服务器、UNIX服务器pSeries、中型企业级服务器iSeries和大型主机zSeries；专业图形工作站产品包括APro系列、MPro系列、Zpro系列和T221超高分辨率平面显示器；其他产品还有ACS先进布线系统、IBM电源解决方案产品目录、Cisco产品等。

在IBM官网目前开通了解决方案、服务、产品、支持与下载等栏目，如图5-3所示。

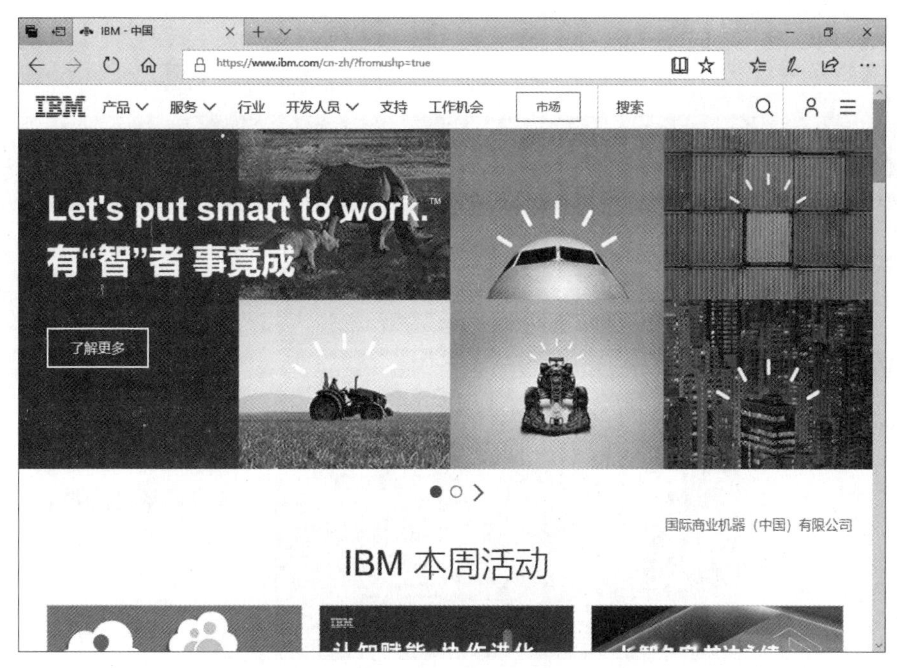

图 5-3　IBM 网上商城

3. 客户对客户的电子商务(Customer to Customer,俗称 C2C)

客户对客户的电子商务系统主要体现为网上商店,例如淘宝网、易趣网等是目前流行的在线交易平台。这些交易平台为客户提供在网上开店的机会,使得越来越多的人进入其中。

【例 5-4】 淘宝网(www.taobao.com)。

淘宝网是国内最大的网络销售平台,由阿里巴巴集团于 2003 年 5 月创建,如图 5-4 所示。淘宝网提供 B2C 和 C2C 两种电子商务模式。截止 2018 年 2 月,淘宝网注册会员超过 3.7 亿人。目前,开通栏目包括淘宝定制商品、特色服务、淘宝店铺、淘宝商城、淘江湖、淘心得、淘宝打听、淘宝信用评价体系等。淘宝的商品数目巨大,分类齐全。

5.2.3 电子商务工作流程

电子商务是在传统商务基础上发展而来的,所以电子商务只是将商务活动"电子化"而已,同时增加许多近代商务功能。

1. 传统商务过程

在讨论电子商务的工作流程前,首先考察传统商务的工作流程。

传统商务中买方的工作流程包括确定需求、选择满足需求的产品或服务供货商、交易谈判、交易、支付货款、要求售后服务。

传统商务中卖方的工作流程包括市场调查、制造满足市场需求的产品或服务、产品宣传、促销、交易谈判、交付产品、接收货款、提供售后服务。

图 5-4 淘宝网

2. 电子商务过程

（1）电子商务中买方的主要流程。电子商务中买方的主要流程如图 5-5 所示。

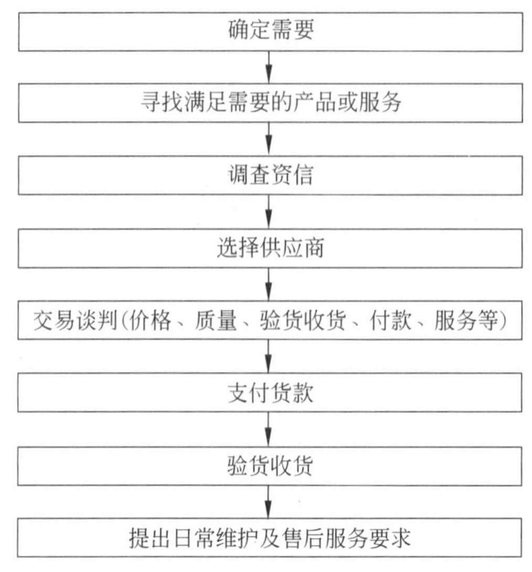

图 5-5 电子商务中买方的主要流程

（2）电子商务中卖方的主要流程。电子商务中卖方的主要流程如图 5-6 所示。

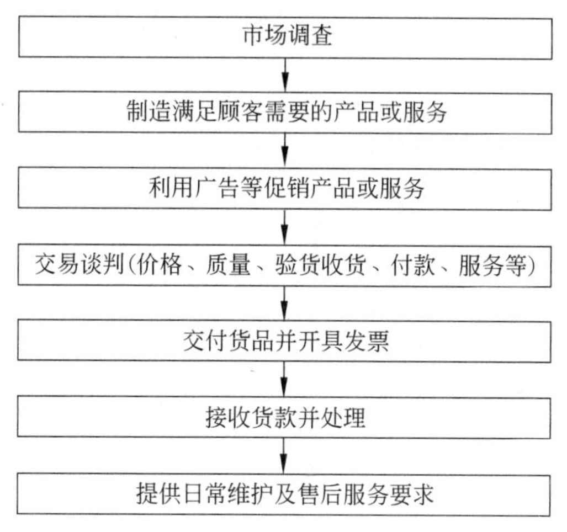

图 5-6　电子商务中卖方的主要流程

2. 电子商务的基本工作流程

电子商务过程一般分为交易准备、贸易磋商、合同签订和合同执行 4 个阶段,这 4 个阶段与传统商务过程是一致的。只不过,电子商务充分利用互联网的强大功能,成为现代社会的主要交易方式。

(1) 交易准备阶段。交易准备指买卖双方和参加交易各方在签约前的准备活动。例如在 B2B 商务活动中,交易准备就是购货商与供货商通过互联网寻找贸易伙伴的过程。在现代商贸交易过程中,交易前的准备就是卖方如何宣传商品和买方如何获取商品信息的过程。互联网正好为宣传商品和获取商品信息提供了强有力的工具和手段,比传统商贸交易过程中通过电视、电台、报纸等进行广告宣传更有效更方便。

通过互联网,卖方可以建立商品信息的"网站"或"网页",以便让买方浏览或主动查找商贸伙伴。买方也可以通过互联网,坐在家中搜索相关商品信息或通过自己的"网站"或"网页"发布商品需求信息,如图 5-7 所示。

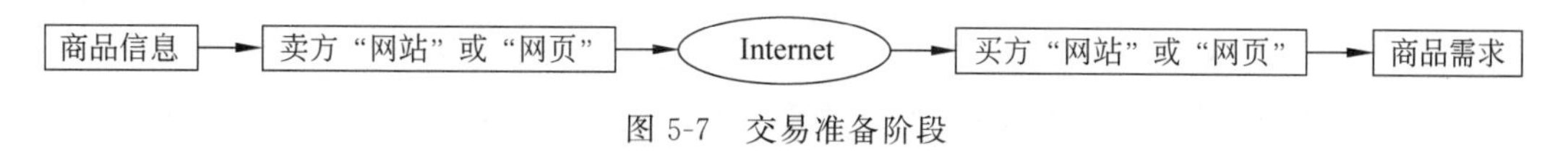

图 5-7　交易准备阶段

(2) 贸易磋商阶段。贸易磋商指买卖双方对全部交易细节进行谈判,将双方磋商的结果以文件形式确定下来,即要以书面文件形式和电子文件形式签订贸易合同。显然,这些都是可以利用互联网来完成的,如图 5-8 所示。

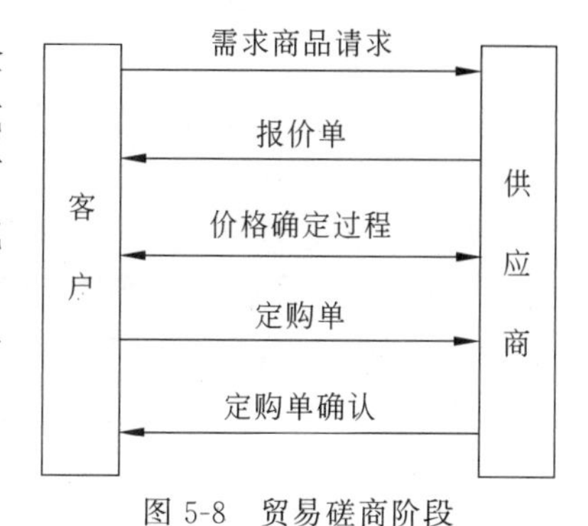

图 5-8　贸易磋商阶段

(3) 合同签订阶段。合同签订阶段指贸易双方通过互联网签订电子合同,并经过严格确认的过程。另外,银行需要处理客户和商家之间的交易收付款问题,也需进行严格审核。所有这些操作都要通过认证机构进行。例如认证机构需要确认交易双方的身份、供应商信誉度、客户支付能力、支付手段等，如图 5-9 所示。

（4）合同执行阶段。电子合同生效后，卖方必须按合同规定利用互联网进行物流配送和按时交付货物，买方必须按合同规定支付款项，如图 5-10 所示。

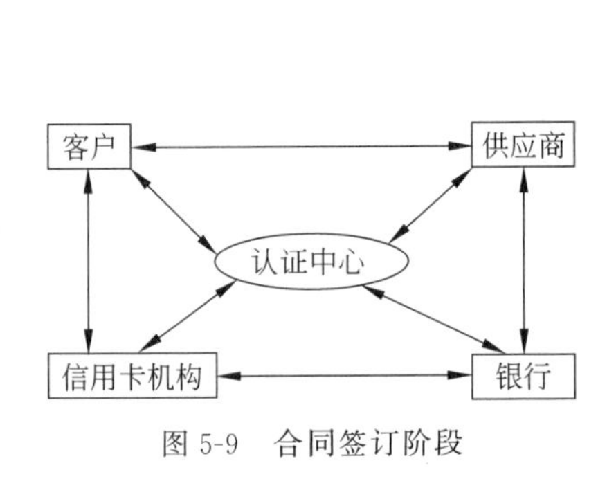

图 5-9　合同签订阶段

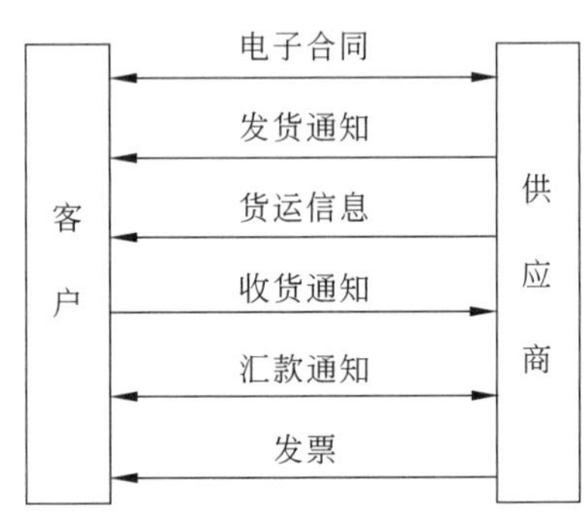

图 5-10　合同执行阶段

综上所述，参与电子商务的四方是商家、客户、认证中心和银行，其间还可能涉及中介机构、海关、保险公司、税务机构、物流企业等。

5.3　电子商务运行平台

电子商务的运行平台包括门户网站平台，仓储管理及配送系统，金融工具，下面分别进行介绍。

5.3.1　门户网站平台

1. 门户网站

门户网站是互联网的必然产物，内含许多信息和服务资源。早期的门户网站通常提供搜索引擎、目录服务、免费邮箱等业务，现在的门户网站则可以提供网络游戏、网络新闻、免费网页空间、聊天室、电子公告牌、影音资讯、电子商务、网络社区等。国内目前著名门户网站包括新浪、搜狐、网易、腾讯等，相应的网络地址如表 5-4 所示。

表 5-4　门户网站

门户网站	网　址
新浪	www.sina.com
搜狐	www.sohu.com
网易	www.163.com
腾讯	www.qq.com

门户网站概念一般可以分为两种，即狭义门户网站和广义门户网站。其中，狭义门户网站是指通向某类综合性网络信息资源，并提供相关信息服务的应用系统；广义门户网站是将各种应用系统、数据资源和网络资源集成到一个信息管理平台中，并提供统一的用户操作界面。

2. 行业门户网站

所谓行业门户是针对指定行业而构建的大型计算机网站，其中包括该行业的相关企业、产品、商机、资讯、服务等信息。

在电子商务领域中，门户网站作为一个应用框架，可以让企业快速地建立企业与客户、内部员工、其他企业、政府机构的信息通道。网络用户可以通过行业门户网站获取该行业的各种商品信息，所以行业门户网站是指定行业信息与电子商务交流的入口。

行业门户网站一般分为两种，即经营性行业门户网站和非经营性行业门户网站。其中，经营性行业门户网站通常通过各种市场与营销手段来发展业务，目标是为用户提供互联网和电子商务交易方面的服务；而非经营性行业门户网站通常只提供咨询和检索功能。

3. 垂直行业门户网站

所谓垂直行业门户网站是指专注于某一行业（或领域或地域）的专用网站，如信息技术、网络游戏、休闲娱乐、体育运动、西部经济等。它与传统门户网站不同，绝不会使链接内容过于宽泛，涉及各行各业，而是只专注一个行业。一方面，垂直网站追求的是小而精，他们只做熟悉且专业的领域，吸引用户是通过做得更专业、更权威、更精彩实现的。另一方面，光顾垂直网站的用户也不可能是普通用户。他们本身就是该行业的固定消费者，其购买力比光顾综合网站的用户高许多。

在现代信息社会中，建立网站并非追求时尚或博取名声，而是要通过互联网宣传企业品牌、开拓产品市场和提供优质服务，同时降低企业生产、管理、交易、服务等方面的成本，以提升企业的核心竞争力。事实证明，只有将互联网技术同企业的管理体系、生产流程、商务活动等有机结合起来，才能适应信息社会的发展需要。

5.3.2　仓储管理及配送系统

1. 仓储管理

（1）仓储管理概念。仓储一词是由两个具有独自意义的单字构成的。其中，“仓”表示具有存放和保护产品功能的仓库，它是存放产品的建筑物和场地的总称，如房屋建筑、大型容器等；“储”表示存储有形产品以备将来使用，具有收存、保管、交付使用的意思。简言之，“仓储”是利用仓库存放和存储物品的行为。

所谓仓储管理就是对仓库与仓库内产品进行的管理，是仓储机构为充分利用所具有的仓储资源、提供高效仓储服务所进行的计划、组织、控制和协调过程。仓储管理的主要内容如图 5-11 所示。

订货与交货 → 进货与交货检验 → 仓库内保管 → 装卸作业 → 场所管理 → 备货作业

图 5-11　仓储管理的主要内容

产品在仓储过程中的组合方法、配载结构、流通包装、成组安排等活动，其目标都是要充分利用运输工具，提高装卸效率，从而降低运输成本。优质仓储管理能够有效地保管和养护商品，减少商品换装与流动，减少仓储作业次数，并进行准确的数量控制。

（2）仓储管理活动。企业仓储活动可以使用3种类型，如表5-5所示。

表5-5 企业仓储活动类型

类　型	说　明
租赁公共仓库式仓储	租赁具有营业性服务的公共仓储来进行存储
自有仓库式仓储	由于租赁公共仓储有许多约束，有条件的企业可以利用自有仓库进行仓储活动
合同制式仓储	充分利用合同仓储公司提供的高效、专业和准确的分销服务进行存储

仓储业务的主要内容如图5-12所示。

签订仓储合同 → 验收货物 → 办理入库手续 → 货物保管 → 货物出库

图5-12 仓储业务的主要内容

（3）仓储管理的主要任务。仓储管理的主要任务包括如下7条：

① 以满足社会需要为原则开展商务活动，以提供优质服务为宗旨；

② 以高效率低成本为原则组织仓储生产，以获得最大的经济效益；

③ 以高效率为原则组织管理机构，实际上仓储管理就是效率管理；

④ 以质量可靠、优质服务、高性价比、讲信用等来建立企业形象；

⑤ 通过网络化、制度化、科学化等现代先进手段来提高管理水平；

⑥ 从制造能力、信息技术、管理水平到精神领域来提高员工素质；

⑦ 利用市场经济手段获得最大的仓储资源配置的合理性和系统性。

仓储管理的具体包括完善进货管理和出货管理的细节；定期对货物分类进行盘点；按编号合理安排货物的仓位，以方便进货、出货和盘点；对有保质期要求的货物做好到期预警管理。实际上，做好仓库管理工作，也是提高电子商务经济效益的重要方面。

2. 物流配送

物流配送是电子商务应用中的重要环节，是网上交易成败的关键。只有通过物流配送系统大力支持，才能保证电子商务活动的顺利进行。

（1）配送的概念。所谓配送是指在一个合理的经济区域内，根据客户要求对物品进行拣选、加工、包装、分割、组配等作业，最终按时送达指定地点的物流活动。配送可以分为一般配送和特殊配送，一般配送是将装卸、包装、保管、运输等集于一身，通过一系列活动将货物送达到客户手中；特殊配送是在一般配送的基础上提供其他特殊服务。

配送是商流与物流的紧密结合，既包含商流活动又包含物流活动。

① 配送的商流活动。如果说物流是将商与物分离开来，则配送是将商与物结合起来。虽然在具体实施配送时也有以商物分离情况出现，但从配送发展趋势来看，商流与物流的结合越来越紧密，这也是配送成功的重要保障。

② 配送的物流活动。配送与物流功能紧密相联，是物流的缩影，但是电子商务下配送的主体活动与传统物流却有很大区别，传统物流主要是合理保管下的运输，而配送则主要是分拣、配货下的运输。当然，实现配送的主要手段还是以送货为目的的运输过程。

配送概念的主要内涵包括配送结合、合理区域和物流服务3个方面。

① 配送结合。配送活动要尽量做到“合理地配”和“高效地送”。其中,“合理地配”是指在送货前必须依据顾客需求对送货进行合理地安排,“高效地送”是指在满足顾客需求的前提下实现快速和低耗费的目标。

② 合理区域。配送活动应该在一个合理区域内实现,不适合在一个非常大的范围内进行,通常是局限在一个城市或一个地区内进行。

③ 物流服务。物流服务是配送的重要组成部分,满足顾客需求是配送的目标和前提。一方面,顾客需求灵活多变,消费方式为品种多与批量小,配送活动绝不是简单的送货操作,而是以市场营销为主导的企业经营活动;另一方面,配送活动应该将全部物流活动组织成一个有机整体,从而构成高效率、现代化的大物流系统。

配送串涉及从供应链上的制造商到终端客户的运输和储存活动。其中,运输在于完成产品的空间转移,即产品从制造商到客户之间的空间的位置切换;储存在于保存产品,从制造产品到获得产品是时间切换。物流配送系统的作业流程如图 5-13 所示。

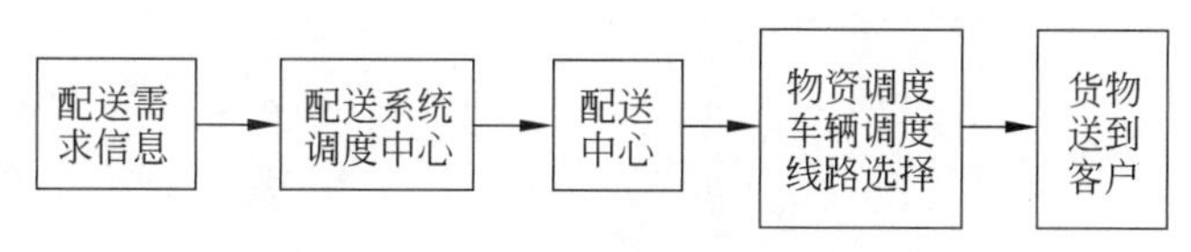

图 5-13 物流配送系统的作业流程

(2) 配送作用。配送是电子商务发展的基础和保证,此外配送还包括如下作用:

① 实施配送可以使物流活动更为合理。

② 通过集中库存可以使企业实现零库存或低库存。

③ 配送将使整个运输过程和物流系统更为完善。

④ 基于网络技术的配送系统必将提高物流的效益。

⑤ 配送将简化运输和物流的过程,进而方便用户。

(3) 配送要素。配送是一个非常复杂的过程,其要素包括集货、分拣、配货、配装、运输和加工,如表 5-6 所示。

表 5-6 配送要素

要 素	说 明
集货	将分散的或小批量的物品集中起来,以便进行运输。集货是配送的准备工作,为满足客户需要,有时需要将许多物品集中起来,并送往目的地
分拣	将物品按品种或出入库的先后顺序分类后进行堆放的过程。分拣是完善送货并支持送货的重要准备工作。通过合理的物品分拣操作,将极大地提高送货效率
配货	使用拣选设备和传输装置,将存放的物品按客户需要分拣出来
配装	集中不同客户的配送物品,进行合理搭配与装载,达到充分利用运能和运力的目标。与简单送货不同,配装送货可以极大地提高送货水平,降低送货成本
运输	配送活动中的运输是指短距离、小规模的运输形式,可使用汽车作为运输工具。如果运输路线存在若干条,则配送运输的路线选择将非常复杂。如何选择最佳路线,如何使配装更为合理,是配送运输必须解决的难题。实现运输到货后的移交,选择合适的卸货地点和卸货方式,方便灵活地处理相关手续,完成结算
加工	按照客户需要所进行的加工处理,可以提高客户的满意度

【例 5-5】 深圳全程物流服务有限公司(http://www.56888.com)简称“全程物流网”。

(1)“全程物流”简介。全程物流成立于 2000 年 9 月，是根据深圳市政府发展现代物流产业的统一规划，由深圳最大的国有控股公司－深圳市投资管理公司与香港上市公司深圳国际控股有限公司合资组建。全程物流以先进的信息网络技术和现代物流技术，整合传统物流产业资源，构建了立足深圳、面向全球的现代化一站式全程物流网络，如图 5-14 所示。

图 5-14 全程物流网主页

全程物流项目是深圳市重大建设项目，入选了“电子商务解决方案优选项目”。得益于深圳市发展现代物流业的良好环境和深圳市政府的产业政策支持，在短短的几年时间内，企业核心竞争力迅速增强，综合物流服务品牌初步树立，业务拓展取得了较大的成绩。

(2) 全程物流的服务内容。全程物流的服务内容包括如下 4 个方面：

① 全程综合物流服务。全程物流提供以现代物流理念为中心，集总体物流解决方案设计、物流营运服务和物流信息网络技术支持为组成部分的现代物流综合服务。

② 第三方物流服务。全程物流以完善的服务网络、外协资源的有效控制能力、企业物流优化实现能力和个性化物流信息系统开发应用能力来构筑完备的第三方服务能力。

③ 物流电子化服务。全程物流拥有自主开发的物流信息系统——全程物流之星软件包、成熟的行业解决方案和相应的成功案例。

④ 物流策划服务。全程物流凭借多个行业的物流及供应链设计的经验和运作成果，已经打造了一批行业研究、企业管理、物流及供应链管理方面的专家和资深队伍。

(3) 全程物流的交易流程。全程物流的交易流程包括如下 4 个流程：

① 网上估价、议价和填写托运单。其一，会员可以根据运输方式、运输期限、起始地、货物重量、体积等参数进行估价；其二，全程物流对于不同会员有不同的折扣，对于大宗货物可以进行议价；其三，会员如果接受全程物流的服务价格，会员可以在网上填写运输托运单；其四，全程物流将审核委托单的正确性和完整性，确认后，视为有效单据。

② 上门取货、核实托运数据。全程物流在审核托运单并生效后，即会打印出托运单并调度司机上门取货，核实重量、体积、件数等，补充办理有关手续。

③ 货物运输。货物会按照用户需求及时、安全、准确地运到收货人手中。

④ 货物跟踪。全程物流提供货物跟踪功能，会员发出货物以后，可以上网查询货物运输情况。

综上所述，根据电子商务应用规模，按地理位置合理建立配送中心，通过完善的货物调配，充分利用运输工具，选择合适的运输线路，使货物及时交付货主并做好售后服务，是电子商务活动中非常重要的环节。

5.3.3　金融工具

1. 自动取款机

自动取款机(ATM)的使用不受银行工作日的限制，客户可得到每周 7 天，每天 24 小时的全天候服务。客户可以在银行营业网点、大型商场、宾馆等场所的自动取款机上获得包括存款、取款、转账、查询在内的各种服务。

2. 售货终端机

售货终端机(POS)被许多饭店、商场、超市等消费场所使用，供客户在消费时凭银行卡进行支付。

另外，目前流行使用的移动支付将在 5.4.2 节介绍。

5.4　电子商务的支撑环境

电子商务是与互联网紧密相关的，可以说没有网络就没有电子商务。本节主要介绍电子商务安全技术平台和电子支付体系。

5.4.1 电子商务安全技术平台

1. 认证中心

传统商务是面对面(face to face)进行的，而电子商务则是网对网(network to network)进行的，其交易安全是一个全新的课题。事实上，保证电子支付的安全是顺利开展电子商务的前提。其中，建立安全的认证中心是电子商务的重要环节。认证中心的主要工作就是管理密钥和数字证书，提高电子交易过程中各方的相互信任度，进而控制交易风险。

在电子商务安全领域中，认证中心的基本功能包括如下4个方面：

(1) 对数字证书和数字签名进行有效性验证。

(2) 对数字证书进行管理，如数字证书如何撤销和合理实施自动管理。

(3) 生成并保管数字证书、数字签名、私有密钥和公共密钥。

(4) 建立支付应用接口，通过该接口来支持电子商务。

2. 数字证书

数字证书就是电子形式的凭证，其中的数字标识是由证书授权中心进行数字签名的，包含公开密钥和公开密钥拥有者信息的磁盘文件。数字认证通过电子方式证明信息发送者和接收者身份、交易合法性、数据有效性、文件完整性等。随着绝大多数商家在电子商务中大量使用加密技术，则有必要使用第三方认证。

一般而言，数字证书是由权威认证机构管理的，可用于实现数字签名，相当于一个网上身份证。为保证电子商务安全，首先就应该确定网上参与交易的各方身份，例如消费者、供应商、收单银行等，使用数字证书是目前最好的方法。

数字证书的主要内容分为两个方面：申请者信息和颁发者信息，最简单的数字证书由一个公开密钥、名称和数字签名组成。例如，国际电信联盟电信标准分局(ITU-T)制定的X.509标准中的数字证书就包含许多内容，如表5-7所示。

表5-7 数字证书内容

序号	内容	序号	内容
1	版本标识	2	序列号码
3	签名算法	4	发行机构
5	有效期限	6	所有者名称
7	公开密钥	8	发行者签名

目前，数字证书已经得到普遍应用，尤其对于从事电子商务的企业而言，更是不能没有数字证书。常用的数字证书包括：代码签名证书、个人身份证书与E-mail证书、单位证书与E-mail证书、应用服务器证书等。

3. 中国数字认证网

中国数字认证网(网址www.ca365.com)旨在提供高品质信息安全服务，帮助用户创造安全可信的网络环境。作为权威、公正的第三方电子认证服务机构，严格遵守《中华人民共和国电子签名法》的要求和相关管理规定，并提供各种安全解决方案，为电子政务、电子商务、信息化发展等领域的客户构建安全环境。具体内容包括获得并保存数字证书，从数字证书文件中导入数字证书，使用 OutLook Express 发送签名邮件与加密邮件，进行代码签名，设置服务器证书，进行客户身份认证，在 IE 浏览器中设置服务器证书验证操作，在 Outlook Express 中设置电子邮件保护证书验证操作，在程序代码中验证客户证书等。

5.4.2　电子支付体系

电子支付是电子商务应用的一个重要环节，是电子商务得以顺利发展的基础条件。

1. 电子货币概念

在人类社会的经济发展过程中，货币表现形式经历实物货币、金属货币、纸质货币、信用货币、电子货币 5 次重大变迁。与传统货币不同，电子货币是以金融电子网络化为基础，以商用电子工具和各种交易卡为主体，以电子数据方式存储在银行计算机系统中，并通过互联网来实现流通和支付功能的货币。

电子货币与传统货币有很大区别，它的主要特征如表 5-8 所示。

表 5-8　电子货币的主要特征

特　　征	说　　明
低成本	电子货币将降低支票的制造和处理成本，并给第三方金融机构带来效益
虚拟性	电子货币作为一种电子符号信息，不对应任何物理实体，如金属和纸币
依赖性	电子货币的流通必须在相关设备能够正常运行的前提下才能实现
易流通	可以在互联网中进行处理的加密电子货币非常容易流通
安全保障	电子货币的安全是通过用户密码和加密解密系统，以及路由器、网关等网络设备的安全保护功能实现的
形式可变	电子货币的存在形式将随处理媒体的不同而发生变化。例如，使用磁盘存储将对应磁卡，使用半导体存储将对应 IC 卡

2. 常用电子货币的形式和支付

1）电子支票

电子支票是将支票的全部内容电子化，然后借助于网络完成支票在客户之间、银行客户与客户之间，以及银行之间的传递，实现银行客户之间的资金结算，进而实现全国范围甚至世界各地银行间的资金转移。

电子支票和传统纸质支票一样，包含支付人姓名与账户、支付人所用金融机构名称、被支付人姓名与账户、支票金额、签发日期等信息。二者不同之处是在安全操作机制方面，即电子支票需要经过许多“数字保障”过程。例如，被支付人要完成数字签名，并使用数字凭证确认支付者与被支付者的身份。支付银行或金融机构将根据签过名和认证过的电子支票，进行资金转移和账户存储。电子支票的具体支付过程如图 5-15 所示。

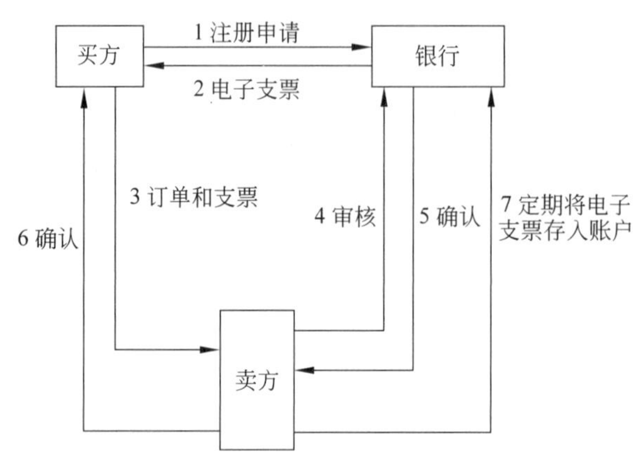

图 5-15　电子支票的支付过程

从图 5-15 中可以发现，电子支票支付过程的 7 个步骤：

(1) 买方以注册申请方式向银行申请电子支票；

(2) 银行审核电子支票申请合格后，向买方提供电子支票；

(3) 买方向卖方提交订单和电子支票，以确定购买商品行为；

(4) 卖方向银行确认买方电子支票合法与否；

(5) 银行向卖方确认买方的电子支票是合法的；

(6) 卖方向买方确认购买商品行为并提供商品；

(7) 银行适时将足额电子支票存入卖方账户中。

2) 信用卡

银行卡支付是金融服务的一种常见方式，一般用于个人消费，其中使用最频繁就是信用卡。信用卡是由银行提供网络电子支付服务的一种重要手段，具有购物消费、转账结算、汇兑储蓄、信用借款等多项功能。目前的主要支付方式是 POS 结账、刷卡记账、ATM 现金提取等，可用在商场、超市、旅馆、饭店、书店等场所。在进行信用卡支付时，可以使用两种方式来识别持卡人身份：第 1 种是通过持卡人所提供的密码；第 2 种是由持卡人出示身份证明，如身份证、本人签字或盖章等。

在信用卡支付过程中，通常需要进行用户、商家和付款请求的合法性验证，具体过程如图 5-16 所示。

客户购买商品或服务时，首先将所持信用卡的信息（如卡号、口令等）提供给商家，表示需要购买商品或服务；其次，商家在得到商品或服务的申请后，开卡银行并要求开卡行进银行支付确认；然后，开卡银行在确认持卡人身份、支付金额等信息后，给商家返回一个确认信息；最后，商家将商品或服务提供给客户，而银行则将相应款项从客户所持信用卡的账户转移到商家的账户。当然，前面涉及的部分操作对普通信用卡持有人是完全透明的，操作显得非常简单。

3) 数字现金

数字现金也就是电子现金，即将纸币现金进行电子化后的货币形式，它是现代金融业

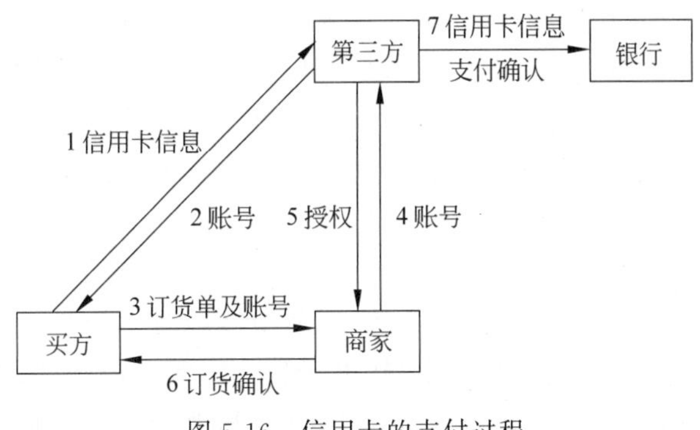

图 5-16　信用卡的支付过程

务与信息技术相结合的必然产物。数字现金是以数字形式存在的现金货币，主要以银行卡（如磁卡、IC卡等）为载体。如搭乘公共交通工具的IC卡便是一种数字现金。它具有许多优点，如支付方便、匿名保护、持有风险小、不可跟踪和交易费用低，如表5-9所示。

表 5-9　数字现金的优点

优　点	说　明
支付方便	数字现金的流通没有地域限制，且使用场所极多
匿名保护	买方用数字现金向卖方付款时，除卖方外，他人并不知道买方身份和交易细节。甚至买方使用假名，卖方都不能知道买方身份
持有风险小	数字现金没有被抢劫的风险，甚至遗失后拾到者没有密码也不能使用
不可跟踪	为保证电子支付过程的保密性，维护买方和卖方的隐私权，除买卖双方的部分记录外，没有关于交易过程的其他记录
交易费用低	数字现金利用互联网进行转账所产生的费用极低。尤其是数字现金的流通没有地域或国界的限制，国内间流通费用与国际间流通费用基本不变

数字现金的具体支付过程如图5-17所示。

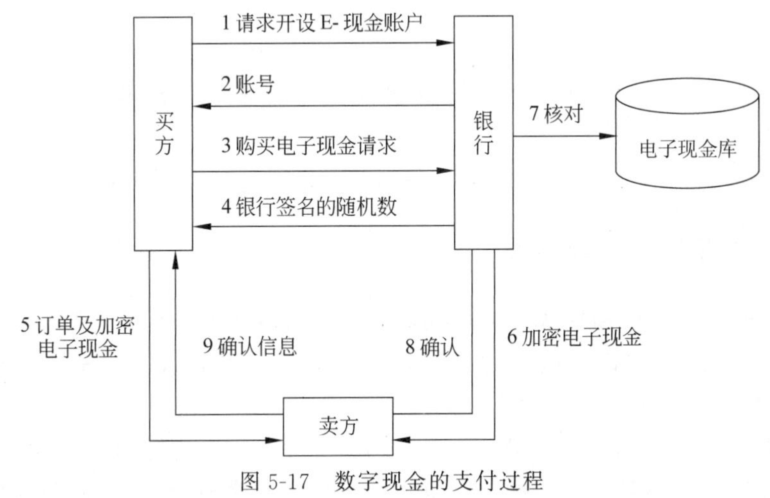

图 5-17　数字现金的支付过程

首先，用户在银行开立数字现金账户，存入相应资金以便兑换数字现金，并通过计算机使用数字现金终端软件从银行账户中取出一定数量的数字现金存储到本地硬盘中；其次，用户向同意接收数字现金的商家处进行订货，并使用数字现金支付所购商品的费用；最后，接收数字现金商家与用户银行之间进行结算，用户银行将用户购买商品的货款支付给商家。

4）电子钱包

电子钱包是电子商务（尤其是小额购物）活动中常用的一种支付工具。在电子钱包内存放的是电子货币，如电子现金、电子零钱、电子信用卡等。电子钱包用户通常在银行里都有账户。在使用时，先安装相应的应用软件，然后利用电子钱包服务系统把自己账户里的电子货币输进去。在付款时，用户只须在计算机上单击相应项目即可。系统中设有电子货币和电子钱包的管理功能模块，称为电子钱包管理器。用户可以用它来改变口令、保密方式，查看电子货币收付款、清单等数据。系统中还提供了电子交易记录器，顾客通过查询记录器，可以了解自己的购物记录。

3. 电子支付与传统支付

所谓电子支付是指进行电子商务交易的当事人（如消费者、厂商、金融机构等），通过计算机信息网络和安全的信息传输技术，使用数字化方式进行的资金转移或支付。与传统支付方式相比，电子支付具有新特征，两者对比如表5-10所示。

表5-10　电子支付与传统支付的对比

电子支付	传统支付
采用先进技术并通过数字流转来完成信息传输，都是采用数字化方式进行款项支付	直接通过现金流转、票据转让、银行汇兑等物理实体的流转来进行款项支付
采用基于开放式的网络平台	在封闭系统中进行操作
采用先进的互联网进行通信，对设备要求高	使用传统通信方式
快捷、方便、效率高、费用低	效率低、费用高

5.5　电子商务标准、法规、法律

本节主要介绍电子数据交换标准、安全交易标准和电子商务相关法律。

5.5.1　电子数据交换标准

电子数据交换标准（EDI）是国际社会共同制定的一种用于在电子邮件中书写商务报文的规范。该标准致力于消除各国在语言、商务规定等方面的表述差异和理解歧义，为国际贸易应用中的各类单证数据交换构筑电子通信途径。

EDI的主要特点包括3个方面：一是EDI通常采用国际规定的标准化格式来传送信息；二是EDI直接通过收发双方的计算机系统来传送和交换资料；三是EDI传送的资料

是业务资料(如发票、订单等),而不是普通文告。

1990年,联合国正式推出EDI标准——UN/EDIFACT,后来由国际标准化组织正式接受为国际标准,即ISO 9735。UN/EDIFACT由一系列涉及电子数据交换的标准、指南与规则、目录和报文组成,如表5-11所示。

表5-11　ISO 9735标准

构　成	说　明
指南与规则	表示EDI数据传输和报文设计必须遵守的规范,是规范EDI信息传输的统一规范,也是描述EDI信息的语言规范,通过该标准才能使信息传输不受语言环境、应用领域、地域范围等限制
目录	其中收录近300个与设计EDIFACT报文相关的数据元,并对每个数据元的名称、定义、类型和长度进行具体描述,组成复合数据元的数据通过数据元号与数据目录、代码表相联系
报文	共有标准报文数量200个,内容涉及海关、金融、贸易、保险、建筑、账户、统计、联运、旅游、医疗卫生、通用运输、集装箱运输等方面

在采用EDI方式交换数据时,可以按照标准格式将数据进行结构化处理,然后以报文为载体并套上"电子信封",最后就能够通过计算机网络进行传送。

5.5.2　安全交易标准

安全交易标准是电子商务发展的核心问题,近年来金融和计算机行业的学者共同研究并颁布许多安全交易标准,如安全电子交易协议(SET)、安全超文本传输协议(S-HTTP)、安全插接层协议(SSL)、安全交易技术协议(STT)等。

1. 安全电子交易协议(SET)

SET是以信用卡支付为基础的网络电子支付标准,用于规范电子商务交易过程中信用卡的信息保密、交易协定、资料完整、数字认证、数字签名等。SET将数字证书、证书持有人、供应商、金融机构、信用卡机构集成在一起,并使用加密技术来防止盗用,从而使持卡人和供应商获得可靠安全的交易。

SET标准的主要功能包括付款数据的隐私化和信息传送的保密化;提供特别用途证书来保证交易过程的安全;保留付款信息的集成结果并由数字签名实现;由数字签名和持卡人证书来验证持卡人的信用卡账目。

SET标准的具体内容包括私钥加密算法、公钥加密算法、购买信息与格式、划账信息与格式、证书信息与格式、认证信息与格式和实体间消息的传输协议。

2. 安全超文本传输协议(S-HTTP)

S-HTTP是Terisa公司在1995年设计的HTTP安全标准,它支持多种加密协议并提供灵活的编程环境。允许对信息进行数种安全封装,封装内容可以进行加密、数字签名和基于报文鉴别码MAC的认证等,还允许加密算法和签名算法由通信双方协商确定。

3. 安全插接层协议(SSL)

SSL标准是由Netscape公司首次提出的,属于利用公开密钥技术的工业标准。SSL是在TCP/IP层与HTTP、Gopher等协议间套接的一个协议层,目的是在客户和服务器之间提供安全通道,可广泛用于提供认证服务、信息加密和报文完整保障。目前在互联网中得到普遍应用,可防止冒名、窃听、破坏等。例如目前通用的SSL-128标准使用对称加密算法,能提供3种安全服务,即信息加密、信息完整保障、客户与服务器间的互认。

4. 安全交易技术协议(STT)

STT标准是由微软公司首次提出的,并在IE浏览器中加以应用。其技术特征是在浏览器中将数字认证与解密算法分离开来,最终提高商务交易的安全。

5.5.3 电子商务相关法律

在电子商务应用中,披露商品信息、广告业务、投诉处理、纠纷解决、赔偿以及其他保护消费者权利的问题作出合理解释等都涉及法律问题,尤其是消费者权利保护问题,这对于电子商务的正常发展非常重要。

电子商务相关法包括电子商务活动中所产生的社会关系的法律规范,是随着网络时代兴起才出现的一个综合法律领域,主要内容包括电子商务合同、电子签名、数据电文、电子认证等法律。

电子商务法的主要性质包括国际性、任意性、强制性和制定性,如表5-12所示。

表5-12 电子商务法的性质

性　质	说　明
国际性	电子商务法的法律框架不应该局限在国家范围内,而应该适用于国家之间的经济往来,并得到国际社会的认可
任意性	在电子商务交易法中,给予交易当事人之间充分的选择权和意愿的表达权
强制性	要求当事人必须在法律约束下进行交易,违法行为必将受到国家的强制制裁,如违反电子商务法就要承担民事、行政、刑事等方面的责任
制定性	电子商务法的表现形式是制定法,由一系列法律和法规组成,例如《电子商务示范法》就是以制定法形式表现出来的

1. 电子签名

(1) 电子签名概念。电子签名是指通过一种特定的技术方案来鉴别当事人(如发件人和收件人)的身份及确保交易资料内容不被篡改的电子化安全保障措施。通过电子签名可以确定一个人的身份,肯定是指定人自己的签字,以及使该人与文件内容发生关系等。

电子签名与传统签名的主要区别包括一个人可能同时拥有多个电子签名、电子签名由存储数据表示、电子签名需要计算机系统进行鉴别、电子签名通过计算机网络签署、电子签名很容易被遗忘等。

(2) 中华人民共和国电子签名法。《中华人民共和国电子签名法》遵循最少干预与必要立法并举的原则，其目标是扫除我国电子商务应用中的法律障碍，促进电子商务的健康发展，并加强网络操作的安全性。全文大约4500字，共五章三十六条，包括总则、数据电文、电子签名与认证、法律责任、附则等细则。

电子签名的有效性与电子合同的有效性本身是紧密相关的，许多国家通过专门立法的《电子签名法》来保证电子签名的效力，交易双方也可以采用双边协议来明确电子签名的效力。

2. 电子合同

(1) 电子合同的特征。凡以"电子"形式订立的合同即属电子合同。与传统合同相比，电子合同具有如下特点：合同生效可以使用电子签名来表示；订立合同的双方往往互不相识；若中标的额较小或关系较简单，可以直接通过网络订购和付款，不需要具体的合同；采用数据电文形式订立的合同，收件人的主营业地为合同签订地点，没有主营业地的可使用居住地作为合同签订地点。

电子商务应用中含有合同履行，即在线付款与在线交货、在线付款与离线交货和离线付款与离线交货。但是，电子合同中的数据非常容易消失、修改，且法律证据局限大，所以要通过许多法律和技术手段来保证安全。

(2) 数据电文的法律有效性。联合国《电子商务示范法》第九条规定，"在任何法律诉讼中，证据规则的适用在任何方面均不得以下述理由而否定一项数据电文作为证据的可接受性，一是仅仅以数据电文本身为由，二是如果举证人按合理预期所能得到的最佳证据，则以它并不是原样为由。"

在我国，证据法规明确规定：在提交原件确实困难时可以提交复制品或复印件。

(3) 收发数据电文的时间和地点。联合国《电子商务示范法》中规定，数据电文的发件地为发件人的营业地，收件地为收件人的营业地。除非发件人与收件人另有约定，一项数据电文的发出时间由发件人发送数据电文的时间确定。

3. 域名保护

(1) 域名注册与保护。我国的域名注册和保护法律有《中国互联网络域名注册暂行管理办法》和《中国互联网络域名注册实施细则》。2001年2月14日，国家质量技术监督局开通《中文域名规范》标准的试验系统供广大用户使用。并且，按照中文地址书写习惯排列得到一级域名、二级域名和三级域名，例如在域名"中国. 教育. 四川大学"中，中国是一级域名，教育是二级域名，四川大学是三级域名。

我国的顶级域名是CN，在顶级域名下采用树形层次机构来设置其余的各级域名。截至2017年12月底，CN注册量已经达到315万个，从而成为亚洲最大的国家顶级域名。

由于域名在全世界范围内的唯一性，域名注册采取"先到先服务"原则，所以域名具有标识性、唯一性和排他性。

(2) 域名的法律保护。在将域名作为知识产权客体或作为商标进行保护时，知识产权与域名就开始出现冲突。为解决两者冲突问题，美国政府提出"域名服从于商标"的法律定位，并将域名与商标的争议分为域名纠纷与网络盗用两种形式。

5.6 电子商务使用实例

本节主要介绍网络银行、网上购物和网络拍卖的实现过程。

5.6.1 网络银行

网络银行是利用通信技术、信息技术和互联网技术，为客户提供综合、实时的全方位银行服务的系统。相对于传统银行而言，网络银行是一种全新的银行服务手段，基本业务包括：开户、销户、账户明细查询、对账、网上证券交易等。

1. 开户

银行开户形式主要包括3种：基本存款账户、一般存款账户和临时存款账户。

（1）基本存款账户。该账户是企事业单位的主要存款账户，用于办理日常现金收付、转账结算、工资核算、奖金发放等现金支取。要开立基本存款账户应该报当地人民银行审批并核发开户许可证，许可证正本将由存款单位留存，许可证副本将由开户银行留存。

（2）一般存款账户。该账户是企事业单位在基本存款账户外的银行因借款而开立的账户，该账户只能办理转账结算和现金缴存，不能支取现金。

（3）临时存款账户。该账户是外来临时机构或个体经营者因临时经营活动需要而开立的账户，用于办理转账结算和符合国家现金管理规定的现金支取。

2. 销户

销户是指注册用户或会员不再接受某个协议或不再使用某方服务，而终止协议并同时删除会员账号的过程与结果。对于信用卡持有者而言，在不需要继续使用的情况下必须进行销户。如果没有销户，则发卡银行将会按年收取信用卡的年费。

3. 账户明细查询

账户明细查询就是为企业客户提供账户的当日明细查询和历史明细查询，内容包括交易用途、交易发生金额、交易发生时间、借贷信息、对方账号与单位名称等。例如，企业电话银行客户可对注册账户及下挂账户的当日明细或历史明细进行实时查询；企业网上银行客户可对企业客户本部及所属分支机构账户的当日交易明细或历史交易明细进行查询、下载、打印、发送邮件等操作。

4. 对账

对账是核对账目的简称，指在会计核算中为保证账簿记录正确可靠，对账簿中的有关数据进行检查和核对。会计人员应该定期将会计账簿记录中的数字与库存实物、资金、有价证券、往来单位或个人等进行核对，保证账证相符、账账相符和账实相符，如表5-13所示。

表 5-13　对账的主要内容

对　账	说　明
账证核对	根据各种账簿记录、记账凭证、所附原始凭证进行核对，核对会计账簿记录与原始凭证、凭证时间、凭证字号、内容、金额是否一致，记账方向是否相符
账账核对	指对各种账簿间的有关数字进行核对，核对不同会计账簿记录是否相符，如总账与明细账核对、总账与有关账户的余额核对、总账与日记账核对、会计部门的财产物资明细账与财产物资保管及使用部门的有关明细账核对等
账实核对	指各种财产物资的账面余额与实存数额相互核对，核对会计账簿记录和财产等实有数额是否相符，如现金日记账的账面余额与现金数核对、银行存款日记账的账面余额与银行对账单核对、各种财物明细账的账面余额与财物数额核对、各种应收应付款明细账的账面余额与有关债务债权单位或个人核对等

5. 网上证券交易

1）网上证券交易概念

随着互联网的广泛使用，网上证券交易已经逐步取代传统的证券交易，具有没有地域限制、交易成本低、交易风险低等优势。

（1）没有地域限制。网上证券交易以互联网为载体，突破地域限制，使投资者能在全国甚至全球任何能够上网的地方进行证券交易。

（2）交易成本低。网上证券交易可以降低证券交易成本，一方面没有远程通信和局域网络的设备投入，另一方面投资者足不出户就可以进行证券交易，节约了大量的时间和金钱。

（3）交易风险低。网上证券交易可以降低证券交易风险，一方面网上交易采用对称加密和不对称加密相结合的双重数据加密，另一方面证券公司构建完善的数据加密系统，从而使网上证券交易安全得到根本保证。

2）网上证券交易案例——证券之星网站

证券之星（www.stockstar.com）于 1996 年在上海开通，如图 5-18 所示。它是国内首家金融证券网站，同时还是目前国内金融证券业最重要的应用服务供应商。证券之星网站提供即时行情、新闻、上市公司资料、市场与个股分析、BBS 社区、智能选股、个性化服务、在线交易等板块。内容主要以国内股票为主，兼顾国外股票。目前，在搜狐、网易、新浪等大型门户网站内都可以看到证券之星的行情数据，且占据全国 70％的市场份额。

证券之星网站的主页上设置有股票行情、新闻咨询、速查中心、交流中心、用户服务中心、81000 特区和券商黄页等版块。

（1）行情版块。该版块着重介绍即时变动的证券行情，是客户最关心的内容，也是网络营销的重点所在。栏目包括高速行情、实时指数、最新排行、智能选股等，如图 5-19 所示。

（2）数据版块。该版块提供数据解盘、特色数据、股票数据、基金数据等内容，如图 5-20 所示。

图 5-18　证券之星网站主页

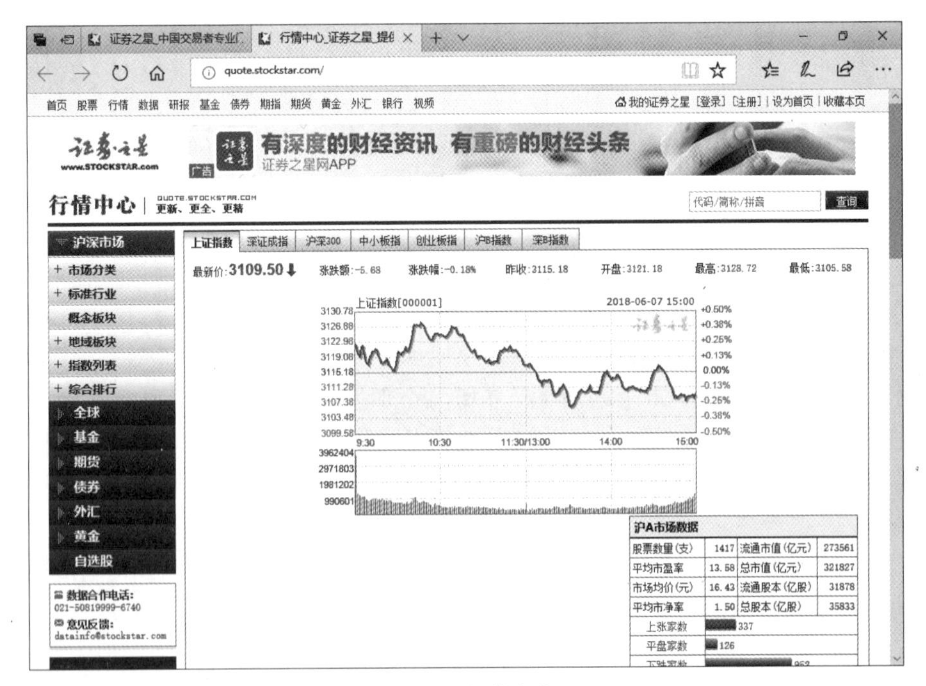

图 5-19　行情版块

（3）财经版块。该版块包括要闻资讯、理财专区等栏目，为证券操作者提供宏观政策分析的原始信息，如图 5-21 所示。

图 5-20　数据版块

图 5-21　财经版块

(4) 股市导师版块。该版块是 2006 年 4 月推出的，栏目包括首页、移动博客、财经视频、同城理财、理财星城、星光社区等，如图 5-22 所示。投资者可以使用手机登录证券之星的 WAP 系统，实时浏览最新博客动态，查找相应的投资理财产品。

图 5-22　股市导师版块

5.6.2　网上购物

1. 网上购物优势

网上购物解决传统商务交易过程中的一些问题，对市场经济、供应商、消费者等均有着极其重大的影响，如表 5-14 所示。

表 5-14　网上购物优势

对　象	网 购 优 势
市场经济	网购可在更大的范围和层面上以更高的效率实现资源配置，从而降低成本，提高企业的核心竞争力
供应商	网购具有无库存压力、经营成本低、经营规模灵活等特点，许多企业主动选择网上销售，利用互联网了解市场信息并及时调整经营战略，以便提高企业的经济效益和核心竞争力
消费者	通过互联网可以在家中获得大量的商品信息，订货没有时间限制，可以买到当地没有的商品；网上支付比现金支付安全，可避免现金丢失或遭到抢劫；从订货、买货到货物上门无须亲临现场，可极大地节省时间和金钱；商品价格更低廉

2. 网上购物网站

国内网上购物网站非常多，常见的有文轩网、京东商城、当当网、淘宝网、卓越网、拍拍网、易趣网等。

【例 5-6】 用文轩网(www.winxuan.com)实现网上购物。

新华文轩(简称文轩网)是国内首家按上市公司标准组建的股份制出版发行企业,于2007年在香港联合交易所上市。文轩网就是新华文轩旗下的电子商务品牌,也是继零售、中盘、定制后的第四销售模式。用文轩网实现网上购物的具体操作过程如下:

(1) 打开文轩网的主页,如图 5-23 所示。

图 5-23　文轩网主页

(2) 注册用户,指定收件人的收货信息,如姓名、联系电话、收件地址等。

(3) 选择要购买的商品和数量(如 JavaScript Web 开发技术(第 2 版)),如图 5-24 所示。

(4) 选择网上支付方式(如支付宝),如图 5-25 所示。

在完成网上支付操作后,就可以跟踪物流并收货了。

3. 网上购物支付平台

1) 支付宝

支付宝网络技术有限公司(www.alipay.com)由阿里巴巴集团于 2004 年创建,主要提供独立的第三方支付平台,致力于发展"简单、安全、快速"的在线支付解决方案。支付宝坚持建立信任、化繁为简和技术创新理念,深得用户喜欢。数年内,商务活动覆盖全部 C2C、B2C 和 B2B 领域。截至 2017 年底,支付宝用户超过 4.5 亿,行业包括商业银行、VISA 国际组织、商业服务、网络游戏、数码通信等。

买家在使用支付宝付款前,首先需要注册一个支付宝账户,并利用网上银行给支付宝账户充值或直接使用支付宝一卡通;然后在商务网站上购物并使用网上支付,支付宝系统在收到支付信息后通知卖家,买家收到商品后在支付宝系统中确认支付;最后,支付宝系

图 5-24 选择要购买的商品和数量

图 5-25 网上支付方式

统在收到买家确认收货后给卖家付款。早在 2003 年 10 月,淘宝网推出时就开始提供支付宝交易服务,数年后就迅速成为使用最为广泛的网上支付工具,深受用户和业界的关注,其网站如图 5-26 所示。

图 5-26　支付宝网站的主页

2）百付宝

北京百付宝科技有限公司（www.baifubao.com）由提供中文搜索引擎的百度公司创办，它为用户提供在线支付、在线充值、账户提醒、交易管理、现金提取等功能，并使用双重密码设置和在线安全监控，从而为百付宝账户提供双重的安全保障。目前，百付宝已经与工商银行、招商银行、农业银行、建设银行等建立起战略合作伙伴关系。其网站如图 5-27 所示。

图 5-27　百付宝网站的主页

3）财付通

财付通（www.tenpay.com）由腾讯公司创办，致力于为互联网用户和企业提供安全、便捷、方便的在线支付服务。财付通的业务覆盖 B2B、B2C 和 C2C 中的所有领域，提供卓越的网上支付与结算服务。对个人用户而言，财付通提供在线支付、在线充值、现金提取、网上支付、交易管理等服务；对企业用户而言，财付通提供安全可靠的支付结算服务和 QQ 营销资源支持。其网站如图 5-28 所示。

图 5-28 财付通网站的主页

5.6.3 网络拍卖

1. 网络拍卖

网络拍卖是指网络服务商向商品所有者或权益所有人提供有偿或无偿使用的网络平台，让其在该平台中独立开展以竞价、议价方式为主的在线交易服务。

网路拍卖的主体可以是拍卖公司，也可以是网络服务商。其中，拍卖公司的网站一般主要进行宣传和发布信息，属于销售型的商务网站；网络服务商并不进行交易买卖，只为买卖双方的交易提供网络拍卖的交易平台服务和交易程序，为买家和卖家构筑网络交易市场，使卖方和买方能够进行网络拍卖。目前，国内知名的网络服务商包括拍拍网、易趣网、淘宝网等。

2. 拍拍网

拍拍网（www.paipai.com）是京东公司属下的拍卖购物网站，于 2005 年 9 月 12 日开始营业。拍拍网是拍卖购物与 QQ 通信完美结合的产物，如图 5-29 所示。

拍拍网是一个提供网络拍卖的在线交易平台。买卖双方可以利用竞价、议价方式进

图 5-29 拍卖购物网站——拍拍网

行在线交易,如图 5-29 所示。

习 题 5

一、简答题

1. 什么是狭义电子商务? 什么是广义电子商务?
2. 简述电子商务的主要特点。
3. 简述电子商务的直接功能和间接功能。
4. 简述电子商务的 3 种交易模式。
5. 简述电子商务的基本工作流程。
6. 什么是仓储管理? 简述仓储管理的主要内容。
7. 什么是物流配送? 简述配送概念的主要内容。
8. 简述在电子商务安全领域中,认证中心应该具有的基本功能。
9. 什么是数字证书? 简述 ITUT.509 国标标准中的数字证书内容。
10. 简述电子货币与传统货币的主要区别。
11. 什么是安全交易标准? 简述 SET、S-HTTP、SSL 和 STT 的含义。
12. 简述电子商务相关的法律有哪些。
13. 简述网络银行所具有的基本业务。

二、上机题

1. 选择阿里巴巴、IBM 和淘宝网(可另选)中的任何一个网站,从中分析发展战略、商业模式、核心业务、交易系统、支付体系、安全保障等。
2. 进入全程物流网,分析服务内容并理解物流配送系统的作业流程。

3. 进入中国数字认证网了解数字证书申请方法，并申请个人数字证书。

4. 进入招商银行网站（可另选），体验网络银行的功能和具体操作过程。

5. 进入证券之星网站（可另选），全面了解各种证券信息，并体验在线交易的具体操作过程。

6. 选择文轩网、京东商城、当当网、淘宝网、卓越网、拍拍网、易趣网、2688网店、6688网上商城（可另选）中的任何一个网站，完成一次网上购物。记录经历的全部环节，说明在每个环节应该注意的问题。

7. 安装中国银行（可另选）电子钱包软件，并写出使用中国银行电子钱包软件，以及信用卡网购的全部过程。记录经历的全部环节，说明在每个环节应该注意的问题。

第 6 章 电 子 政 务

教学目标

(1) 了解电子政务的基本概念；

(2) 熟悉电子政务的内容及运作方式；

(3) 掌握在客户端开展电子政务的基本方法；

(4) 了解电子政务的软、硬件支撑平台；

(5) 了解与电子政务有关的法规。

推进信息化是我国加快实现现代化的必然选择，是顺利进入信息社会的必由之路。中共中央办公厅、国务院办公厅发布的《2006—2020 年国家信息化发展战略》中指出："信息化就是充分利用信息技术，开发利用信息资源，促进信息交流和知识共享，提高经济增长质量，推动经济社会发展转型的历史进程。"所以，在国家信息化体系建设过程中，政府信息化是中国信息化进程中的关键。其中，电子政务是政府信息化建设中的重要内容，包括网络技术、信息技术、多媒体技术、通信技术等行业，这就要求各级政府部门必须充分认识电子政务建设的重要性。本章将介绍电子政务的基本内容和运作方式，希望读者能够掌握在客户端运用电子政务的基本方法。

6.1 电子政务概念

实现电子政务的基础是各种信息系统在计算机网络中的实施，通过电子政务，能够充分体现服务于民的现代公共管理思想。本节主要介绍电子政务概念、内容、过程、业务和特点，以及电子政务与传统政务的区别。

6.1.1 引言

1. 电子政务概念

电子政务是由美国前总统克林顿首先提出的。早在 1993 年克林顿便倡导 E-Government(电子政府)，要求政府机构为适应经济全球化和信息网络化的需要，应用信息技术和通信技术将政务职能通过互联网进行集成，全方位地向社会提供优质、规范、透明的管理和服务，最终实现提高政府管理效率、降低政府管理成本、改进政府服务水平等目标。

电子政务是运用计算机网络和通信技术，实现政府组织结构和工作流程的优化重组，超越时间、空间和部门分隔的限制，构建出高效、廉洁、公平的政府运作模式，全方位地向社会提供优质、规范、透明的管理与服务。电子政务涉及许多方面的政府行为，如政府信息发布、政府办公自动化、电子化民意调查、社会经济统计、政府部门间的信息共建与共享、各级政府间的远程视频通信等。图 6-1 所示是电子政务系统的基本组成。

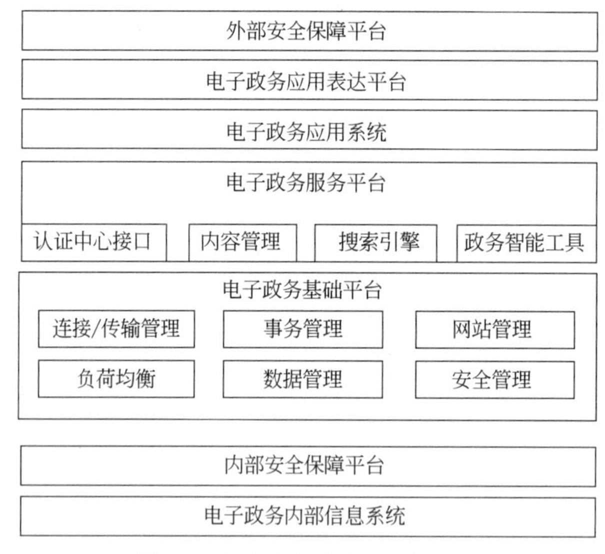

图 6-1　电子政务系统的基本组成

从图 6-1 中可以发现，电子政务系统是由软硬件支撑平台、安全保障系统、管理信息系统、数据库系统、网站等组成的。

2. 电子政务内容

基于现代公共管理思想，政府行政的最大目标是提供公共服务。所以，电子政务应该包含如下 3 方面的内容。

(1) 政府从网上获取信息，推进信息化和网络化。政府可以构建网站，让公众迅速了解政府机构的职能、办事流程以及政策法规，进而提高办事效率和行政透明度；同时，社会公众也可以通过互联网反映社会现实和大众诉求，促进政府民主管理。

(2) 将电子商务用于政府，即政府采购的电子化与网络化。这样可以提高工作透明度和效率，促进廉政建设，节约政府开支。

(3) 加强政府的信息服务。通过构建政府网站和主页，向公众提供信息服务，实现政务公开。2007 年国务院出台《政府信息公开条例》，明确政府主动公开和不予公开的信息范围，以适应不同社会群体平等获取政府信息的需求。因此，政务公开是社会的自然需要。一方面，政府信息的公布和开放是加强政府与企业、政府与公众沟通的重要手段；另一方面，通过政务信息公开来推进政务工作的“公开、公正、公平”原则，使政务工作更加透明，进而促进廉政与勤政工作的建设。

3. 电子政务过程

电子政务是一个持续的发展过程，一般可以把它划分为 4 个阶段：信息发布、单向互动、双向互动和网上办事，如图 6-2 所示。

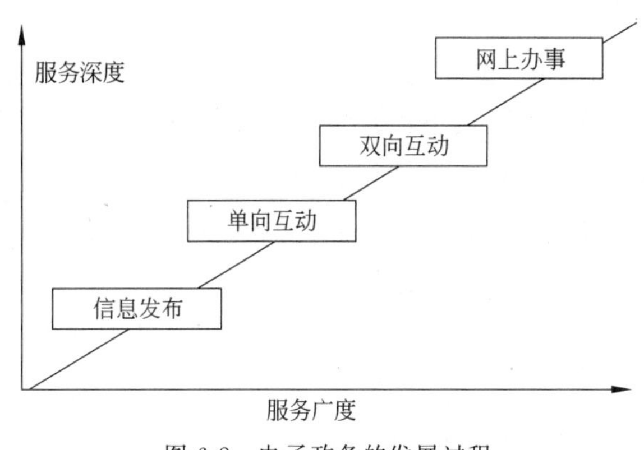

图 6-2 电子政务的发展过程

(1) 信息发布。可使用各种网络媒介(如互联网、移动通信等)来发布信息，如电子公告、医疗保健、电子刊物、网络资源、电子论坛等，从而使规章制度、公告事项、新闻简报等均能够广泛地传播。

(2) 单向互动。一般是政府职能部门对公众进行的单向互动。

(3) 双向互动。指政府与公众之间进行的双向互动，这样使沟通过程更直接。一方面，政府职能部门可以让公众迅速了解政府机构的职能、组成、办事流程等；另一方面，社会公众也可以通过网络反映社会现实，促进政府职能的完善与转变。

(4) 网上办事。各级政府网站就是便民服务的"窗口"，可以帮助社会公众实现足不出户完成各种办事过程，实现政府与社会各界之间的信息沟通。

4. 电子政务业务

根据服务对象进行划分，可以将电子政务的主要业务内容分为 3 种：政府间的电子政务、政府对企事业的电子政务和政府对公民的电子政务。

(1) 政府间的电子政务(Government-Government，G2G)。政府间的电子政务是指政府部门与其上级部门、下级部门、平级部门之间通过信息化手段进行公共管理，如电子法规政策系统、电子公文系统、电子司法档案系统、电子财政管理系统、电子办公系统、网上年检、电子培训系统、垂直网络化管理系统、横向网络化协调管理系统、业绩评价系统、城市网络化管理系统等。

(2) 政府对企事业的电子政务(Government-Business，G2B)。政府对企事业的电子政务是指政府部门与企事业单位之间通过信息化手段进行公共管理，如政府电子化采购与招标、电子税务系统、电子工商行政管理系统、信息咨询服务、中小型企业电子服务、电子对外贸易等。

(3) 政府对公民的电子政务(Government-Citizen，G2C)。政府对公民电子政务是指政府部门与社会公众(个人)之间通过信息化手段进行公共管理，如教育培训服务、电子就业服务、电子医疗服务、社会保险网络服务、公民信息服务、电子证件服务、公民电子税务、交通管理服务等。

6.1.2 电子政务特点

相对于传统政务而言，电子政务的最大特点就在于政务方式的电子化，即政务方式无纸化、信息传递即时化、操作平台网络化、政务关系虚拟化等。

1. 政务方式无纸化

电子政务具有无纸化办公的特点，借助计算机网络技术很容易实现公文的制作、交换、传输等。具体而言，电子政务将使政府文件的制作、存储、修改、发送、接收等都可以实现无纸化。无纸化政务将极大地提高政府的工作效率，并减少公文差错。

2. 信息传递即时化

传统信息交流方式非常低效，如直接交付、普通信件、发布公告等，在信息发送与接收之间存在着一定的时差，如数小时或数天等。而电子政务中的双方当事人则通过网络交换信息，如传真、短信、电子邮件、电话、视频等，一方发送信息的同时另一方就可以接收到信息，无论实际距离有多远。

3. 操作平台网络化

电子政务是通过网络平台实施的。电子政府的运行，电子政务的安全，电子信息数据库的保密等，都需要技术措施才能实现。可以说，电子政府是通过使用高新科技进行操作的政府，从而使政府行为网络化、技术化、电子化，如网上申请许可、行政决定的通知与送达等行为都将以互联网作为基础。传统政务是以书面文件为中心的行政运行体系，而电子政务则是以电子文件、电子签章、电子邮件等为中心的行政运行体系。

4. 政务关系虚拟化

在传统政府的政务方式中，当事人双方是相互确认的，无论是面对面进行交谈后做出决定，还是通过传统邮寄方式来递交申请和送达行政裁决，双方都能感受到对方的实际存在。而在电子政务过程中，当事人通过网络进行沟通，双方都不会感受到对方的实际存在。

【例 6-1】 网上年检——北京市工商行政管理局 www.hd315.gov.cn。

北京市工商行政管理局网址为 www.hd315.gov.cn，主页信息如图 6-3 所示。

在北京市工商行政管理局主页中，可以选择政务信息、在线办事、政民互动、公众服务、工商分局等栏目。其中，选择“在线办事”→“按主题办事”→“企业年报”后就可以完成在线年报操作，如图 6-4 所示。

6.1.3 电子政务与传统政务

电子政务是现代管理和信息技术相结合的结果，与传统政务主要区别于 3 个方面，即沟通方式、办公手段和行政业务流程。

图 6-3　北京市工商行政管理局主页

图 6-4　网上企业年报

1. 沟通方式

传统政务缺乏政府与公众之间的良好互动，容易使中间环节完全没有民主监督，从而导致行政低效甚至出现腐败。电子政务的最终目标是政府对公众需求反应更快捷，与社会公众的沟通更直接，提供的服务更完善。通过互联网，政府可以让公众迅速了解政府机构的职能、组成和办事流程，以及各项政策法规，进而提高办事效率和执法透明度；同时，社会公众也可以在网上与政府办事员直接进行信息交流，反映社会现实和大众诉求，促进政府职能转变。

2. 办公手段

传统政务办公模式使用纸质文件进行信息传递，办公手段落后，行政效率低下。人们到政府部门办事时必须亲自到指定管辖部门的所在地，如果涉及诸多部门，则非常费时费力。电子政务通过计算机存储介质或网络来进行信息传递，这远比通过纸质介质发布的信息容量大、速度快捷和方便灵活。实际上，信息资源的数字化和信息交换的网络化是电子政务与传统政务最显著的区别。

3. 行政业务流程

传统政务中的机构设置是"金字塔"结构，容易造成机构臃肿、办事效能低下和行政流程复杂等恶果。由于管理层次复杂，决策层与执行层之间信息沟通的速度慢且容易出错，经常使行政意志在执行与贯彻过程中发生偏离，从而影响政府行政职能的有效发挥。标准化和高效化是电子政务的核心，使政府扭转机构膨胀的局面成为可能。一方面，政府可以根据自身需要，适度地减少管理层次，提高信息传递的准确率和利用率；另一方面，政府还可以使行政流程尽量优化、标准化和程序化，使大量常规性的事务电子化，从而极大地提高政府的行政效率。

6.2 国内外电子政务的发展历程

目前，互联网已经无处不在，企业信息化也在高速发展，而电子政务也同时进入快速发展时期，但有必要回顾一下国内外电子政务的发展历程。

6.2.1 国外电子政务的发展历程

关于国外发展电子政务的过程，下面将以美国作为代表进行描述。

1993 年，美国克林顿政府在建立"国家绩效评估委员会"时就提出要构建"电子政府"。1995 年 5 月，克林顿签署《文牍精简法》，要求各部门必须使用电子表格，并规定到 2003 年 10 月前全部使用电子文档。2000 年 9 月，美国政府开通"第一政府"网站。随后，美国电子政务发展逐步成熟，尤其体现在政务公开、网上服务和政府部门政务管理电子化方面。

【例 6-2】 美国政府网站（www.usa.gov）。

美国政府网站（最初网址为 www.Firstgov.gov）旨在加速政府对公民需要的反馈，并进行网上交易。例如，完成竞标合同、向政府申请贷款、购买政府债券、网上缴纳税款等。目前，美国政府网站已经拥有数千万个页面，网址更换为 www.usa.gov，如图 6-5 所示。

【例 6-3】 美国白宫网站（www.whitehouse.gov）。

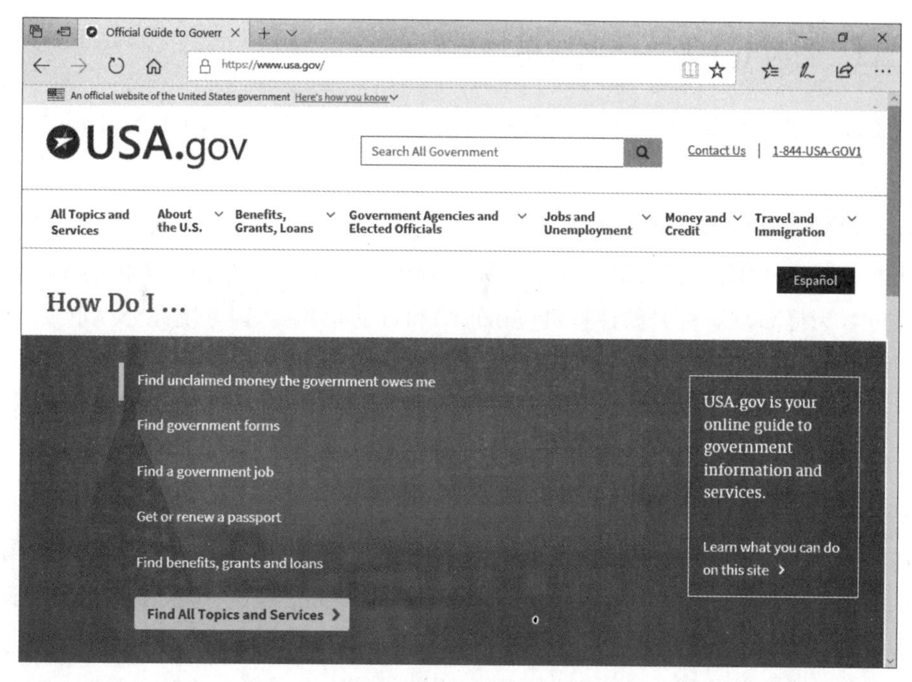

图 6-5　美国政府网站

美国白宫是美国政府的行政中心，同时又是美国总统办公室及府邸所在地。白宫内的全部建筑都用白色大理石装饰，故称为“白宫”。白宫网站内容丰富，包括即时新闻、联邦热点事件、联邦统计数据、总统的家庭介绍等，如图 6-6 所示。

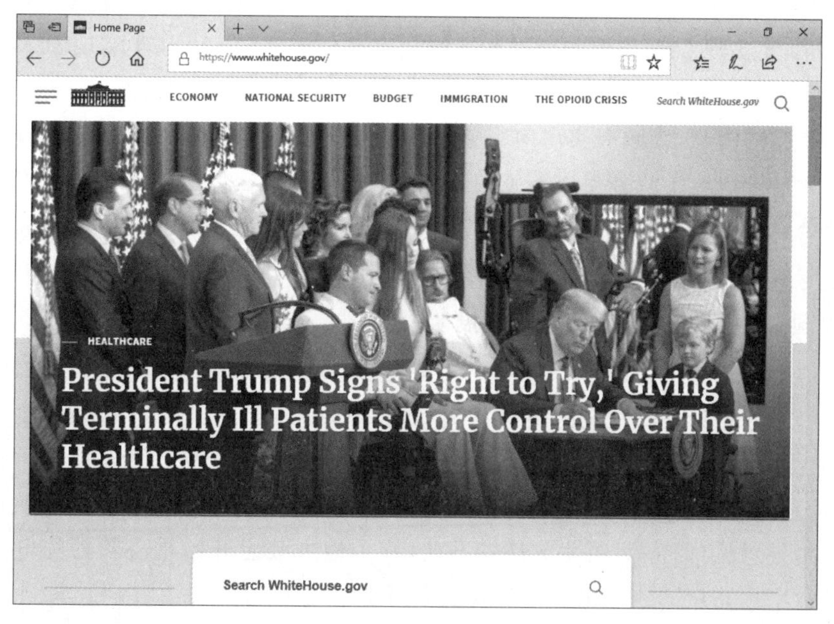

图 6-6　美国白宫网站

6.2.2 国内电子政务的发展历程

电子政务建设是我国信息化发展战略的重要组成部分，其间大致经历5个发展阶段。

1. 以办公自动化为主的发展阶段

从20世纪80年代初期开始，我国各级政府机关就在进行办公自动化建设。尤其是在1992年，为提高政府机关的计算机应用水平和自动化程度，国务院办公厅下发《关于建设全国政府行政首脑机关办公决策服务系统的通知》(1992(25)号)。在该文件的指导下，各级政府机关的信息化建设取得长足进展，例如文件处理、档案管理等实现了"办公自动化"。

2. 以"三金工程"建设为主的发展阶段

1993年年底，为适应全球信息高速公路的建设潮流，中国正式启动国民经济信息化的起步工程——"三金工程"。其中，金桥工程指国家经济信息网，金关工程指国家经济贸易信息网络，金卡工程指金融交易卡。"三金工程"的建设，对我国政府业务领域信息化的发展起到非常重要的作用。这一时期，银行、电信、税务、海关等单位已经开始全面使用计算机网络系统，详见6.5节。

3. 以政府上网工程为主的发展阶段

1998年4月，青岛市在互联网上建立国内第一个政府网站，即"青岛政府信息公众网"。1999年1月，中国电信、国家经贸委等部门共同倡议发起了"政府上网工程"，其目标是在1999年实现60%以上的部委和各级政府部门上网，在2000年实现80%以上的部委和各级政府部门上网。政府上网工程加强政府与社会公众之间的联系，政府网站作为政府服务社会的门户，为政府实现向服务型转变发挥着越来越大的作用。政府上网工程被普遍认为是国内电子政务得以实施的基础工程。其间，逐步建设并完善"三网一库十二金"，即办公业务网、办公业务资源网、政府公众信息网、信息资源数据库、金桥、金关、金卡、金税、金农、金企、金智、金宏、金信、金卫等。

4. 以国家规划、全面建设为主的发展阶段

在政府上网工程实施两年后的2001年，国务院办公厅制定全国政府系统政务信息化建设的第一个五年计划，即《全国政府系统信息化建设2001—2005年规划纲要》(国办发(2001)25号)。对我国政府信息化的指导思想、方针、政策等做出明确规定。2002年7月，国家信息化领导小组讨论通过《国民经济和社会信息化专项规划》和《关于我国电子政务建设的指导意见》两部纲领性文件。不久，许多地方政府开始雄心勃勃的电子政务计划，例如"数字化北京""数字化上海""数字化福建"等。

5. 以信息资源开发利用为主的发展阶段

电子政务的目标应该是政府借助信息化实现职能转变、政务信息化服务体系建设、政府的信息资源开发利用等。在电子政务建设中要突出信息资源的开发利用,让社会对政府信息化和社会信息化的认识不断提高。2002年7月3日,国家信息化领导小组召开第二次会议并审议通过《中国电子政务建设指导意见》。提出我国电子政务建设的目标包括:标准统一、功能完善、安全可靠的政务信息网络平台发挥支持作用;重点业务系统建设取得显著成效;基础性、战略性政务信息库建设取得重大进展,信息资源共享程度明显提高;初步形成电子政务网络与信息安全保障体系,建立规范的培训制度,与电子政务相关的法规和标准逐步完善等。

【例 6-4】 中国政府网(www.gov.cn)。

中华人民共和国中央人民政府网站(简称“中国政府网”)是由国家信息化领导小组批准建设的。开通栏目有:国务院、总理、新闻、政策、互动、服务、数据、国情等,面向社会提供政务信息和与政府业务相关的服务,逐步实现政府与企业、公民的互动交流。于2005年10月1日试运行,2006年1月1日正式开通,如图6-7所示。

图 6-7 中国政府网

【例 6-5】 中国高校毕业生就业服务信息网(www.ncss.org.cn)。

全国大学生就业公共服务立体化平台(又称为新职业,网址 www.ncss.org.cn)是中国高校毕业生就业服务信息网(网址 www.myjob.edu.cn)的升级改版,由教育部主办、全国高校毕业生就业网络联盟提供支持,为大学生就业和用人单位招聘提供网络互动平台。开通栏目包括:创业服务、指导教师、就业杂志、国际组织平台、学信网、全职、实习、名企、招聘会、测评、动态、政策、指导、基层、专题等,如图6-8所示。

图 6-8　中国高校毕业生就业服务信息网

6.3　办公自动化系统

办公自动化系统是电子政务的先导，对提高行政效率有重要作用。本节主要介绍办公自动化功能、目标与层次，信息收集方法，数据交换、信息共享和资源管理。

6.3.1　办公自动化功能、目标与层次

1. 办公自动化功能

办公自动化是以行为科学、管理科学、系统工程学、社会科学、人机工程学为理论基础，以计算机技术、自动化技术、通信技术和网络技术为手段，利用各种现代办公设备完成各种办公业务，使办公过程实现信息化、电子化、网络化、自动化和无纸化，促使办公工作的规范化和制度化，提高办公室工作的效率和质量。我国的办公自动化从 20 世纪 80 年代开始发展，已从最初的单机辅助办公模式，发展到目前的网络协同办公模式。目前，办公自动化的主要目标是通过信息技术将办公过程数字化和电子化。具体来说，主要实现 7 个方面的功能，如表 6-1 所示。

表 6-1　办公自动化功能

功　　能	说　　明
自动工作流程	将公文处理与收发、审批、请示、汇报等流程化工作，通过实现工作流程的自动化进行规范，最终提高单位协同工作的整体效率
构建内部通信	建立部门内部的邮件系统，使内部通信和信息交流快捷方便

续表

功　能	说　明
实现信息发布	可使用电子公告、电子刊物、电子论坛等网络媒介，使内部规章制度、技术交流、公告事项、新闻简报等能够在内部员工中进行广泛传播
自动文档管理	首先要使各类文档按权限进行保存、共享和使用，并构建快捷方便的查找手段，然后才能使文档发挥出更大的价值
分布办公系统	要支持多分支机构、跨地域的办公模式以及移动办公，这是提高公共服务内容的重要手段之一，同时可以节省大量的行政资源
自动辅助办公	将会议管理、车辆管理、物品管理、图书管理等日常事务操作，实现辅助办公的自动化
综合信息集成	将购销存、电子数据交换、企业信息等业务系统进行集成，使相关人员能够有效地获得整体信息，以便提高决策能力

2. 办公自动化目标

办公自动化的主要目标包括：实现文档管理网络化和自动化；实现综合事务处理与管理的自动化；实现收发文、文件管理等办公活动的无纸化和工作流程自动化；实现部门内部快捷通畅的通信和信息发布平台，以便实现信息共享。

3. 办公自动化层次

办公自动化的层次一般分为3种，即事务型办公、管理型办公和决策型办公。其中，事务型办公自动化系统的内容包括文字处理、工作日程安排、文档管理、行文管理、邮件处理、排版与印刷、视频会议等；管理型办公自动化系统能够支持各种办公事务工作又能进行信息管理的办公自动化系统；决策型办公自动化系统是办公自动化系统中的最高层次，它将以事务处理和信息管理为基础，主要目标是提供辅助决策支持的功能。

6.3.2 信息收集

信息收集就是指通过各种途径获取所需信息，这是利用信息前的必备工作。信息收集工作的效果，将直接关系到整个行政行为和信息管理工作的质量。信息收集的主要途径包括文献利用、情报网络和访问考察，如表6-2所示。

表6-2 信息收集途径

信息收集	说　明
文献利用	文献信息是前人留下的宝贵精神财富，如何在高度分散的大量文献中找到所需信息是情报检索必须研究的内容。文献信息具有"可再生性"，充分利用信息资源才能提高政务效率
情报网络	情报网络是指负责信息收集、筛选、加工、传递和反馈的整个加工体系，要通过多种途径收集信息。为提高电子政务和行政管理的效率，要求信息准确、全面和及时，建立信息收集的情报网络可以弥补单一渠道收集信息的不足
访问考察	指通过有目标地进行专访、座谈、参观、参加学术会议等方式，搜集许多没有公开发布的信息，以便弥补系统检索的不足

6.3.3 信息交换

从信息化过程中可以发现，电子政务的操作对象就是数据和信息，如何实现信息的交换、共享和协同是电子政务必须解决的问题。实际上，数据交换能力的加强、数据共享程度的提高和数据协同范围的扩大是目前电子政务亟待加强的。

1. 数据交换方面

早期电子政务采取的信息交换模式是基于应用需求的点对点交换，每个应用系统针对自身需要会开发专用的数据交换子系统，例如社保系统、办公自动化系统、网上采购系统、网上审批系统等。这种数据交换系统将随着交换内容、格式、数据结构变化而发生变化，这必将给系统管理和维护带来巨大的工作量。一般而言，系统费用中的30%以上都会浪费在与行政业务流程无关的各种接口开发和维护方面。

要加强数据交换能力，最好建立统一的交换平台和接口标准，不同结点在完成交换时只需要进行适当配置，不需要单独编程。这样将可以节省大量经费，并能保证数据交换的可靠、安全和高效。

2. 信息共享方面

从国内目前的现状可以发现，有80%的社会信息资源，约3000个数据库都掌握在政府部门中，且利用率较低。信息共享的目标是充分利用信息资源，尤其是部门之间、部门与公众之间等方面的共享，从而在公众服务、市场监管、决策支持等方面实现信息资源的整合和共享。

3. 资源管理方面

随着电子政务的不断发展，信息资源的开发、利用和共享必将成为电子政务建设过程中重要指标之一。不过，信息资源系统的建设与管理需要统一的安全认证、授权管理、备份与恢复机制、信息资源更新机制等技术。

6.4 政府上网与电子政府

本节主要介绍政府上网、电子政府、电子政府职能和政府网站。

6.4.1 政府上网

政府上网又称为政府职能上网，即通过网络构建一个虚拟政府，并使用互联网实现政府职能。其目标是推动国家各部委和各地政府部门在互联网中建立站点，以便改变政府工作模式和提高办公效率，以及及时发布权威信息并开展网上服务，接受社会各界的反馈意见，提高政府工作的整体服务水平。一般而言，政府上网包括4部分内容：政府部门形象上网、组织机构和办事程序上网、相关政策信息上网和政府专有信息上网。

政府上网的意义体现在3个方面：信息网络、政府形象和公共服务。

（1）信息网络。通过实施政府上网极大地丰富互联网中的信息资源，使信息网络成为名副其实的"第四媒体"。

(2) 政府形象。有利于树立各级政府形象,组织并规范政府的网站建设,提高政府工作透明度,有利于勤政廉政建设。通过互联网,我国政府上网将能够让世界更好地了解中国,加强与世界各国的交流,从而树立良好形象。

(3) 公共服务。将各级政府网站建设成为便民服务的"窗口",帮助社会公众实现足不出户完成与政府各部门的办事程序,实现政府部门之间、政府与社会各界之间的信息沟通。

6.4.2　电子政府

电子政府是指在政府内部采用电子化和自动化技术的基础上,利用现代信息技术和网络技术,建立起网络化的政府信息系统,并利用这个系统为政府机构、社会组织和公民提供方便、高效的政府服务和政务信息。电子政府的基本特点是虚拟性、小政府和高效率。

(1) 虚拟性。电子政府是由信息技术、通信技术和法律支持的虚拟政府,具有跨行业、跨地域、跨机构的特性,是在政府、社会和公众之间建立的信息服务与办公业务体系。

(2) 小政府。电子政府是将传统的大政府转化为以知识经济为基础的小政府,从而促进政府职能转变和公共行政体制改革,实现机构的优化和重组。

(3) 高效率。电子政府的作用和目标是通过计算机网络,高效率地为社会和公众服务,履行政府职能,降低管理成本。

综上所述,电子政府与传统政府是完全不同的,二者的主要区别如表6-3所示。

表6-3　电子政府与传统政府的主要区别

电子政府	传统政府
虚拟性	实体性
全球性	地域性
分权式管理	集中式管理
扁平化辐射结构	垂直化分层结构
网络化和自动化	实体化和手工化
在网络经济环境中运行	在传统经济环境中运行

6.4.3　电子政府职能

1. 电子政府工作模式

电子政府的工作模式应该是利用信息技术来支撑政府运作、管理市民并提供各项政府服务。电子政府的主要职能包括电子管理、电子服务、电子民主和电子商务,即E-管理、E-服务、E-民主和E-商务,如表6-4所示。

表 6-4 电子政府工作模式

工作模式	内容
E-管理	利用信息技术和通信技术来改进政府管理，如流水式业务流程、维护各种电子记录等，通过改善工作流程与整合信息来提高公共管理水平
E-服务	以网络化和电子化形式来发布政府的信息、计划、服务等内容
E-民主	通过电子通信手段帮助市民参与公共决策过程，实现大众参政议政
E-商务	包括实物和服务的电子交换，例如市民交税、公共设施费用、续办车辆登记、娱乐项目消费、政府购买供给物品、拍卖剩余设备等

2. 政府采购

政府部门作为一个实体单位，必然需要采购众多物资以满足政府部门正常运转的物资供应，并对物资采购进行信息化管理。网上政府采购的优势包括：提高政府采购效率，降低采购成本；有利于建立有效的政府采购评估体系；有助于建立一支精干的采购队伍；扩大政府采购的选择范围；政府供应链的建设提升政府采购的公共认可度。

【例 6-6】 深圳市网上政府采购系统（www.szzfcg.cn）。

政府采购系统确定采购过程中的完整操作程序，例如采购文件中应该包括评标标准、评估报告、采购活动记录、采购预算、招标文件、定标文件、合同文本、验收证明、质疑答复、投诉处理决定等相关文件和资料。其中，需要记录的采购活动内容包括：采购项目类别与名称；采购项目预算、资金构成和合同价格；采购方式，如果采用非公开招标采购方式，则应当说明原因；邀请和选择供应商的条件及原因；评标标准及确定中标人的原因；如果废标，则应该说明原因等。其网站如图 6-9 所示。

图 6-9 深圳市网上政府采购系统

6.4.4　政府网站

1. 政府网站的功能

政府网站是在各政府部门的信息化建设基础之上建立的跨部门的综合的业务应用系统，使公众、企业与政府工作人员都能快速便捷地了解所有相关政府部门的业务应用、组织内容与信息，并获得个性化的服务，使合适的人能够在恰当的时间获得恰当的服务。

各级政府网站是便民服务的窗口，能够帮助人们实现足不出户享受政府部门提供的各种服务，在网上实现政府职能，从而强化政府与企业与公众的紧密联系，促进政府部门改善和提高服务质量。

【例 6-7】 “中国上海”网站（www.shanghai.gov.cn）。

“中国上海”政府门户网是上海市人民政府各部门在互联网上发布权威政府信息和提供在线服务的平台，于 2002 年 1 月 1 日正式开通。主要栏目有：审批事项、服务事项、事中事后监管、数据开放、12345 热线、个人、法人、预约先办、查询反馈、评价分享和互动问答，如图 6-10 所示。

图 6-10　“中国上海”网站

政府网站的一个重要目标是“一站式”行政服务大厅建设，主要内容包括协调好“一站式”行政服务中各个业务主体的相互关系，进而形成良性互动；合理设计“一站式”行政服务程序，有效提高办事效率；完善“一站式”行政服务功能，建立全程服务理念；大力开展“一站式”行政服务信息化建设等。

2. 信息的发布

政府信息是政府工作中公务员之间、公务员与企事业单位、社会公众之间传递的、反映政府活动和政府工作对象的状态及其特征的信息、情报、数据、语言、符号等信号序列的总称，表现为政府文件、工作报表、档案资料等。加强政府信息资源开发利用是今后一段时间国内电子政务建设的重中之重，是提高政府竞争力的重要手段。

政府信息资源则是专门指政府可以开发利用的、有价值的信息，可以分为社会公开类、依法专用类和部门共享类。借助政府信息资源目录系统，可以对政府信息资源进行识别、导航和定位，以支持公众方便快捷地检索、获取和使用。

政府网站发布的信息会被百度、Yahoo!、谷歌等搜索引擎收录，其他人只要使用搜索引擎就可以检索到相关信息。

3. 电子社区

电子社区就是基于电子化的虚拟社区，用于实现并完善现实社区中的全部服务功能，比如其中的会员类似于现实社区的居民，管理层就好像街道办事处一样，只是二者具有更方便快捷的互动。例如，构建电子社区最重要的是论坛，用于广大会员进行联机互动交流。

6.5 十二金工程

国内电子政务建设是围绕“两网一站四库十二金”展开的。其中，“两网”指政务内网和政务外网，“一站”指政府网站，“四库”指关于人口、法人单位、空间地理与自然资源、宏观经济等建立的4个数据库。而“十二金”则是指推进办公业务资源系统等12个业务系统，即提供宏观决策支持的金宏工程、办公业务资源，涉及金融系统的金财、金税、金卡、金审和金关工程，关系到国家稳定和社会稳定的金盾工程、金保工程，对国家民生具有重要意义的金农、金水、金质工程。

下面介绍与互联网应用最紧密联系的“三金工程”，即“金桥工程”“金关工程”“金卡工程”。

6.5.1 金桥工程

金桥工程属于信息化的基础设施建设，是中国信息高速公路的主体。金桥网是国家经济信息网，它以光纤、微波、程控、卫星、无线移动等多种方式形成空、地一体的网络结构，建立起国家公用信息平台。其目标是覆盖全国，与国务院部委专用网相联，并与31个省、市、自治区及500个中心城市、1.2万个大中型企业、100个计划单列的重要企业集团以及国家重点工程联结，最终形成电子信息高速公路大干线，并与全球信息高速公路互联。

6.5.2 金关工程

金关工程即国家经济贸易信息网络工程，可延伸到用计算机对整个国家的物资市场流动实施高效管理。它将对外贸企业的信息系统实行联网，推广电子数据交换（EDI）业务，通过网络交换信息取代磁介质信息，消除进出口统计不及时、不准确，以及在许可证、产地证、税额、收汇结汇、出口退税等方面存在的弊端，达到减少损失，实现通关自动化，并与国际 EDI 通关业务接轨的目的。

6.5.3　金卡工程

即从电子货币工程起步，用十多年的时间，在城市 3 亿人口中推广普及金融交易卡，实现支付手段的革命性变化，跨入电子货币时代，并逐步将信用卡发展成为个人与社会的全面信息凭证，如个人身份、经历、储蓄记录、刑事记录等。

社会保障卡一般指中华人民共和国社会保障卡，是由人力资源和社会保障部统一规划，由各地人力资源和社会保障部门面向社会发行，用于人力资源和社会保障各项业务领域的集成电路(IC)卡。

社会保障卡作用十分广泛。持卡人不仅可以凭卡就医进行医疗保险个人账户实时结算，还可以办理养老保险事务；办理求职登记和失业登记手续；申领失业保险金；申请参加就业培训；申请劳动能力鉴定和申领享受工伤保险待遇；在网上办理有关劳动和社会保障事务等。

社会保障卡采用全国统一标准，社会保障号码按照《社会保险法》的有关规定，采用公民身份号码。截至 2016 年底，我国社会保障卡持卡人数达 9.72 亿人，2017 年，社保卡基本实现全国一卡通，如图 6-11 所示。

图 6-11　社会保障卡

6.6　智慧城市与智能交通

本节介绍智慧城市，以及智能交通的实现。

6.6.1　智慧城市

1. 智慧城市

随着物联网、互联网+、云计算、5G 通信技术等新型信息技术的迅速发展和深入应用，城市信息化发展向更高阶段的智慧化迈进已经成为必然趋势。据《中国智慧城市标准化白皮书(2013 年 7 月)》定义，“智慧城市是当前城市发展的新理念和新模式，以改善城市人居环境质量、优化城市管理和生产生活方式、提升城市居民幸福感受为目的，是信息时代的新型城市化发展模式，对于城市实现以人为本、全面协调可持续的科学发展具有重要意义。”

“智慧城市”理念问世以来，国内外相关的政府部门、企业、研究机构和专家，纷纷对其进行了充分描述和深入研究。归纳起来，主要集中于如下3个共识：智慧城市建设必然以信息技术应用为主线，智慧城市是一个相互作用的复杂系统，智慧城市是城市发展的未来模式。

2. 移动政务

21世纪被称为移动计算和移动事务（即移动商务与移动政务）的时代，政府也需要通过移动政务模式为企业和公民提供信息服务。这样，移动政务搭建了公民、企业和政府之间的信息服务平台，在电子政务基础上打破地域限制。如果说过去是由电子政务取代传统政务，而现在则是移动政务取代电子政务，至少是凭借其在针对性、响应速度、覆盖面、可达性等方面的优势逐渐超越传统电子政务。

智慧城市建设在国内外许多地区已经展开，并取得许多成果，如国内的智慧上海、智慧双流（隶属四川成都），国外有新加坡的“智慧国计划”、韩国的“U-City计划”等。下面以“智慧上海”为例进行说明。

目前，智慧上海已实现许多移动政务项目，通过手机就可以在线获取信息服务。

（1）metro大都会。这是一款上海交通应用软件，可以帮助广大用户对轻轨、地铁、公交等进行系统的数据分析与管理，帮助大家在线了解当日的人流情况与发车时间，你可以通过这款软件服务于日常生活的出行安排。

（2）上海人社。这是一款上海地区的社保服务应用，大家可以利用这款App在线查询社保信息，在线缴纳社保费用，还能了解本地区的社保相关动态，知悉国家地区的相关政策，功能简单但十分实用，是广大市民的必备软件之一。

（3）上海交警。这是上海市公安局交警支队推出的一款官方应用。用户可以在线查询机动车辆的违章信息，还能在线缴纳罚款，也能快速了解本地区的交警资源。

6.6.2 智能交通

目前的城市交通管理基本是自发进行的，每个驾驶员根据自身判断选择行车的时间与路线，交通信号标志仅仅起到静态且有限的指导作用。这样导致城市道路资源未能得到有效的运用，进而产生不必要的交通拥堵。而智慧交通可以将整个城市的车流量、道路状况、天气、温度、交通事故等信息实时收集起来，并通过云计算中心动态地计算出最优的交通指挥方案和车行路线，从而保障人与车、路、环境之间的信息交互，进而提高交通系统的机动性、可达性和安全性。

1. 概念

智能交通是基于信息技术、数据通信技术、电子传感技术、控制技术、计算机技术并面向交通运输的一个公共服务系统。其突出特点是以信息的收集、处理、发布、交换、分析、利用为基础，为交通参与者提供多样化的信息服务。

2. 特点

智能交通具有如下两个特点：一是着眼于交通信息的广泛应用与服务；二是着眼于提高既有交通设施的运行效率。

习　题　6

一、简答题

1. 简述电子政务概念及其组成。

2. 简述电子政务的主要内容。

3. 根据服务对象可以将电子政务的业务内容分为哪3种？简述之。

4. 简述电子政务的3大特点。

5. 简述电子政务与传统政务的主要区别。

6. 简述国内电子政务的5大发展阶段。

7. 什么是办公自动化？并简述办公自动化的7大功能。

8. 什么是信息收集？并简述信息收集的3大途径。

9. 什么是政府上网？并简述政府上网的3大意义。

10. 什么是电子政府？并简述电子政府的主要职能。

11. 简述电子政府与传统政府的主要区别。

12. 什么是智慧城市？什么是智能交通？

二、上机题

1. 进入北京市工商行政管理局网站，全面实现"网上年检"过程。记录操作时的全部环节，说明在每个环节应该注意的问题。

2. 进入深圳市网上政府采购系统，全面了解政府采购的实施过程。

3. 进入"中国上海"政府网站，并分析政府网站的基本职能。

4. 进入中国政府网站，全面了解中国政府的电子政务职能。

5. 进入中国高校毕业生就业服务信息网，全面了解信息网提供的职能，最好完成一次招聘过程，记录经历的全部环节，说明在每个环节应该注意的问题。

6. 以移动政务为例，选择一个方向描述所在城市的"移动政务"情况，字数超过600。

7. 以车辆控制系统、交通监控系统、该车辆管理系统、旅行信息系统等为例，选择其一描述所在城市的"智能交通"情况，字数超过600。

第7章　信息检索与利用

教学目标

(1) 了解信息与信息检索的基本知识；

(2) 掌握常用信息检索的使用方法；

(3) 熟悉常用的信息检索资源；

(4) 掌握信息综合利用的各种方法。

在人类社会的演变和发展过程中，信息活动从来就没有间断过。尤其是21世纪以来，随着科学技术的空前进步和信息化过程的深入实施，信息与物质和能量一起构成了现代社会的三大支柱。为提高大学生的全面素质以适应信息社会的需要，教育部将信息素养教育作为培养人才的重要内容，而信息检索与利用则是实施信息素养教育的必修内容，教学目标是培养大学生的信息意识，以及对信息的检索、吸收和利用的能力，最终使大学生能够通过信息重组来实现知识创新。

7.1　信息检索系统

获取信息的方式多种多样，简单信息可以从日常生活和人际交往中获取，复杂信息可以从计算机网络系统中检索得到。本节主要介绍信息检索原理，文献分类法，信息检索的方法、途径和步骤，文献检索工具系统等，其实现过程都将借助各种计算机网络系统。

7.1.1　信息检索基础

1. 信息检索概念

信息检索是指为满足用户信息需求而建立的、存储经过加工的信息集合，拥有存储、检索、传送等设备，以便提供存储和检索服务的实体。实质是将用户的检索需求与信息集合中的信息进行比较，如果匹配，则表示信息已经找到，否则没有找到。实际上，信息检索就是根据社会需要和信息交流目标而建立的一种有序化的信息资源集合。

信息检索可以分为两种，即狭义信息检索与广义信息检索。狭义信息检索通常就是查找信息，广义信息检索则包括合理的信息存储和有效的信息检索。其中，信息存储是将搜集到的一次信息，经过著录特征(如著者、分类号、题名、主题词等)后而形成款目，并将这些款目组织起来成为二次信息；信息检索是在已存储的二次信息（数据库）中进行指定查找。换言之，合理存储是为了实现有效检索，有效检索要求存储组织和结构必须是合理组织的，两者是相互依存的辩证关系，如图7-1所示。

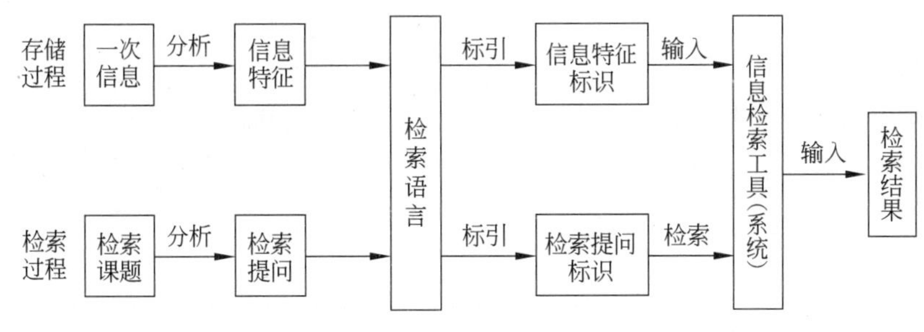

图7-1　信息检索的过程

要判断信息检索效果，通常可以使用3个指标：检索速度、查准率和查全率。其中，检索速度是指检索出信息所消耗的时间，查准率是指被检出相关信息量与被检出信息总量的百分比，查全率是指被检出相关信息量与相关信息总量的百分比。

2. 信息检索意义

信息检索的意义主要包括：终身学习、获取知识和科学研究。

(1) 信息检索是终身学习的前提。学校知识教育的目标是培养学生的自学能力、思维能力、表达能力、研究能力、组织管理能力等，显然仅通过书本学习是远远不够的。而且，现代教育已经扩大到整个人的一生，唯有实现终身教育才能成为适应现代社会的公民。通过信息检索可以丰富思维结构，防止知识老化，完善人的知识结构，较好地融入信息社会。

(2) 信息检索是获取知识的有效捷径。早在1972年，美国普林斯顿大学物理系的大学生约翰·菲利普，在大学图书馆里用4个月时间查阅有关制造原子弹的各种资料，画出制造原子弹的设计图。他设计的原子弹，体积为棒球大小，质量为7.5kg，威力接近广岛原子弹爆炸的当量，造价仅为两千美元。从这个例子可以看出，通过信息检索可以获取各种有用的知识。

(3) 信息检索是科学研究的基础。在实施"阿波罗登月计划"过程中，工程师们对阿波罗飞船的燃料箱进行压力实验时，发现甲醇会引起钛应力腐蚀，后来美国政府支付数百万美元来解决该问题。事后，有人通过10多分钟的信息检索就发现，有人早在十多年前就解决了这个问题，方法是在甲醇中添加纯度为2%的水。所以，在科学研究领域有许多科学家在进行重复劳动。据国外资料统计，美国每年由于重复研究所造成的经济损失，约占全年研究经费的38%；日本在化学化工方面的重复研究比例，大学占40%，民间占47%，国家研究机构占40%，平均重复率在40%以上。这种重复研究的情况，在我国也是普遍存在的。

3. 信息检索类型

按照文献出版情况，信息检索可以分为：回溯信息检索和定题信息检索。其中，回溯信息检索是根据时间范围进行文献信息检索的方法，通常是在着手课题鉴定和专利查新时使用该方法;定题信息检索则是根据指定题目进行文献信息检索的方法,具体操作是将用户提问预先存储在存储器中,由检索系统按照提问要求定期检索数据库中的最新文献信息,并将检索结果传送给用户。使用该方法的优点是用户没有必要进行联机检索,就能定期获取文献信息。

4. 信息检索要素

信息检索的4个要素是信息来源、信息意识、信息获取和信息利用。

(1) 信息来源。信息来源是信息检索的物理基础,信息来源的分类及说明如表7-1所示。

表7-1 信息来源的分类及说明

分类	说明
文献载体	印刷型、机读型、声像型、缩微型等
文献加工程度	零次文献、一次文献、二次文献、三次文献、高次文献
出版形式	图书、报刊、研究报告、会议论文、专利、统计数据、政府出版物、档案、学位论文、技术标准等

(2) 信息意识。信息意识是人们利用信息系统获取所需信息的内在动因,这是信息检索的基础,具体表现为人们对信息的敏感程度、选择取向、理解识别能力等。信息意识的3个主要层面分别是信息认知、信息情感和信息行为,这是人们学习信息知识并运用信息解决实际问题的基础。对信息意识进行评价时,内容应该包括:对信息的社会作用与经济价值的认识,对特定信息需求的自我识别,对信息科学的认识,能否充分准确地表达出对特定信息的需求。

在现代信息社会中,信息意识至关重要。由于信息浩如烟海,其中凝聚着无数的观念、思想、数据、方法、事实、科研成果、商机等,人们只能通过检索并处理才能获得信息的真正价值。所以,强烈的信息意识已经成为当前大学生取得成就不可或缺的能力之一。

(3) 信息获取。信息获取是信息检索的目标,要达到这个目标的基本要求是:了解各种信息来源,掌握信息检索方法,熟练使用检索工具,对信息检索效果进行正确评估,具体体现在对数字图书馆、互联网搜索技术、各种光盘库等信息存储机构的合理运用。

信息获取的评价内容包括:确定信息需求,选择经济的信息获取方法,采取适当的策略并检索信息,记录与管理信息并能根据情况来适时调整检索策略或检索的信息源,评估检索获取的信息和信息源。

知道信息在何处,这本身就是知识体系中最重要的一部分。在信息社会,人们被大量有用或无用信息所包围,但又不知道在何处查找所需信息。据美国国家基金会在化学工业领域中的调查统计表明,科研人员的全部工作时间分配是:收集信息占50.9%,实验论证占32.1%,数据处理占9.3%,计划与思考占7.7%。所以,掌握信息获取技术,可以让研究人员以最快速度、最精确的途径获得所需信息。

(4) 信息利用。检索信息资源的目的在于利用,“利用”的终极目标在于创新,“创新”的最佳效果在于贡献。实际上,信息资源也是一种再生资源,在工程和科技领域中可以根据不同的目标利用有关的信息。一方面,利用信息能够扩展视野,避免重复别人的研究工作;另一方面,也能够将已有信息转换成新的信息。因此,如何充分利用信息资源并进行科学研究工作,是大学生们应该具有的基本能力。

信息利用的评价内容包括提炼与综合主要观点,提出新结论,对信息进行评价,评估信息成果对决策问题的支持程度,将信息成果以适当形式组织到原始问题环境中以解决原始问题,反思信息成果产生过程,以及有效传播信息成果等。

5. 信息加工程度

根据文献加工程度,可以将信息来源分为:零次文献、一次文献、二次文献、三次文献和高次文献,如图 7-2 所示。

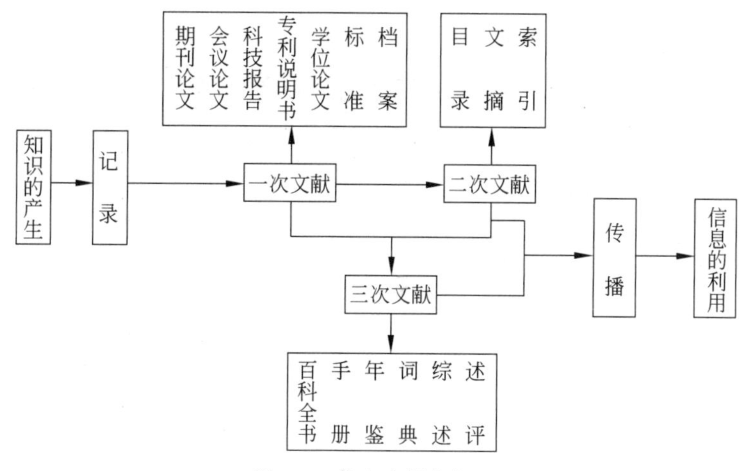

图 7-2　信息来源与加工

(1) 零次文献。零次文献是没有经过系统整理并形成正式文献的零散资料或原始记录,如手稿、笔记、照片、书信、实验数据等。零次文献的主要优点是内容的新颖和原始,缺点是内容不够成熟、结构分散、检索困难等。

(2) 一次文献。又称为原始文献,这是人们研究成果的直接记录,如期刊论文、科技报告、会议文献、公开出版的著作、学位论文、发明专利等。一次文献的主要优点是新颖、原创、系统、参考与使用价值较高等,缺点是零碎、分散和无序。

(3) 二次文献。这是通过科学方法进行筛选、分析和整理,并按内容特征和外部特征进行提炼浓缩后编制而成的文献,包括目录、文摘、索引等。形成二次文献的过程就是从分散、无序到集中、有序的过程。这种文献的主要优点是易于存储与传播、有较高的检索与传递价值等,缺点是需要专业人员耗费大量时间进行整理。

(4) 三次文献。这是通过系统组织、综合研究与分析一次文献和二次文献的结果,如述评、百科全书、专题报告、年鉴、手册、字典等,优点是实用和技术含量较高。

(5) 高次文献。许多文献还要在一次文献、二次文献和三次文献的基础上进行深入分析和整理才具有创造价值,这就是大量高次文献产生的主要原因。

综上所述，零次文献是最原始的信息资源，尽管没有公开发表，但还是产生一次文献信息的主要素材；一次文献是最主要的信息资源，是信息检索和利用的主要对象；二次文献是对一次文献信息的集中提炼和有序化后的信息资源，是综合三次文献信息的有效工具；三次文献是按知识门类或专题将文献信息重组和浓缩而成的信息资源，是人们检索数据信息和事实信息的信息资源；高次文献对信息的高度浓缩与提炼，是人们宏观理解信息并进行创新的重要依据。实际上，信息具有"可再生性"，要充分利用信息资源，信息工作者应该将信息加工处理成不同的等级。

7.1.2 信息出版类型

根据出版形式的不同，信息可以分为图书、学术期刊、会议论文、科技报告、学位论文、专利文献、技术档案、技术标准、产品样本、报纸、政府出版物等。

1. 图书

印刷型图书是历史悠久的传统信息类型，它具有全面、系统、成熟、综合等优点。但出版周期过长，传递信息的速度较慢，信息老化速度快。近年来增长迅速的电子图书可以部分弥补印刷型图书的不足。

2. 学术期刊

学术期刊是历史悠久的传统信息类型，通常经过同行评审并公开发表。学术期刊呈现研究领域的成果，并起到公示作用，内容主要以原创研究、综述等形式的文章为主。它具有内容权威、受众广、引用率高、内容新等优点，能及时反映某一研究领域的学术发展水平。目前，我国正式出版的学术期刊近万种。随着电子期刊的大量涌现，用户将可以通过期刊全文数据库进行检索。

3. 会议论文

会议论文即将学术会议或专业会议上交流的论文编辑出版的信息，科学工作者通常通过参加会议或阅读论文来了解学科发展动向。它的优点是内容新颖、专业性强、信息传递迅速等，并能够及时反映某个专业领域的最新研究水平。缺点是需要经历路途劳累，如参加路程过远的会议则极不方便且费用较大。

4. 科技报告

科技报告又称为研究报告、技术报告或政府报告。其中，科技报告的特点是内容新颖详尽、专业针对性强等，报道科技成果的速度要远远快于会议论文、期刊和图书。但是，部分科技报告是保密或控制发行的，普通用户不容易获取原文，因此它又被称为"灰色文献"，如表 7-2 所示是美国政府相关部门提供的四大科技报告；其次，技术报告是记录研究工作和开发调查工作的成果或进展情况的一种信息类型，而政府报告则是政府部门制定有关科学发展与工业研究的一种信息类型。

我国政府出版的科技报告通常收藏在国家图书馆、中国科技信息研究所、上海图书馆、国防科技信息研究所等机构中，许多大学图书馆也会适当地收藏相关的科技报告。

表 7-2 美国政府提供的四大科技报告

科技报告	说明
PB 报告	含环境污染、土木建筑、城市规划、生物医学等领域
AD 报告	含物理、航空航天、材料工程技术、军事等领域
NASA 报告	含航空、空间科学等领域
DOE 报告	含能源保护、核能、太阳能、矿物燃料等领域

5. 学位论文

学位论文是研究机构和高等院校的学生为获得各种学位而撰写的科学论文，如学士论文、硕士论文和博士论文。但是，学位论文的质量参差不齐，仅硕士、博士学位论文的参考价值较大。学位论文一般不会出版发行，通常只有学位授予单位(如研究机构和高等院校的图书馆)才会保存。

6. 专利文献

专利文献又称为专利说明书，是一种将科学技术发明与经济和法律结合起来的一种信息类型。它是由专利申请人向专利机构提交的说明该项发明的技术原理、优点、专利权限等书面文件组成的。当然，专利文献包含丰富的技术情报，含金量极高。据统计表明，全世界高新技术中的90%以上都是通过专利文献公布发行的。

7. 技术档案

技术档案通常是通过技术活动和工程实践形成的一种信息类型，包括某个工程对象的图样、图表、技术文件、照片、原始记录等。它具有内容真实、详尽、准确可靠、参考价值大等特点，可作为科研和工业生产的重要依据。技术档案具有明显的保密性，普通机构和用户不容易获取原文，但不是“灰色文献”。

8. 技术标准

技术标准通常是对各种产品、组件、工程建设质量、规格、检验方法等作业进行技术规定的一种信息类型，很明显具有约束性、时效性和针对性。技术标准对于改进产品工艺、提高产品质量、加强市场竞争等，都将起到非常重要的作用。技术标准涉及内容非常多，可按不同的方式进行划分，如表 7-3 所示。

表 7-3 各种技术标准

划分项目	说明
组成内容	分产品标准、基础标准、方法标准、安全与环境保护标准等
成熟程度	分正式标准、指导性技术文件、试行标准、标准化规定等
使用范围	分国际标准、区域标准、国家标准、部颁标准、行业标准、企业标准等
约束程度	分强制性标准和推荐性标准两种

9. 产品样本

产品样本又称为产品目录、产品说明书、产品手册等，它是厂商对指定产品的用途、规格、性能、构造、原理、使用方法等所做的详细说明。它的特点是形象直观、数据可靠、图文并茂等，有助于了解有关工业领域的生产动态和发展趋势，是提高企业形象、进行技术革新、开发与设计产品、订货等方面不可或缺的信息资源。

10. 报纸

报纸是每期版式相同的、以报道新闻与评论为主的一种定期出版物，包括日报、双日报、三日报、周报、旬报等。它的特点是出版周期短、信息传递及时。如图 7-3 所示的是成都商报电子版。

图 7-3 成都商报电子版

11. 政府出版物

政府出版物是政府部门及其机构发布或出版的文献，分为行政性文献和科技性文献两大类。其中，行政性文献包括法令、条约、决议、规章制度、政府报告、会议记录、调查统计资料等；科技性文献包括科普资料、科技政策、科研报告、技术法则等。它的主要特点是具有正式性和权威性，方便人们了解国家有关科技、经济发展政策以及研究现状，有助于正确地选择课题和科研方向。

7.1.3 文献分类法

1. 概念

所谓文献分类法是根据文献内容与形式按照指定体系系统地组织并区分文献的方法。为实现文献检索的快速与高效，文献分类法必须做到科学合理，它的表现形式是各种分类表。这些分类表的组织结构非常重要,最终将确定文献检索的效率。

文献分类法是通过由许多类目根据指定原则组织起来的分类体系,并使用许多标记符号来表示各级类目并固定相应的先后顺序。文献分类法是图书馆和情报部门进行文献分类、组织藏书、管理资源等日常工作的重要工具。具体的文献分类法多种多样,若按文献编制方法划分则有等级列举法、分面组配法和列举组配混合法三种,若按文献内容划分则有专业分类法和综合分类法两种。

2. 文献分类法示例

中国目前正在使用的文献分类法包括中国图书馆图书分类法、中国科学院图书馆图书分类法、中国图书资料分类法、中国人民大学图书馆图书分类法和国际图书集成分类法。

(1) 中国图书馆图书分类法。简称为"中图法",现为第6版,由北京图书馆等单位发起并编制,于1975年开始出版发行。中图法将全部文献分为5个基本部类和22个大类,使用汉语拼音字母与阿拉伯数字相结合的混合码标记符号,并按照小数形式进行排列,如表7-4所示。

表7-4 中国图书馆图书分类法(第6版)

字母	说明	字母	说明
A	马克思主义、列宁主义、毛泽东思想、邓小平理论	L	自然科学总论
B	哲学、宗教	O	数理科学和化学
C	社会科学总论	P	天文学、地球科学
D	政治、法律	Q	生物科学
E	军事	R	医药、卫生
F	经济	S	农业科学
G	文化、科学、教育、体育	T	工业技术
H	语言、文字	U	交通运输
I	文学	V	航空、航天
J	艺术	X	环境科学、劳动保护科学(安全科学)
K	历史、地理	Z	综合性图书

(2) 中国科学院图书馆图书分类法。简称"科图法",由中国科学院图书馆发起并编制,于1958年开始出版发行。科图法将全部文献分为5个基本部类和25个大类,使用阿拉伯数字的标记号码。其中,标记号码又分为两部分:大类与主要类目和细分类目,前者使用00至99的顺序数字,后者使用小数制形式。

(3) 中国图书资料分类法。由中国科技情报所等单位发起并编制,于1975年开始出版发行。该分类法是在中图法基础上,进行适当修订与细化而编制的,所用的文献体系结构、标记符号等与中图法基本相同。

(4) 中国人民大学图书馆图书分类法。简称为“人大法”，由中国人民大学发起并编制，于1953年开始出版发行。人大法将全部文献共分4个基本部类和17个大类，使用阿拉伯数字的标记号码。

(5) 国际图书集成分类法。由武汉理工大学图书馆的胡昌志老师发起并编制，他仔细分析中图法从理论体系到实际运用过程中存在的种种不足，首次将形式逻辑思想作为文献分类的理论基础，提出文献传承律、交叉学科定位律等分类思想，从而使文献分类从专业领域向大众化方面进行转变。

7.1.4 信息检索对象

信息检索的对象包括文献、数据和事实，对应的信息检索就是文献检索、数据检索和事实检索。

1. 文献检索

文献检索是以文摘、题录、全文等二次文献为检索对象的检索，用于查找指定的课题、著者、地域、机构、事物等信息以及这些信息的出处和收藏单位，检索结果一定是文献信息，例如检索“体育馆设计”的参考文献。一般分为全文检索和书目检索两种，查找用户指定的文献，如法律文献、建筑文献等。

2. 数据检索

数据检索是利用数据库或参考工具来检索包含在文献中的指定数据、参数、图表、公式、化学分子式等，检索结果一定是数据信息，例如检索“体育馆的承重量”。一般分为数值检索和数据检索两种，用于查找用户指定的数值型数据，包括统计数据、调查数据和特性数据，如销售额、物品数量等。

3. 事实检索

事实检索是以一个客观事实为检索对象，对该事物发生时间、地点、过程等进行检索，查找用户指定的描述性事实，如政府机关、企业、事业或人物的基本情况，其中人物的基本情况包括生平事迹、受教育过程等。

综上所述，文献检索属于相关性检索，检索结果只是所需文献的线索，还必须进一步查找才能检索到有关的一次信息；数据检索与事实检索则是确定性检索，检索结果是可供用户直接利用的信息，所以只有获得三次信息才能知道真正有效的“数据”和“事实”。

7.1.5 信息检索手段

信息检索的主要手段包括手工检索、光盘检索、联机检索和网络检索。这些手段可以概括成两大类：手工检索和计算机检索。其中，手工检索是利用印刷型检索书刊（纸质的书刊和资料）来检索信息的过程，主要优点是回溯性好、没有时间限制、不收费等，缺点是费时且效率较低；计算机检索是利用机器检索数据库的过程，包括光盘检索、联机检索和网络检索，如表7-5所示。主要优点是速度快，缺点是回溯性差、受时间限制和费用较高。

表 7-5 使用计算机检索

检索手段	说　明
光盘检索	存储媒介使用光盘，由于光盘能使用户非常方便地检索大型数据库，所以检索效率得到很大提高。优点是检索费用低、多用户资源共享、数据存取快速、大容量存储、光盘库与联机系统并存等
联机检索	存储媒介使用硬盘，并可以利用通信手段将多台计算机连接起来，实现联机检索。优点是计算机通信的广泛应用
网络检索	用户通过网络搜索引擎或浏览器获取信息。互联网的兴起使信息检索方式出现革命性变化，极大地提高信息检索和处理能力。但是，网络检索有较多技巧，需要用户具备较高的“机检”水平

7.1.6 信息检索方法

德国柏林图书馆内有这样一段话：“这里乃知识宝库，若您拥有宝库的钥匙，则您将拥有这里的全部知识。”这里所说的“钥匙”就是信息检索的各种方法。

信息检索方法与文献检索的课题、性质和类型紧密相关，主要方法可以分为 3 大类：工具检索、追溯检索和综合检索。

1. 工具检索

工具检索方法又称为直接检索方法，即直接利用文献检索工具来查找文献的方法。在选择检索工具时，一方面应该根据课题内容充分利用综合性检索工具，另一方面需要使用专业性检索工具。两者的综合利用可以提高文献的查准率和查全率。根据时间顺序和范围，工具检索方法可以分为 3 种：顺查方法、抽查方法和倒查方法。

(1) 顺查方法。该方法以检索课题的开始年代为检索起点，按时间顺序由远到近地进行检索，直到检索到所需的文献信息为止。该方法的优点是查全率高，缺点是需要耗费大量的时间和精力。

(2) 抽查方法。该方法针对研究课题本身的发展特点，选择学科发展迅速、发表文献多的时期，进行逐年检索的方法。该方法的优点是以较少检索时间获得较多文献信息，缺点是必须非常熟悉学科发展特点，即查全率较低。

(3) 倒查方法。该方法是按逆时间由近到及远地进行文献检索，常用于新课题或具有新内容的旧课题，需要的是近期发表的文献资料，以便掌握最新的研究动向和课题水平。该方法的优点是节约时间，缺点是查全率较低。

2. 追溯检索

追溯检索方法又称为回溯检索方法，即利用已有文献中提供的参考文献，由近到远地进行追溯检索。该方法的优点是直观方便，能够不断追溯并检索到相关的大量文献，在检索工具的功能较弱时能够扩大检索信息源。该方法的缺点是查全率较低和漏检率较高。

3. 综合检索

综合检索方法又称为分段检索方法、循环检索方法或交替检索方法，为当前使用最广泛的检索方法。该方法将工具检索和追溯检索进行综合。同时利用检索工具和利用文献中的参考文献进行检索，两种检索方法交替使用，直到获得检索结果为止。该方法的优点是查全率和查准率较高，而缺点是对使用者的检索经验要求也非常高。

7.1.7 信息检索过程

信息检索过程如图 7-4 所示。

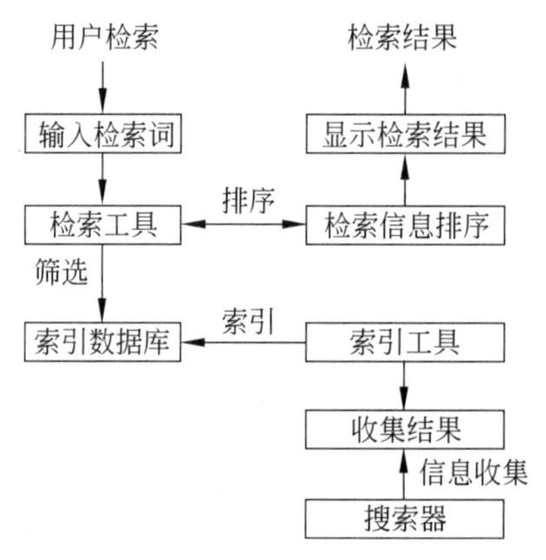

图 7-4 信息检索过程

1. 确定检索目标和要求

信息检索的首要任务就是确定检索目标和要求。

确定检索目标和要求就是在进行计算机信息检索前需要弄清楚检索的具体对象。如果属于开题性质的调查研究，则检索目标是尽可能地检索相关的文献，即要求较高的查全率；如果属于开创性的课题研究，则检索目标只需要检索一些启发性文献，即查准率和查全率的要求都不高。

明确检索要求就是要搞清楚课题所在的科目、检索的文献年代、所需文献篇数、所需文献类型、表达语言、检索费用等，这些要求最终将确定所选择检索数据库的类型、检索策略的构造、检索工具的选择等。

2. 课题分析

课题分析是信息检索的第二步，通过课题分析过程可以确定检索策略，其主要内容包括：直接概念分析、隐含概念分析和核心概念分析。

（1）直接概念分析。分析课题概念就是分析与课题相关的概念，首先要找出能够表示这些概念的词或词组，然后要分析这些概念之间的相互关系，尤其是对于新学科、交叉学科和边缘学科方面的课题，搞清楚这些概念之间的关系至关重要。最后得到以这些概念为单元的词表或词组表，以便以后设计检索策略时使用。

（2）隐含概念分析。如果从课题名称上很难反映出课题的实质性内容，则需要从课题所属的专业角度进行深入地分析，挖掘课题隐含的概念和相关的内容，以便抽象出能够真实反映课题内容的检索概念。例如："人力资源管理"包含"工会组织""职工培训""医疗保险”“养老保险”“劳动奖励”等概念。如果检索“人力资源管理”方面的文献，则应该包含这5个检索词，这样才能保证文献的查全率。

(3) 核心概念分析。如果部分检索词中已经含有某些概念，则这些概念可能在概念分析过程中被排除。例如：对于课题“Internet环境中的安全理论和实现技术”而言，如果将“Internet环境”“安全理论”“实现技术”3个概念组合成检索词，则会造成大量文献的漏检。实际上，上面的3个概念本身就包含许多核心概念。

由于课题分析的目标是提高文献的查准率，所以应该从直接概念、隐含概念和核心概念中选择合适的检索词。在确定检索词时，一方面要考虑选择与课题概念相关的同义词、近义词等检索词，另一方面要注意选择被选用相关的缩写词和不同拼法的检索词，从而避免漏检重要文献。

3. 检索词的扩展、选择和处理

对检索词进行扩展、选择和处理是信息检索的第三步，以便较精确地确定检索条件。目前的计算机信息检索系统没有真正实现智能检索甚至思考能力，不会对用户提供的检索词进行全面的检索是非常正常的现象。所以，这就需要在课题分析基础上对检索词进行扩展、选择和处理，最终归并出最佳的检索词。

(1) 检索词扩展。检索词的扩展方法包括同义词方法、截词方法和主题词表方法，如表7-6所示。

表7-6　检索词的扩展方法

扩展方法	说　明
同义词	同义词方法是在同一概念的范畴内，选择不同名称和不同拼写方法进行扩展。不同名称如学名与俗名、简称与全称、商品名与产品名、事物代码与事物名称；不同拼写方法，如英式英语和美式英语的不同
截词	如果检索词的词干相同、词义相近但词尾或词内部有变化时，则可以使用截词方法来扩展检索词。该方法要求在检索词的词干后面使用截词符，常用的截词符包括：“?”和“*”(含义与Windows 10环境保持一致)
主题词表	主题词表方法正好与许多检索数据库中的主题词表一致，从而可以提高检索效率。利用检索数据库中的主题词表，一方面可以使检索词更加规范，提高检索结果的准确性；另一方面，可以从同类检索词中选取更多的相关词，使检索结果更佳

(2) 检索词选择。在经过检索词的扩展过程后将获得许多检索词，此后应该进行精心选择，即选用与课题紧密相关的术语，避免使用冷僻词和中文译名。例如，Oracle是设计数据库系统时常用的一个软件，如果使用中文译名“甲骨文”作为检索词，则使人不知所云，使计算机不知何意。

注：牛津词典将Oracle解释为“古希腊的神示所或传达神谕的牧师”，显然数据库系统中仅借用该名词而已。

(3) 检索词处理。在得到检索词的选择结果后，应该以课题概念为基本单位，构成合适的检索词组合，这取决于检索策略。

4. 选择检索数据库

选择检索数据库是信息检索的第四步。由于不同的检索数据库使用的学科范围各异、检索方式不同和收费标准有别，所以，在进行检索前要认真阅读有关检索数据库的功能介绍、使用说明和收费标准，做到心中有数。下面列出选择检索数据库的5条准则。

(1) 尽量选择收录文献种类多、专业覆盖面宽、年代跨度长的数据库。

(2) 若需要查找最新的文献信息则应该选择数据更新周期短的数据库。

(3) 若需要选择非文摘的原文时则应该选择原文获取较容易的数据库。

(4) 若有若干个检索数据库可供选择时则应该选择比较熟悉的数据库。

(5) 若数个检索数据库的内容重复率高时则应该选择费用低的数据库。

5. 设计检索策略

设计检索策略是信息检索的第五步，所谓检索策略就是对多个检索词之间的相互关系和检索顺序做出的安排。在实际文献检索过程中，使用单个检索词就能获得检索结果的情况是很少见的。常见的是需要使用若干个检索词并设计检索策略，这样才能检索到由许多概念组合而成的复杂课题要求。在设计检索策略时，要充分运用计算机信息检索系统能够接受的方法，如位置运算符、逻辑运算符、字段限制和调整检索策略。

(1) 位置运算符。又称为邻接运算符，表示两个检索词以指定间距或者指定顺序出现，包括以彼此相邻的多个词与词组形式表达的概念、被禁用词、含分隔符号的词等。例如，数据库Compendex所用的位置运算符及使用方法，如表7-7所示。

表7-7 Compendex数据库所用的位置运算符及其使用方法

位置运算符	说　　明
N	表示两侧的检索词必须紧密相连，除空格和标点符号外，不得插入其他词或字母，两词词序可以颠倒
F	表示两侧的检索词必须在同一字段中出现，两词词序可以颠倒
S	表示两侧的检索词必须在同一句子中出现，两词词序可以颠倒
W	表示两侧的检索词必须紧密相连，除空格和标点符号外，不得插入其他词或字母，两词的词序不能颠倒

(2) 逻辑运算符。又称为布尔运算符(为纪念逻辑代数开创者、英国数学家乔治·布尔而得名)，用于规定检索词之间的逻辑关系。逻辑运算符包括：逻辑或(OR)、逻辑与(AND)和逻辑非(NOT)，如表7-8所示。

例如，要检索"打印机驱动程序"方面的文献，则两个检索词为"打印机"和"驱动程序"，检索表达式为"打印机 AND 驱动程序"；例如，要检索"微型计算机"方面的文献，则两个检索词为"微型计算机"和"微机"，检索表达式为"微型计算机 OR 微机"；要检索"笔记本"方面的文献，则4个检索词为"笔记本""电脑""微机"和"计算机"，检索表达式为"笔记本 AND (NOT (电脑 OR 计算机 OR 微机))"。

表 7-8 逻辑运算符及其使用方法

逻辑运算符	说　明
AND	可用符号“ * ”代替，用来组配不同的检索词，逻辑含义是检出记录必须同时含有所指定的检索词。使用 AND 运算符将缩小检索范围，减少检索文献的数量，即提高检索查准率
OR	可用符号“＋”代替，用来组配同义词、相关词等，逻辑含义是检出记录中至少含有两个检索词中的一个。使用 OR 运算符将扩大检索范围，增加检索文献的数量，即提高检索查全率
NOT	可用符号“－”代替，有时也可用符号“NOT”，逻辑含义是排除含有某些检索词的内容，即检出内容中只能含有 NOT 算符前的检索词，但不能同时含有其后的检索词。使用 NOT 运算符将确定检索范围，即提高检索查准率

(3) 字段限制。由于使用前缀和后缀形式，所以又称为前缀限制和后缀限制。就是限定检索词必须在数据库记录中规定的字段范围内出现，并选中文献的一种检索方法。使用字段限制可以指定在课题名称字段中查找所需的检索词，它适用于在已有一定数量输出记录的基础上，通过指定字段来减少输出文献数量，以便提高检索查准率。例如数据库 Compendex 中的字段限制，可以在检索词后加上后缀运算符“/”和字段名称，也可以在检索词前加上前缀运算符“＝”和字段名称。

(4) 调整检索策略。如果输入检索策略后的检索结果不能满足课题检索的要求，如检索文献过多或过少，则需要调整检索策略。调整检索策略时，首先要认真分析造成检索文献过多或过少的原因。

造成文献过多的原因包括：截词过短、检索词数量太少、使用多义性检索词、将“AND”错成“OR”、优先运算符“()”用法错误等。这时需要缩小检索范围，提高文献查准率，所用调整检索策略的方法包括：减少同义词、增加限制概念、使用“AND”运算符来连接检索词、使用字段限制、使用位置运算符、使用“NOT” 运算符等。

造成文献过少的原因包括：检索词错误、检索词冷僻、没有截词运算符、遗漏同义词或隐含概念、使用运算符过多(包括位置过算符、字段过算符和“AND”运算符)等。这时需要扩大检索范围，提高文献查全率，所用调整检索策略的方法包括：减少“AND”运算符、增加同义词、使用“OR” 运算符来连接检索词、使用截词符“?”、删除字段限制与位置运算符限制等。

7.1.8 信息检索途径

在利用计算机信息检索工具进行检索时，最重要的是利用各种索引，即通过检索工具中的索引所提供的检索途径来实现信息检索。信息检索途径主要包括内容特征途径和外部特征途径两大类。

1. 内容特征途径

文献的内容特征可以分为分类特征和主题特征。

(1) 分类特征。这是按照文献资料所属学科属性进行检索的一种途径，许多检索工具的分类表提供以分类角度检索信息的途径。由于正文通常按照学科分类编排，所以可以利用分类目次表，按类进行检索。不过，分类途径是将同一学科中的全部文献信息集中进行检索，对一些新兴学科和边缘学科方面的文献容易造成误检和漏检。

（2）主题特征。这是按照文献所属主题进行检索的一种途径，许多文献信息都可以提取代表文献主题内容的主题词、关键词等。信息检索时只要根据课题确定检索词，便可以像用字典查字一样，检索到所需的信息。该特征的优点是表达概念灵活准确，能够检索同一主题内容下的全部文献。

2. 外部特征途径

文献的外部特征包括题名特征、著者特征、号码特征和辅助途径，如表 7-9 所示。

表 7-9 外部特征途径

外部特征	说明
题名	由文献题目检索文献的途径，可用于查找图书、期刊和单篇文献
著者	由文献著者检索文献的途径
号码	由已知号码（如专利号、文献标准号等）来检索文献的途径
辅助	由动植物、药物名、化学分子式等索引来检索文献的途径

7.1.9 信息检索步骤

在计算机信息检索过程中，可以分步骤进行信息检索，即明确检索要求、选择检索系统、确定检索词、制定检索策略、处理检索结果、获取原始文献等。

1. 明确检索要求

通过具体分析研究课题，就可以搞清楚课题的主题内容、研究重点、所属学科范围、语种、时间范围、文献类型等方面的检索要求。

2. 选择检索系统

在选择检索系统时，主要考虑检索原则和注意事项。

选择信息检索系统的主要原则包括能够较方便地进行检索；收录文献信息要能够包含检索课题的主题内容；记录来源、文献类型、语种能够满足检索课题的要求；检索数据库有对应的印刷版；能够使用网络搜索引擎；检索数据库具有质量高、收录文献多、报道及时、索引齐全、使用方便、费用低等特点。

选择信息检索系统时的注意事项包括：最好使用信息检索工具指南来选择检索系统；从较常用的信息检索工具中进行选择；主动向专业人士请教；通过网络在线帮助系统进行选择；通过对图书馆、情报所等单位的信息检索工具进行比较后进行选择。

3. 确定检索词

确定检索词的基本方法包括选择课题核心概念作为检索词；选择规范化的检索词；使用国际上比较通用的、国外文献中经常出现过的概念和术语作为检索词；找出课题涉及的隐含概念作为检索词。确定检索词时，要仔细拼写缩写词、语态与时态变化、英式英语与美式英语的区别等。

4. 制定检索策略

制定检索策略的前提是对信息检索系统性能的充分了解，尤其应该明确检索课题的要求和检索目标，重要的是正确选择检索词和合理使用逻辑运算符进行组配。制定检索策略的两大目标是：提高查全率和提高查准率。

提高查全率的方法包括选择合适的检索数据库，选择对全字段的检索，减少对文献外表特征的限制，使用逻辑“或”运算，利用截词检索等。

提高查准率的方法包括：限制检索范围仅为文献名、主题词和文摘字段，尽量使用逻辑“与”和逻辑“非”运算，如利用高级检索、限制选择技术等。其中，限制检索就是对检索结果进行条件限制，如表7-10所示。

表7-10　限制检索方法

分　类	说　明
时间限制	例如21世纪、新世纪、90年代等
文件限制	例如纯文本、MP3、图像、网页、源程序等
学科限制	例如流感病毒、计算机病毒、动物病毒等
地域限制	例如四川经济、西部经济、中国经济、日本经济等
年龄限制	例如幼儿、儿童、少年、青年、中年、老年等
职业限制	例如教师、工人、军人、运动员、农民等

5. 处理检索结果

在使用计算机检索工具获得相关文献后，应该对检索结果进行系统地整理，删除冗余部分，辨认文献的类型、著者、篇名、语种、内容、出处等内容，最后选择符合课题要求的相关文献。

6. 获取原始文献

要获取原始文献，可以充分利用馆藏目录与联合目录、文献出版发行机构、文献著者、二次文献检索工具、计算机网络系统等。

7.1.10　文献检索工具

为方便文献的管理和利用，首先需要将内容庞杂的一次文献资料加工成二次文献或三次文献，然后编制成文献检索工具或建立文献信息检索系统。最后，让各类用户使用不同层次文献检索工具来实现其检索目标。

1. 检索工具与检索系统

(1) 检索工具。检索工具是为方便用户准确有效地利用已有文献信息资源而编制的，用来报道、揭示、存储和查找文献信息资源的特定出版物，如书目、索引、文摘、年鉴、手册等。检索工具一般应该具有如下特征：具有丰富多样的检索手段；将记录内容科学地组织成一个有机整体，对所收录文献的各种特征进行详细描述；描述记录要标明可供检索用的标识。

(2) 检索系统。检索系统是指信息存储和实现检索的软硬件系统，由检索设备、经过加工整理后存储的文献集合、应用软件和数据库组成。另外，搜索引擎如百度、雅虎、搜狗、谷歌等，网络数据库如中国期刊网、股票信息网等，都具有检索服务功能。

对比检索工具与检索系统，会发现两者在内部结构、信息表示方式、匹配机制等方面存在差异，但主要作用完全相同，都致力于提供高效的信息检索服务。

2. 文献检索工具类型

按照不同的标准，文献检索工具可以划分成不同类型。

(1) 按收录范围划分。按照收录范围进行划分，检索工具可以分为：专业性检索工具和综合性检索工具。其中，专业性检索工具是指以某一学科或专业的文献资料为对象编辑而成的检索工具，所收录文献的范围较窄。综合性检索工具是综合收录多种学科和专业内容的文献资料的检索工具，所收录文献的范围、类型、语种等都较全面。

(2) 按出版形式划分。按照出版形式进行划分，检索工具可以分为机读式、期刊式、单卷式、卡片式、附录式和缩微式，如表7-11所示。

表7-11 各种出版形式文献的检索

出版形式	说明
机读	这是利用计算机进行查找的一种检索工具，机读卡片通常存储在磁带、磁盘、光盘等载体上，并可以将文本、图像、声音结合在一起构成数据库。优点是编辑速度快、存储量大和检索效率高，适合进行大量的回溯性文献检索和新文献的定题检索
期刊	期刊是有统一且固定的刊名，以年、卷、期为单位，定期连续出版的检索刊物。优点是迅速、及时、系统和完整，它是进行文献检索最主要的工具之一
单卷	以一定专题为主要内容，累积若干年的相关文献摘要和题录，以图书形式出版的专题或专题文摘。优点是内容专业且集中，文献类型全面，累积刊载年代较长，它是用于掌握专题文献的一种检索工具；缺点是知识内容可能老化
卡片	以卡片形式出版或积累的一种检索工具，经常是将书本式检索工具中的一条款目记录在一张卡片上，并按一定的方法组织成分类目录、书名目录、主题目录等的一种卡片式检索工具。优点是检索灵活，有积累意义；缺点是体积大，编排不紧凑，排片与查阅比较困难，不便携带
附录	不会单独出版，经常附于图书和期刊论文的后面，以“参考文献”“引用目录”等形式刊出，这是经过编著者筛选和收录的文献线索
缩微	这是专门用于缩微胶卷和缩微平片的检索工具，其中的文献在缩小后记载在缩微胶卷或缩微平片上，检索时必须通过相应设备才能查阅

(3) 按文献的著录形式划分。按照文献的著录形式进行划分，检索工具可以分为：索引、目录、题录和文摘。

① 索引。通过一定线索而引导出所要检索的文献资料工具就是索引。它是对一组

信息集合的系统指引,如指引特定信息内容与存储地址。索引可以按不同标准划分为许多类型,例如按寻找文献内容特征的编制方法划分,有主题索引、关键词索引、分类索引和引文索引;按取材来源划分,有期刊索引、图书索引、报纸索引和文献索引。

② 目录。这是揭示和报道相关文献的外表特征清单,目录对文献的揭示和报道都比较简单,只记录文献的外部特征(如名称、著者、出版事项等信息)。目录常以类别或字母顺序进行编排,作为用户了解出版机构或收藏机构是否拥有所需图书、期刊等出版物的检索工具。

③ 题录。这是报道和揭示单篇文献的外部特征,题录是在目录基础上发展起来的一种检索工具。两者的主要区别是着录对象不同,目录的着录对象是单位出版物,而题录的着录对象是单篇文献本身。题录通常由一组着录项目构成一条文献记录,它是一种不含文摘正文的文摘款目。但在揭示文献内容的深度方面,比目录深入,比文摘款目表浅。优点是报道速度快,覆盖面较大,常用于检索最新文献。

④ 文摘。这是系统着录、报道、积累和揭示文献外部特征与内容特征的检索工具,为二次文献的核心内容。文摘是对一篇文献内容做出简略准确地描述,文摘的着录项目包括:著者、篇名、出处、摘要等。优点是能够快速而准确地阅读和检索,查全率和查准率较高,信息含量远远高于目录和题录。文摘可以分为指示性文摘、报道性文摘和评论性文摘3种,如表7-12所示。

表7-12　文摘形式

形　　式	说　　明
指示性文摘	即原文简介,一般在100字左右
报道性文摘	对原文内容浓缩的结果(通常为200～300字),能基本反映原文内容,信息量大,参考价值高
评论性文摘	包含文摘作者的建议、意见、分析、观点等

7.2　信息检索工具及其使用

古语“工欲善其事,必先利其器”,就充分说明各种工具对生产活动的重要性。有效的信息获取与检索工具紧密相关,提高机检水平是对大学生综合素质的基本要求,所以掌握计算机信息检索技术是非常必要的。本节主要介绍计算机信息检索系统基本知识、计算机信息检索技术、光盘库检索和网络信息检索工具。

7.2.1　计算机信息检索系统基本知识

1. 计算机信息检索系统的发展过程

计算机信息检索(又简称为机检)是指利用计算机查找文献信息的过程,它在漫长的发展过程中共经历4个主要阶段,即初期计算机信息检索、联机信息检索系统、基于大容量存储的联机信息检索系统和网络信息检索系统。

（1）第一阶段——初期计算机信息检索。1971年以前，人们只能使用传统的批处理检索方式。这是初期计算机信息检索系统，只能做关于文献收藏号方面的简单检索工作。主要运算部件使用电子管与小规模集成电路，主要存储媒介使用磁带或磁鼓。

（2）第二阶段——联机信息检索系统。1971—1990年，出现了联机信息检索系统，其运算部件全部使用大规模集成电路，存储媒介使用硬盘，并可以利用通信手段将多台计算机连接起来，实现联机检索，如美国当时流行的Dialog在线数据库联机检索系统。这一阶段的主要特点就是计算机和联机通信的广泛应用。

（3）第三阶段——基于大容量存储的联机信息检索系统。1990年，出现了基于大容量存储的联机信息检索系统。这一阶段的存储媒介使用光盘，机间通信已开始大量作用计算机网络。由于光盘能使用户非常方便地检索大型数据库，所以检索效率得到很大提高。这一阶段的主要特点是检索费用低、多用户资源共享、数据存取快速、大容量存储、光盘库与联机系统能够并存等。

（4）第四阶段——网络信息检索系统。1994年，网络信息检索系统开始出现。这一阶段的主要特点是图形用户界面、超文本数据库、计算机通信、智能化检索等。

2. 计算机信息检索

计算机信息检索是以计算机为检索手段，从计算机信息系统中查找所需信息的过程。与手工信息检索相比，计算机信息检索能够达到较高的查全率和查准率。另外，计算机信息检索具有速度快捷、节省人工等优点，其次，大量的检索入口使人们可以很容易地查找到国内外最新出版的期刊论文和文献。计算机信息检索的主要缺点是追溯时间受数据库收录期刊论文和文献的年限限制，导致检索费用较高。

将来的信息检索技术发展可以从广度和深度两方面进行扩展。一是信息资源的网络化和分布化，使互联网中存放海量的信息资源，并从广度上提高信息管理和组织的能力；二是使信息检索向多媒体、超文本、多载体等信息检索方式进行发展，并从深度上提高信息管理和组织的能力。

3. 计算机信息检索原理

在将计算机技术应用于信息检索过程时，信息检索的本质并没有改变，但是信息表示方法、信息存储结构、检索匹配条件等都发生了变化。这时，信息表示要方便计算机进行识别和检索，信息存储结构要组织成计算机能够快速存取的方式，检索匹配条件将充分体现检索词匹配机制。

在计算机进行检索匹配的过程中，首先用户要将检索要求确定成计算机容易识别的检索表达式，即使用特定的检索词、检索指令、检索策略等，然后由计算机自动到数据库中进行信息查找。如果检索词、检索指令和检索策略正好与数据库中的信息特征标识与逻辑组配相一致，则将检索结果输出给用户。很显然，这是通过“用户与计算机”相互作用的结果。

4. 计算机信息检索系统构成

计算机信息检索系统通常包括3部分：软件系统、硬件系统和数据库系统。

(1) 软件系统。这是计算机信息检索系统中所有程序、数据和文件的总称，分为系统软件和应用软件。其中，系统软件提供信息检索过程的系统操作环境，应用软件实现具体的信息检索目标。不过，由于不同信息检索系统的总体结构、设计思想和实现技术存在差异，所以，每个信息检索系统的系统软件和应用软件可能不同。

(2) 硬件系统。这是计算机信息检索系统用于传送和处理数据的全部硬件设备的总称，包括检索终端、服务器、网络通信设备、辅助设备等。

(3) 数据库系统。这是计算机信息检索系统实现查找的物质基础，它是信息检索系统中的重要组成部分，通常是由大量信息记录组成的。

5. 计算机信息检索系统类型

在对计算机信息检索系统进行类型划分时，可以使用许多标准。其中，按照检索系统存储的信息内容可以划分为：文献检索系统、多媒体检索系统、数值检索系统、事实检索系统、图像检索系统等；按照检索系统的工作方式可以划分为：脱机信息检索系统、联机信息检索系统、光盘信息检索系统和网络信息检索系统。

7.2.2 计算机信息检索技术

1. 信息检索技术

信息检索技术是关于用户信息检索需求和文献信息集合之间的匹配技术。由于检索表达式是用户需求与信息集合之间实现匹配的基础，所以信息检索技术的实质也就是构造合理且高效的检索表达式。

计算机信息检索技术通常可以分为传统检索和高级检索两大类，如表 7-13 所示。

表 7-13　传统检索和高级检索

分　类	检索技术	说　明
传统检索	字段检索	以“字段”信息作为检索对象
	截词检索	以截词表达式作为检索对象
	邻近检索	以“邻近”信息作为检索对象
	短语检索	以“短语”信息作为检索对象
	逻辑检索	以“逻辑表达式”作为检索对象
高级检索	自然语言检索	以自然语言进行检索
	加权检索	以“加权”方式进行检索
	模糊检索	以“模糊”方式进行检索
	概念检索	以“概念”信息作为检索对象

2. 信息检索策略

信息检索策略往往是指检索提问式的构造，即运用系统特定的检索技术，确定检索词之间的逻辑关系，形成表达用户信息需求的检索提问式，这是狭义检索策略。

广义检索策略是指在分析检索课题的实质内容、明确检索目标的基础上，选择检索工具，确定检索途径与检索用词，以及检索词之间逻辑关系与查找步骤最佳方案的一系列科学安排。因此，完整的检索策略构造过程应该包括分析用户信息需求，选择检索工具，确定检索词和构造检索提问式，实施检索策略与输出检索结果 4 步。

3. 计算机信息检索策略的构造及其实现

计算机信息检索的具体过程如图 7-5 所示。

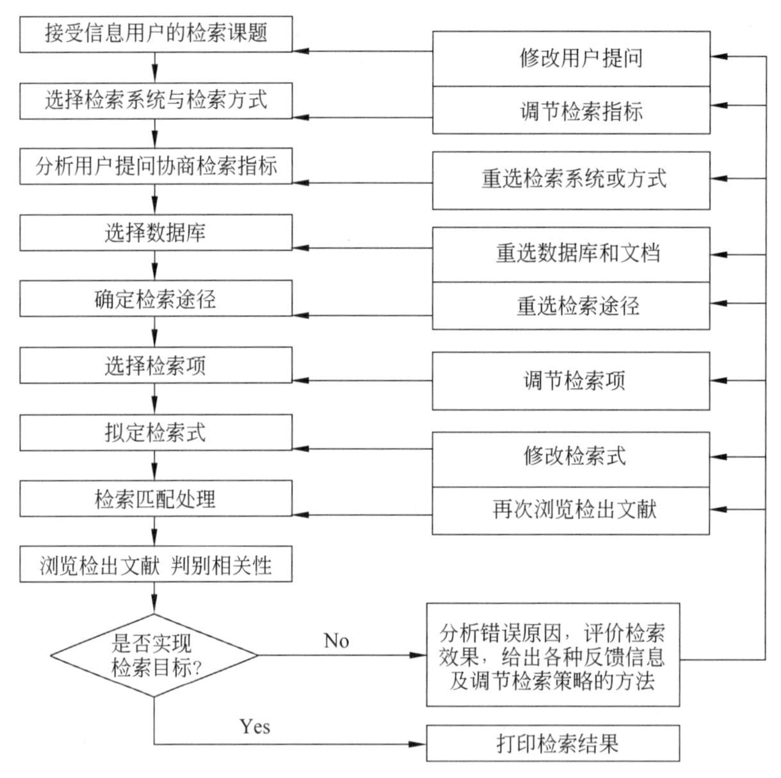

图 7-5 计算机信息检索的具体过程

计算机信息检索主要包括如下 4 个步骤：

(1) 分析检索信息的需求，明确检索目标。

(2) 选择检索工具，确定具体的检索途径。

(3) 选择合适的检索词并构造检索表达式。

(4) 实施并修改检索策略，输出检索结果。

7.2.3 光盘库检索

1. 光盘库

光盘是利用激光、计算机、光电集成等技术实现信息存储的，光盘库检索系统由于信息存储量大和简单易用而广为流行。其中，CD-ROM 光盘库是内含自动换盘机构或机械手的光盘共享设备。一个光盘库通常配置 1～6 台 CD-ROM 驱动器，其中可容纳 100～

600 张 CD-ROM 光盘。

光盘库属于海量存储,非常适用于网络和图书馆内部的信息检索,例如数字图书馆系统、实时资料档案系统、交互式光盘系统等。光盘库的主要特点是使用方便,价格便宜,支持常见的各种网络操作系统与通信协议,容易维护与管理。另外,目前光盘库还普遍使用网络控制器、高性能处理器、高速缓存、快速闪存、动态存取等智能部件,从而保证信息的检索和处理能力更强大且更安全。

2. 光盘信息检索

(1) 概念。光盘结合激光技术、计算机技术和多媒体技术,能够存储文字、声音、图像、动画、视频等信息。由于具有存储容量大、质量轻、成本低、适合大批量生产、便于携带等优点,所以成为计算机存储领域的重要存储设备。

将计算机、光盘库、光盘塔、局域网或广域网连接起来就构成光盘信息检索系统。所以,光盘信息检索就是从光盘库中查找所需信息的一种计算机信息检索方式,它通常是由网络连接设备、光盘服务器、光盘塔、光盘驱动器、应用软件等构成的。光盘信息检索通常采用级联菜单,根据菜单的提示和导引,通过选择、确定、键入等操作,逐步执行检索操作并不断修改检索提问,直到满足检索要求时为止。

(2) 光盘信息检索的优缺点。光盘信息检索的主要优点包括使用方便灵活、安全级别高、运行速度快、检索信息成本较低等,光盘信息检索的主要缺点包括:信息时效性较差、检索软件较多、检索条件定义复杂、存在费用等。

(3) 光盘信息检索的服务与利用模式。在光盘信息检索系统的发展过程中,主要经历两个阶段:单机服务和联机网络服务,目前的情况是联机网络服务比单机服务使用更常见。未来的发展趋势是普及联机网络服务,使光盘库检索在互联网中实现,从而让信息资源在全球范围内进行共享。

3. 光盘检索系统的评价指标体系

要选择合适的光盘信息检索系统,可以根据光盘检索系统综合评价指标体系进行评估选择。该指标体系主要考察光盘库的内容与检索功能两方面,包括 4 个准则:使用方便、文献新颖、内容全面和正确度高,如表 7-14 所示。

表 7-14　光盘检索系统的评估指标

评估指标	说　明
使用方便	含检索途径、辅助功能等
文献新颖	含出版周期、文献报道时差等
内容全面	含学科类目、报道数量、文献类型、文献范围等
正确度高	含报道形式、标引深度、内容错误率、著录标准化程度等

7.2.4　国内网络数据库的信息检索

国内常用的网络数据库产品包括:《中国学术期刊数据库》《中文科技期刊数据库》

《人大复印报刊资料全文数据光盘》《全国报刊索引数据库》《中国科学引文数据库》《中国专利数据库》《万方数据库》等。

1. 中国学术期刊数据库

《中国期刊全文数据库》由中国学术期刊(网络版)电子杂志社出版，收录1994年至今的6600种学术与专业类核心期刊全文，是目前国内最大的中国期刊全文数据库。内容覆盖理工A、理工B、理工C、农业、医药卫生、文史哲、经济政治与法律、教育与社会科学、电子技术与信息科学等学科，共分9个专辑和126个数据库，如表7-15所示。

表7-15 中国学术期刊数据库

分类	说明
理工A 专辑	数学、力学、物理、天文、气象、地质、地理、海洋、生物、自然科学综合(含理工科大学的学报)
理工B 专辑	化学、化工、矿冶、金属、石油、天然气、煤炭、轻工、环境、材料
理工C 专辑	机械、仪表、计量、电工、动力、建筑、水利工程、交通运输、武器、航空、航天、原子能技术、综合性工科大学学报
农业专辑	农业、林业、畜牧兽医、渔业、水产、植保、园艺、农机、农田、水利、生态、生物
医药卫生专辑	医药、药学、中国药学、卫生、保健、生物药学
文史哲专辑	语言、文字、文学、文化、艺术、音乐、美术、体育、历史、考古、哲学、宗教、心理
经济政治与法律专辑	经济、商贸、金融、保险、政论、党建、外交、军事、法律
教育与社会科学专辑	各类教育、社会学、统计、人口、人才、社会科学综合(含大学学报哲学版)
电子技术与信息科学专辑	电子、无线电、激光、半导体、计算机、网络、自动化、邮电、通信、传媒、新闻出版、图书情报、档案

《中国期刊全文数据库》的检索方式有初级检索、高级检索和按学科专题检索3种。

(1) 初级检索。在用户进入检索界面后，选择"初级"，即进入初级检索过程。"学科专辑"框可选择"全选"或在专辑名称前的方框内选择"选中"，"检索年代"框可选择1994年至今的任何年代及其范围，"结果排序方式"框可指定"相关度"和"更新日期"，"字段"框可利用字段旁的下箭头选择检索字段，"检索词"框中可输入指定的检索词，如图7-6所示。

最后，指定检索项为"作者"，检索词为"周光召"，单击"检索文献"按钮进行自动检索，如图7-7所示。

(2) 高级检索。在检索界面中，选择界面左上方的"高级检索"按钮即可以进入到高级检索界面。其中，可以同时输入多个检索词，为方便进行组配检索，要求中文界面可用"并且，或者，不包括"运算，英文界面可用AND,OR,NOT运算。另外，学科专辑、检索年代、结果排序方式、检索字段、设定方法等与简单检索基本相同。如图7-8所示，其中指定作者为"吴文俊"，指定"输入内容检索条件"为"全文"且关键词为"机器定理证明　或含　几何定理证明"。

图 7-6　《中国学术期刊》检索界面

图 7-7　初级检索及其结果

(3) 按学科专题检索。逐级打开检索界面左侧窗口的各学科专题目录，就可以检索到全文数据库中各学科专题包含的所有文献。如图 7-9 所示，指定学科为“理工 A(数学物理力学天地生)→自然科学理论与方法”和作者为“周光召”。

图 7-8　高级检索及其结果

图 7-9　按学科专题检索及其结果

如果发现检索结果过多，则可以利用“二次检索”“三次检索”来缩小检索范围。检索结果只能每屏显示10、20、50条记录，若需要查看文献的题录信息，则可以点击文献名。若需要保存文献的全文内容，则可以点击文献名前的“下载”按钮，如图7-10所示。

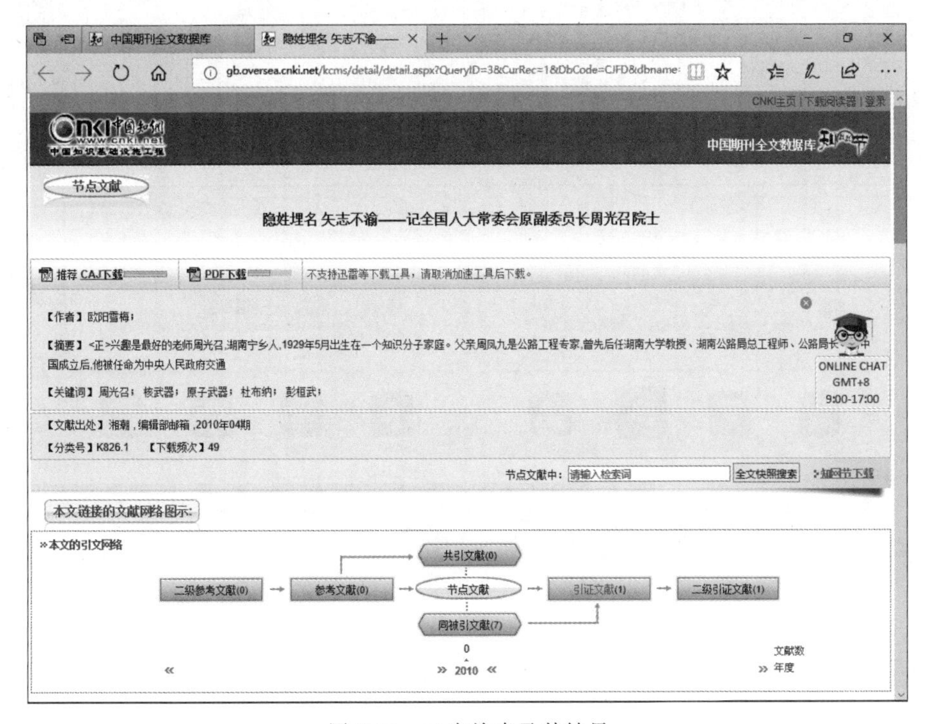

图7-10　二次检索及其结果

若需要查看其他检索记录，则可以单击“下一页”“上一页”“最后一页”或“第一页”按钮，或者直接在“输入页码”框中指定页码。

2. 中文科技期刊数据库

《中文科技期刊数据库》全文版(简称中刊库)由科技部西南信息中心重庆维普资讯公司推出，收录国内历年出版的中文期刊12000余种，全文3000余万篇，引文4000余万条，分3个版本(全文版、文摘版、引文版)，学科范围包括自然科学、工程技术、农业科学、医药卫生、经济管理、教育科学和图书情报。《中刊库》的检索界面如图7-11所示，主页隐含使用《中文科技期刊数据库》的检索方式。

《中刊库》的检索方式包括一般检索、传统检索、高级检索、期刊导航和分类检索。以下使用《中刊库》网络版进行说明，网址为 http://www.cqvip.com。开通栏目包括期刊大全、文献分类、优先出版、论文检测、论文选题、在线分享、学者空间、学术机构等，如图7-12所示。

(1) 一般检索。在“文章搜索”输入框中指定简单检索条件(如Internet)，接着将进入检索结果显示界面，如图7-13所示。

(2) 高级检索。提供两种检索方式，即向导式检索和直接输入式检索。使用逻辑运算和组配关系，可以查找满足检索表达式的全部中刊文献，如图7-14所示。

图 7-11 《中刊库》检索界面

图 7-12 《中刊库》主页

图 7-13　一般检索及其结果

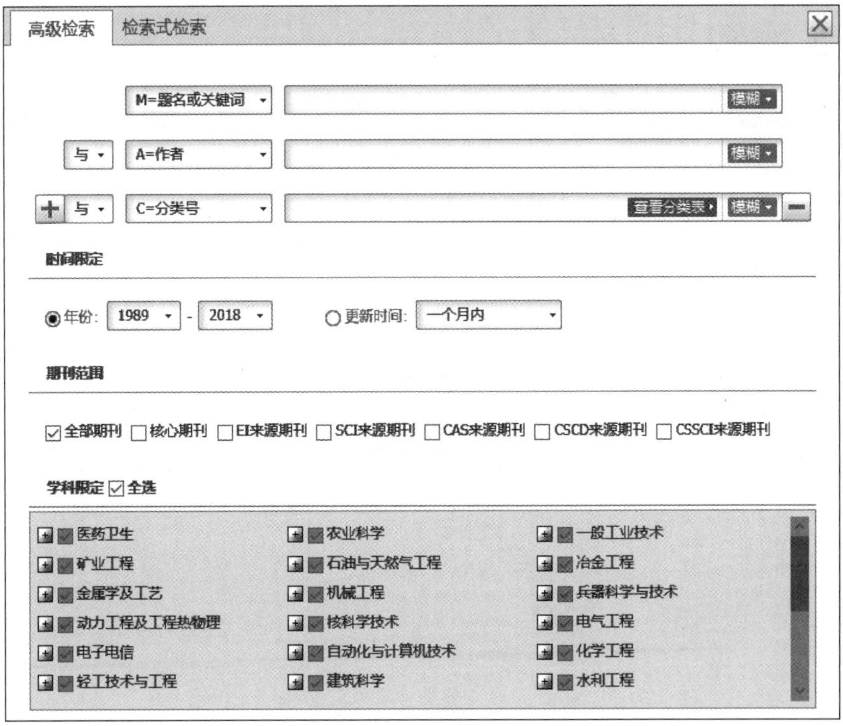

图 7-14　高级检索

在高级检索过程中，可以指定时间条件、专业限制和期刊范围，如根据期刊名称或学科类别对所有期刊进行检索，使用 ISSN 号、刊名、期号等可以指定要查找的期刊。若指定检索式为“刊名＝计算机教育 与 关键词＝信息检索”，如图 7-15 所示。

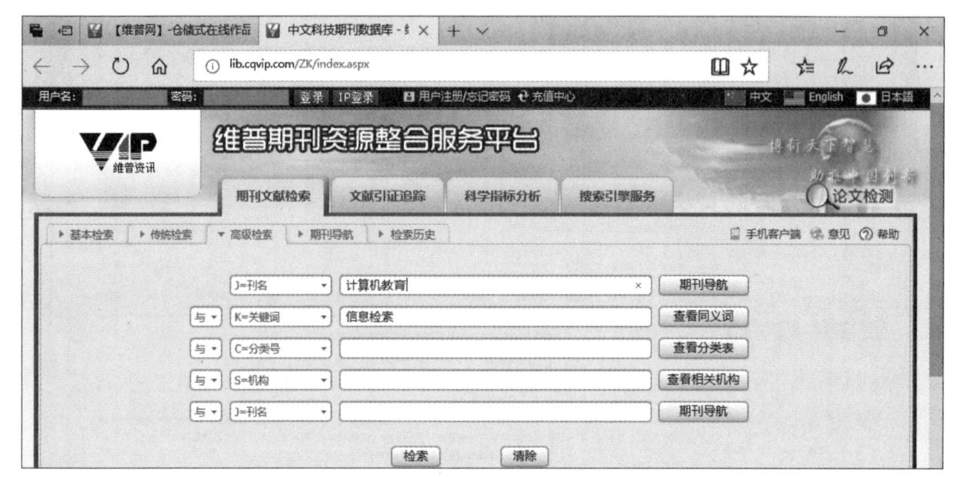

图 7-15　扩展检索条件

在找到指定文章后，可单击相应超链接进行下载，如图 7-16 所示。

图 7-16　分类检索及其结果

3. 中国专利数据库

中国专利数据库检索系统是由国家知识产权局知识产权出版社于2000年12月推出的，可以在互联网环境中使用，网络地址为http://cnki.scstl.org，如图7-17所示。该数据库属“傻瓜”型检索系统，所有检索要求(如发明名称、关键词、分类号、发明人、申请人等)均可以在一个对话框中实现。

图7-17 《中国专利数据库》检索界面

该数据库中可以使用“逻辑与”和“逻辑或”运算。其中，“逻辑与”也是系统隐含的运算符，表示检索时只需要将检索项之间用空格隔开，系统便自动执行“逻辑与”运算；在检索提问框中的“选项”，则可以选择“逻辑或”运算。

4. 万方数据库

万方数据电子出版社是中国科技信息(万方数据库集团)属下的电子出版机构，专门从事数据库和多媒体光盘的制作、出版和发行。主要出版物包括万方期刊、万方会议论文、万方学位论文、万方商务信息数据库和万方科技信息数据库。

(1) 万方期刊。内含理、工、农、医、人文五大类，共4529种科技类期刊全文。

(2) 万方会议论文。即《中国学术会议论文全文数据库》，收录从1998年以来国家级学会、协会、研究会等机构组织召开的全国性学术会议论文，范围覆盖自然科学、工程技术、农林、医学等领域，分为中文版和英文版。其中，“英文版”主要收录在中国召开的国际会议论文，论文内容为英文。

(3) 万方学位论文。即《中国学位论文全文数据库》，收录我国自然科学、工程学科等领域的硕士学位与博士学位论文，每年新增加3万篇。

（4）万方商务信息数据库。即《中国企业、公司及产品数据库》，收录 96 个行业共 20 万家企业的信息，涉及机构包括公司企业、驻华商社、信息机构等。美国 Dialog 联机系统已将该数据库作为中国首选的经济信息数据库，并为全球网络用户提供联机检索服务。

（5）万方科技信息数据库。主要内容包括科技文献、成果专利、中外标准、机构和中国台湾系列，如表 7-16 所示。

表 7-16　万方科技信息数据库内容

内　　容	说　　明
科技文献	包括专业文献、会议文献、综合文献和英文文献，涵盖范围大，权威性强
成果专利	包括国内的科技成果、专利技术和国家级科技计划项目
中外标准	包括各种国家标准、建设标准、建材标准、行业标准、国际标准、国际电工标准和欧洲标准
机构	包括国内著名的科研机构、高等院校、信息机构等方面信息
中国台湾	包括中国台湾地区的科技、经济、法规等方面信息

在如图 7-18 所示万方网络检索系统的主页中，选择“万方数据”选项就可以进入万方数据库检索系统。

图 7-18　万方数据库检索系统

单击“数据库”选项进入数据库选择页面，其中列出可供检索的万方数据库名称。如图 7-19 所示是“专利”数据库。

单击所需的“数据库名称”后，系统将进入相应的检索页面，提供高级检索、经典检索和专业检索 3 大功能，如图 7-20 所示为高级检索。

图 7-19　万方专利数据库页面

图 7-20　高级检索页面

5. 人大复印报刊资料全文数据库

中国人民大学书报资料中心成立于1958年，专门从事收集、整理、存储和发布国内人文科学、社会科学、经济与管理科学等方面信息资源。该数据库共收录4500多种报刊，并在每个专题下提供全文复印内容和题录索引内容，分别按索引、文摘、全文出版发行。其中，所选编的印刷版《复印报刊资料》具有覆盖面广、分类科学、筛选严格、信息量大、结构合理完备等特点。

从1995年开始，中国人民大学书报资料中心将印刷版《复印报刊资料》和《报刊资料索引》进行综合整理后，制作并发行相应的光盘库，每年按专题分类出版4张光盘。2002年以后，每年按季度汇集所有专题内容存储在一张DVD光盘中，全年共4张。目前，在绝大多数校园网的IP地址范围内均提供下载和阅读，如图7-21所示。

图7-21 人大复印报刊资料全文数据库页面

7.2.5 中国知识基础设施——知识创新网

中国知识基础设施工程(China National Knowledge Infrastructure，CNKI)是以实现国内信息资源共享为目标的国家信息化重点工程，该工程于1995年正式立项开始实施，由光盘国家工程研究中心、清华大学、清华同方光盘股份有限公司、清华同方教育技术研究院、中国学术期刊(光盘版)电子杂志社等单位承担并提供服务。

CNKI工程的主要内容包括：知识信息资源数字化建设、网络数据存储、网络传播体系、信息组织平台、知识库管理与发布、知识信息计量评价系统和数据库生产基地建设等。

其中，中国期刊网（即知识创新网或中国知网）是 CNKI 工程的重要组成部分，包含期刊论文、专利文献和报纸信息。

CNKI 数据库资源包括中国期刊全文数据库、中国期刊全文数据库（世纪期刊）、中国重要报纸全文数据库、中国重要会议论文全文数据库、中国博士学位论文全文数据库、中国优秀硕士学位论文全文数据库、中国工具书网络出版总库、中国引文数据库、中国图书全文数据库、中国年鉴全文数据库等。CNKI 数据库提供 3 种服务模式：网上包库、镜像站点和全文光盘。普通用户只能使用 IP 身份认证、图书馆提供的镜像网址或购卡来使用。网址是 http://www.edu.cnki.net。

1. 期刊专题全文数据库——以“Frontiers 系列期刊数据库”为例

中国期刊专题全文数据库提供 3 种检索模式：快速检索、标准检索和专业检索，以下选择“Frontiers 系列期刊数据库”进行说明。

（1）快速检索。实现快速检索是通过指定检索项完成的，如选择类目范围与检索字段、输入检索词以及选择各项限制检索条件（如时间跨度、更新条件、检索范围、匹配方式和检索结果排序方式等），如图 7-22 所示。

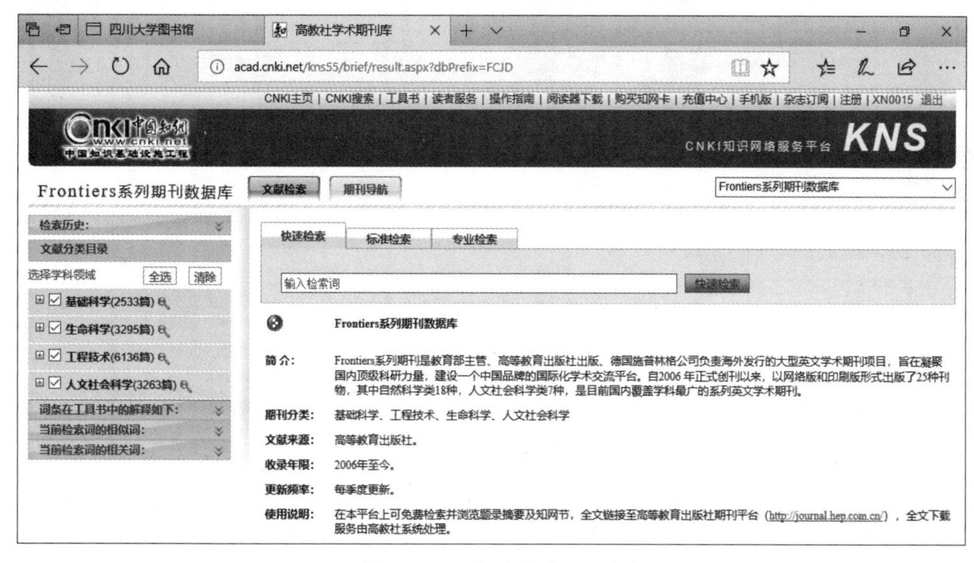

图 7-22 “快速检索”页面

（2）标准检索。标准检索能够实现快速有效的组合检索（通过逻辑运算实现），命中率高。单击图 7-36 中的“标准检索”按钮后将进入标准检索页面，如图 7-23 所示。

在图 7-23 中列出多个检索词的输入框和下拉列表框，检索项之间可以使用逻辑运算符 AND、OR 和 NOT，以提高检索效率。另外，标准检索还可以设置检索的时间跨度、更新条件、检索范围、匹配方式和检索结果排序方式。

（3）专业检索。专业检索允许设置组合逻辑表达式来实现更精确的检索。例如要检索文献名中包括“城市”和关键词为“景观”的文献，则可以在“专业检索”页面的检索框中直接输入“TI=城市 and KY=景观”，如图 7-24 所示。

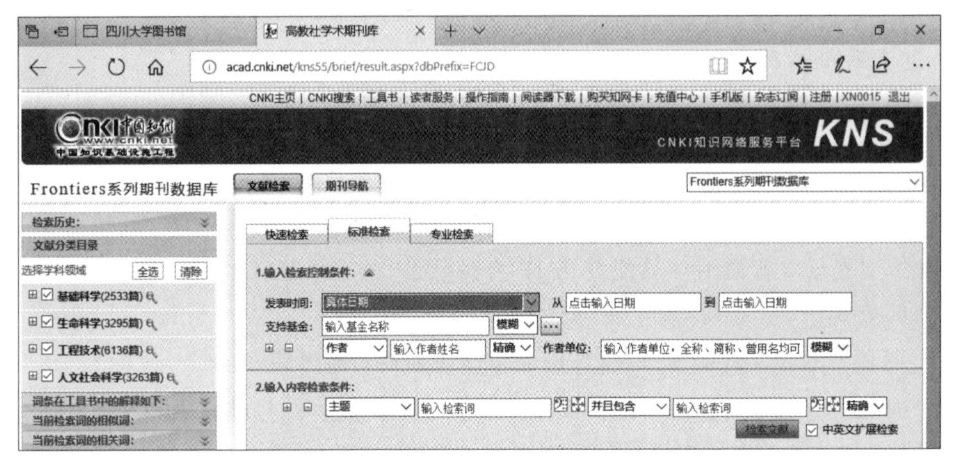

图 7-23 “标准检索”页面

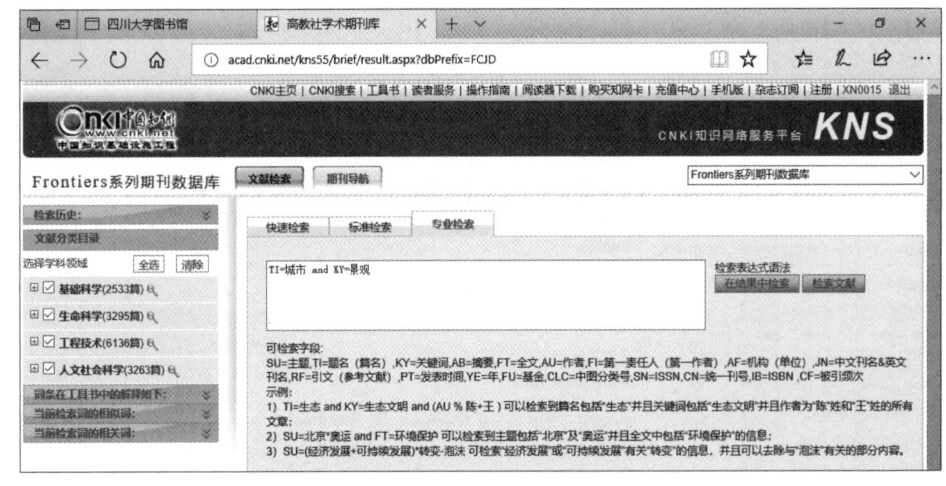

图 7-24 “专业检索”页面

2. 中国博士学位论文全文数据库

中国博士学位论文全文数据库是目前国内相关资源最完备、高质量、连续动态更新的中国博士学位论文全文数据库。全部内容包括 10 个专辑，即基础科学、工程科技Ⅰ、工程科技Ⅱ、农业科技、医药卫生科技、哲学与人文科学、社会科学Ⅰ、社会科学Ⅱ、信息科技、经济与管理科学。在专辑下又细分为 168 个专题和近 3600 个子栏目，如图 7-25 所示。

3. 中国重要会议论文全文数据库

中国重要会议论文全文数据库收录我国从 2000 年以来国家二级以上学会、协会、高等院校、科研院所、学术机构等单位的论文集。全部内容产品分为 10 大专辑，即基础科学、工程科技Ⅰ、工程科技Ⅱ、农业科技、医药卫生科技、哲学与人文科学、社会科学Ⅰ、社会科学Ⅱ、信息科技、经济与管理科学。在专辑下又细分为 168 个专题文献数据库和近 3600 个子栏目，如图 7-26 所示。

图 7-25　中国博士学位论文全文数据库页面

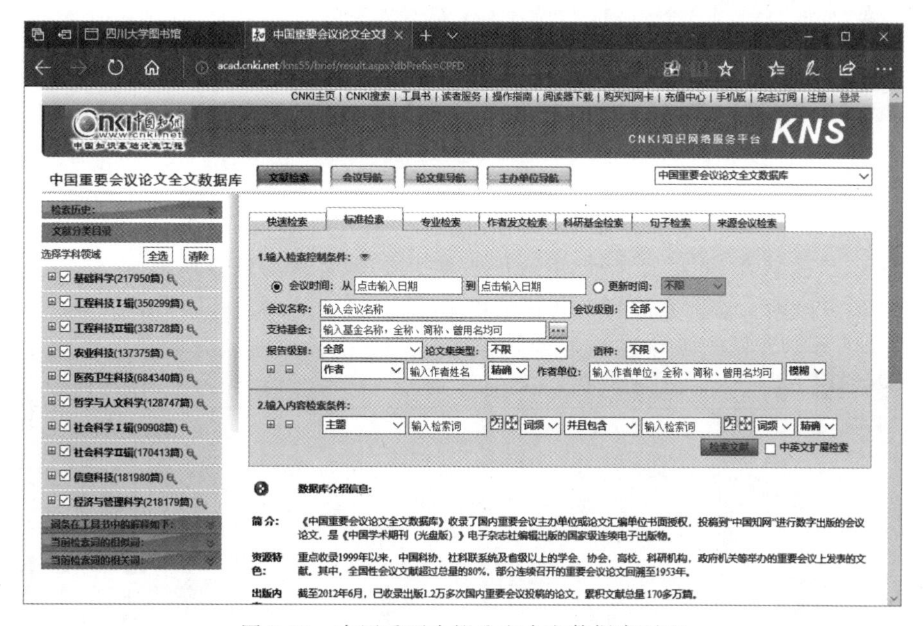

图 7-26　中国重要会议论文全文数据库页面

4. 中国专利数据库

中国专利数据库收录 1985 年 9 月以来的所有专利，包含发明专利子库、实用新型专利子库和外观设计专利子库，代表中国最新的各种专利发明。专利内容来源于国家知识产权局下属的知识产权出版社，相关的文献与成果来源于 CNKI 各大数据库。可以通过分类号、申请人、发明人、申请号、申请日、公开号、公开日、专利名称、摘要、地址、专利代理机构、代理人、优先权等进行检索。

中国专利数据库的检索页面如图 7-27 所示，提供 3 种检索模式：检索、高级检索和分类检索。

图 7-27 “中国专利数据库”检索页面

(1) 检索。可以在“初级检索”页面中，设置发明名称、文摘、申请人、发明人、通信地址、代理人、法律状态、审定公告号、申请日期等字段，或直接输入检索词。

(2) 高级检索。检索方法与期刊题录数据库的检索方法类似，如图 7-28 所示。

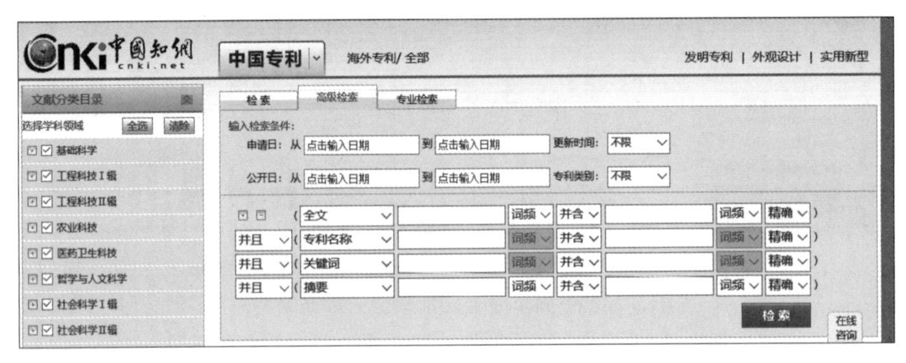

图 7-28 “高级检索”页面

(3) 分类检索。在中国专利数据库中，每条专利按“国际专利分类号”进行分类，并构成按类排列的导航树。导航内容分为 8 个部，如表 7-17 所示。

表 7-17 中国专利数据库的导航内容

部号	内　容	部号	内　容
1	人类生活必需(含农、轻、医)	5	固定建筑物(含建筑、采矿)
2	作业、运输	6	机械工程、照明、加热、器、爆破
3	化学、冶金	7	物理
4	纺织、造纸	8	电学

在每部中又分成3级,检索时只要选择所需类目名称并逐层展开,直到第3级即可以获得检索结果。

5. 期刊题录数据库

在使用"期刊题录数据库"检索有关文献的题录内容时,所用的检索方法与期刊专题全文数据库的检索方法基本一致。但是,"期刊题录数据库"的检索结果只有编号、中文刊名、年份、期号等内容,并没有文献的原文内容。

7.2.6 国外网络数据库的信息检索

国外网络数据库如表7-18所示。

表 7-18 国外网络数据库

数据库	说　明	数据库	说　明
INSPEC	英国科学文摘	SSCI	社会科学引文索引
CAS	美国化学文摘	NTIS	美国政府报告通报与索引数据库
SCI	科学引文索引	EI Compendex	美国工程索引

1. INSPEC(英国科学文摘)

INSPEC是由英国电机工程师学会编辑的权威性文摘索引数据库,学科覆盖电子工程、物理学、电子学、计算机科学与信息技术等,收录世界范围内出版的4000多种期刊、1000多种会议录、科技报告、图书等文献的文摘信息,如图7-29所示。

另外,INSPEC还有对应的印刷本检索刊物,分别是:A辑—物理学文摘,B辑—电子与电气文摘,C辑—计算机与控制技术文摘。学科范围包括:数学与数学物理、凝聚态物理、原子物理与分子物理、超导体、气体、流体与等离子体、光学与激光、声学系统、电力系统、热力学、磁学、生物物理与生物工程、原子物理、基本粒子、核物理、仪器制造与测量、半导体物理、天文学与大气物理、材料科学、水科学与海洋学、环境科学、电路、电路组件和电路设计、电讯、超导体、电子光学和激光、电力系统、微电子学、医学电子学、计算机科学、控制系统及理论、人工智能、软件工程、办公室自动化、机器人、情报学等。

2. CAS(化学文摘)

CAS于1907年创刊,由美国化学会所属的化学文摘服务社编辑出版,主要收录化学

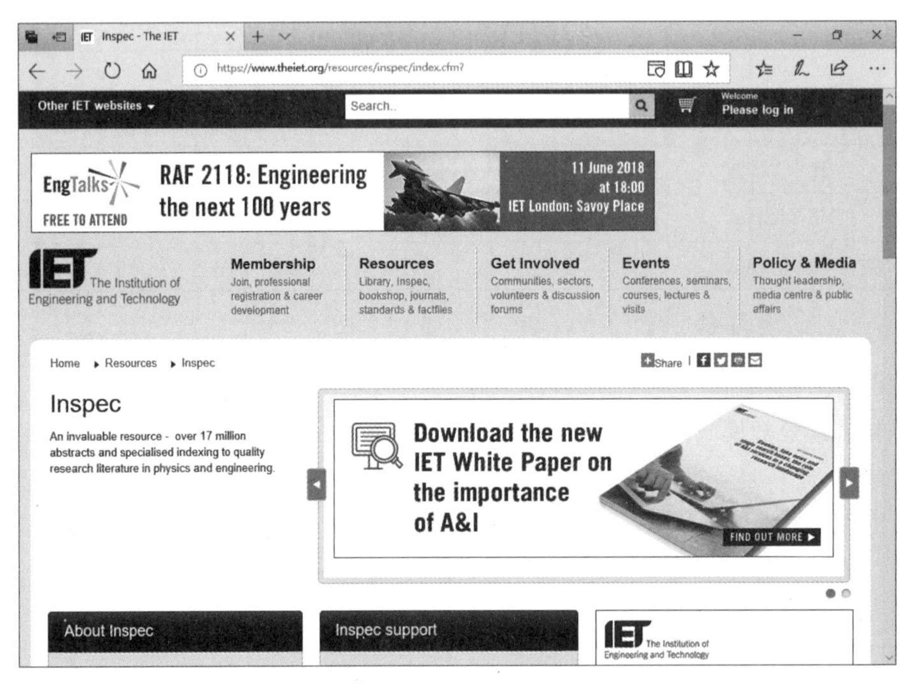

图 7-29　INSPEC 主页(网络版)

化工学科中的文献，学科范围包括无机化学、有机化学、分析化学、物理化学、高分子化学、冶金学、地球化学、药物学、毒物学、环境化学、生物学、物理学等，如图 7-30 所示。

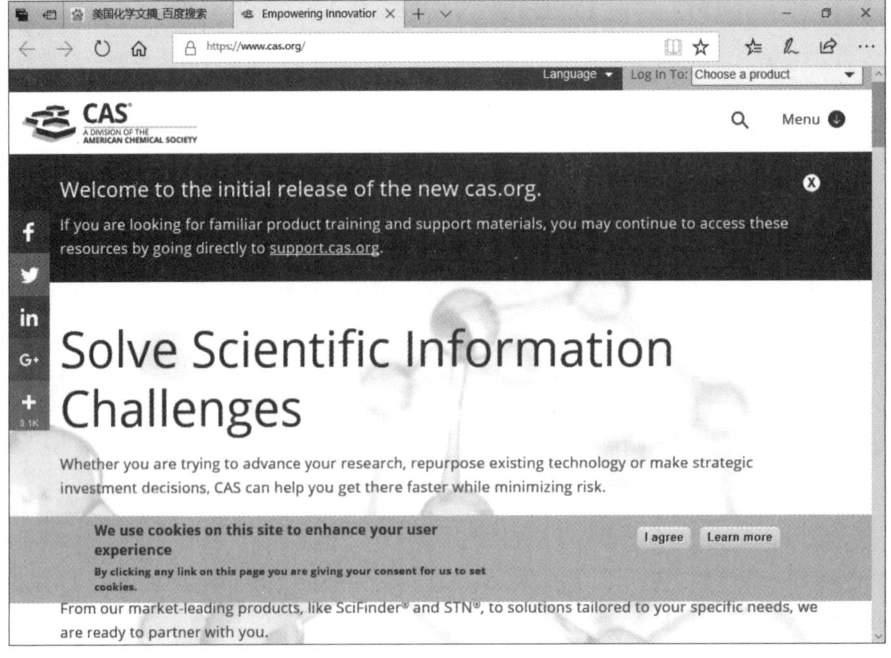

图 7-30　CAS 主页(网络版)

3. SCI(科学引文索引)

引文索引是一种以专利、科技期刊、专题丛书、技术报告等文献后所附参考文献、作者、标题、原文出处等项目,并按照引证与被引证的关系进行排列所编制而成的索引。SCI 于 1957 年由美国科学信息研究所编辑出版,目前已经位列国际通用的 6 大著名检索系统之首。它既是重要的检索工具,又是进行科学研究成果评价的重要依据。SCI 属于科学信息机构(ISI)中的一部分,如图 7-31 所示。

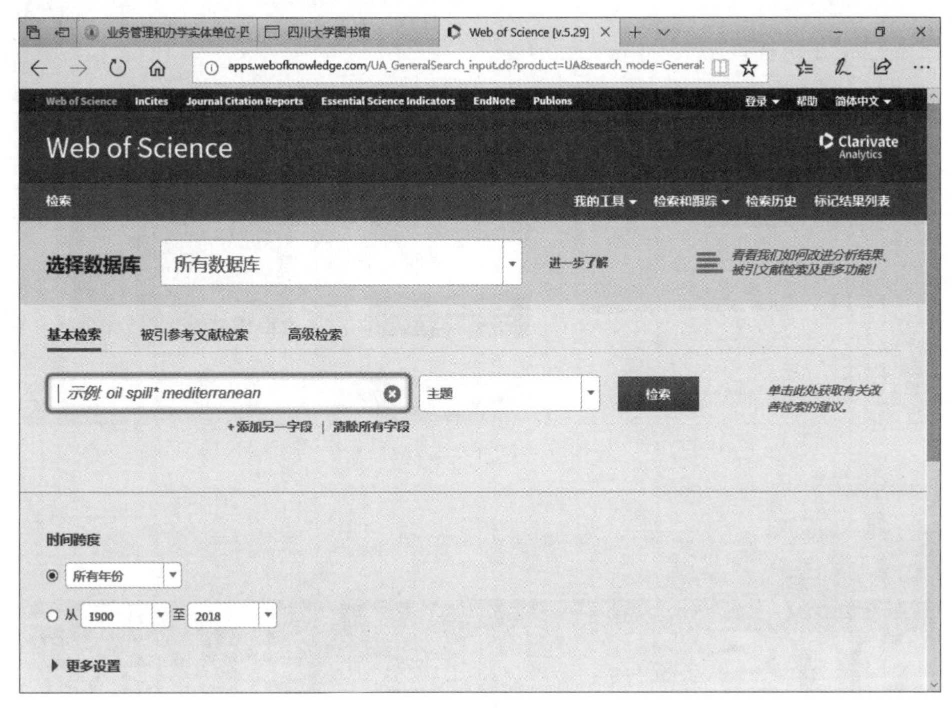

图 7-31　SCI 主页

SCI 主要收录农学、天文学与天体物理学、生物化学与分子生物学、生物学、生物技术与应用微生物学、化学、计算机科学、生态学、工程学、环境科学、食品科学与技术、遗传学、地球科学、免疫学、材料科学、数学、医学、微生物学、矿物学、神经科学、海洋学、肿瘤学、儿科学、药理学与药剂学、物理学、植物学、精神病学、心理学、外科学、电信学、热带医学、兽医学、动物学等学科,共近 6000 种学术刊物。

4. SSCI(社会科学引文索引)

SSCI 是科学信息机构(ISI)中的一部分,SSCI 是由美国科学情报研究所编辑出版的综合性社科文献数据库,学科范围包括经济、法律、管理、心理学、区域研究、社会学、信息科学等。收录 50 个语种、1700 种国际期刊、约 350 万条记录,如图 7-32 所示。

5. NTIS(美国政府报告通报与索引数据库)

NTIS 的网络地址为 http://www.ntis.gov/,主要收录美国政府部门制定的各种通报内容,如图 7-33 所示。

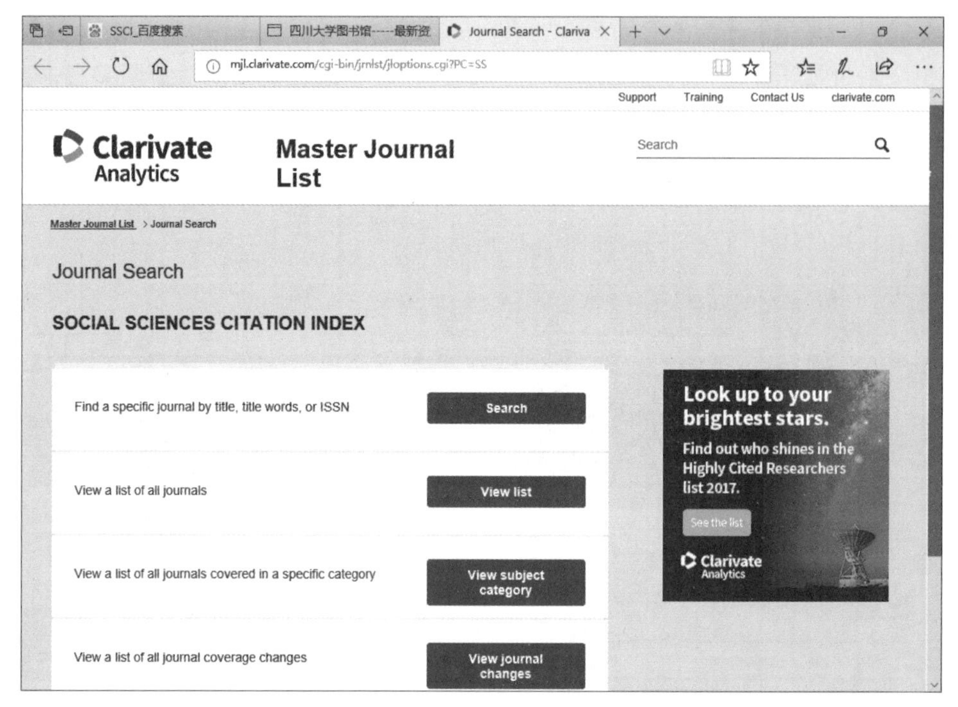

图 7-32　SSCI 主页（网络版）

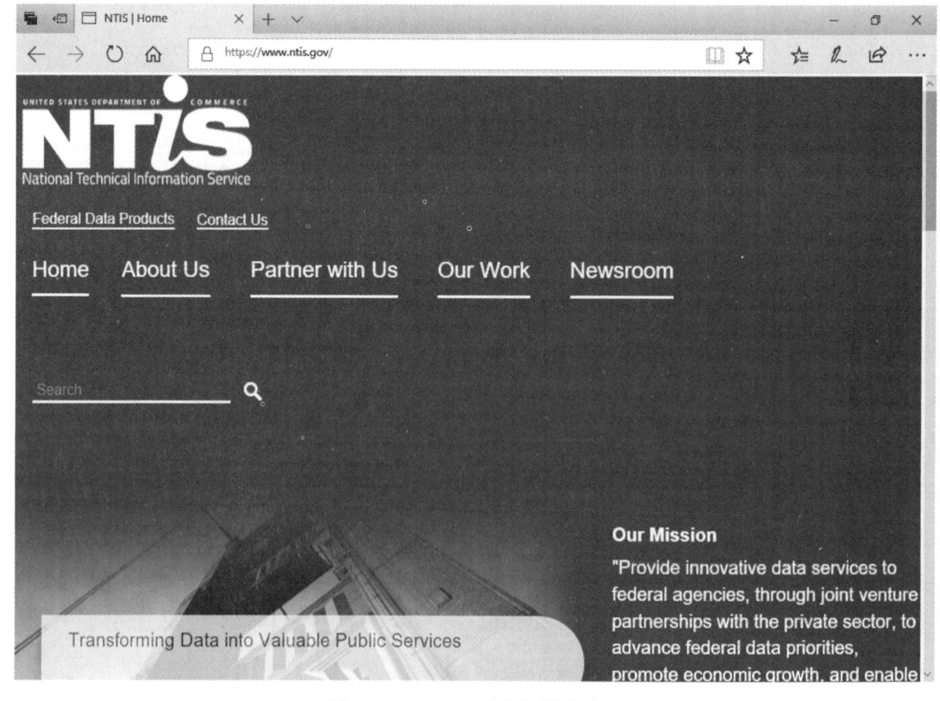

图 7-33　NTIS 主页（网络版）

6. EI Compendex(美国工程索引)

EI Compendex 是由美国工程信息公司编辑出版的著名工程技术类综合性检索工具,创刊于 1884 年,出版形式包括印刷本、缩微胶卷、数据磁带和 CD-ROM 光盘。涉及 3000 多种工程技术期刊、技术报告、会议文献、图书、学位论文等,内容包括工程学科和工程活动领域的研究成果。学科范围包括动力、电工、电子、自动控制、矿冶、金属工艺、机械制造、土建、水利等。

EI 将全部收录论文分为两个档次: EI Compendex 标引文摘和 EI PageOne 题录。其中,EI Compendex 标引文摘代表核心数据,收录论文的题录和摘要,并以主题词、分类号进行标引和处理,如图 7-34 所示;EI PageOne 题录代表非核心数据,以题录形式构成,没有进行标引和处理。

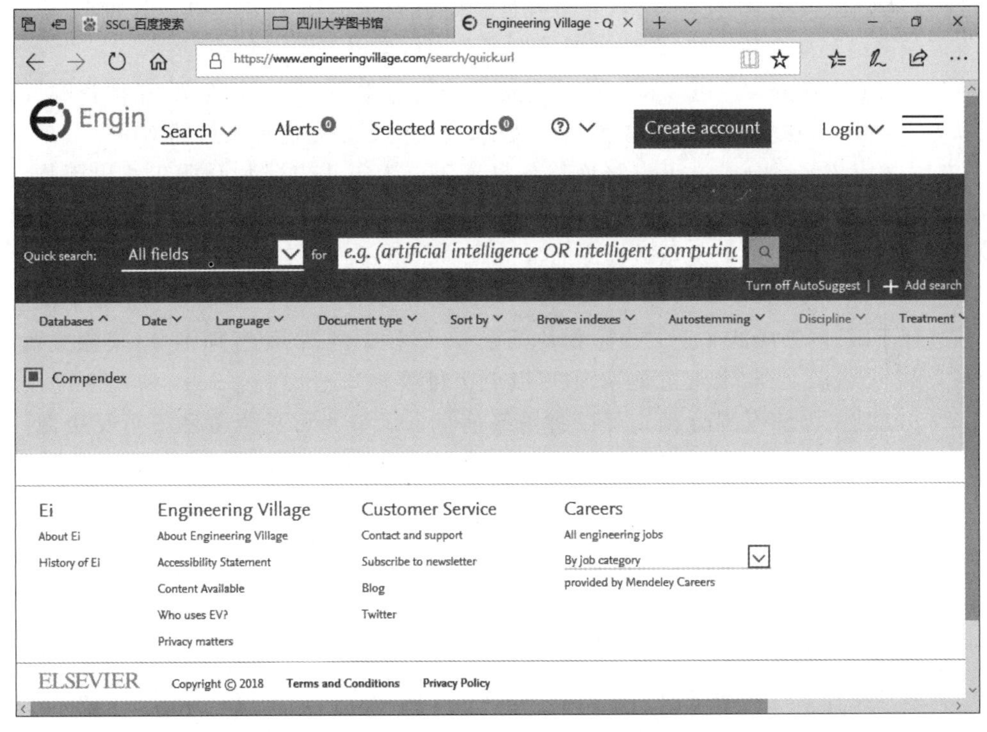

图 7-34　EI Compendex 主页(网络版)

7.3　网络信息资源及其检索

在全球工业与科技迅速增长的今天,信息资源正以前所未有的速度增长。仅以《美国化学文摘(CA)》为例,1907 年共收录 7975 条,2000 年共收录 725195 条,增长 91 倍。本节主要介绍常用网络文献数据库的种类,核心引文检索,中文数据库,西文数据库,特种文献检索和互联网信息查询。

7.3.1 网络信息资源

网络信息资源的主要特点是信息量大且广泛传播，信息类型多样与内容丰富，信息时效性强且动态可变，信息分散无序但关联程度高，信息价值差异大且不易管理。

网络信息资源的类型划分可以基于不同的标准，如网络传输协议、网络信息资源组织形式、出版类型、原创性、审核前后、搜索引擎范围等。

（1）按网络传输协议分类。可以将网络信息资源分为FTP信息资源、WWW信息资源、Telnet信息资源、用户服务组信息资源、Gopher信息资源等。

（2）按网络信息资源组织形式分类。可以将网络信息资源分为文件方式、超文本方式、数据库方式、网站方式等。

（3）按出版类型分类。网络信息数据库通常源自于印刷型出版物。例如，印刷型期刊发展成网络型期刊数据库，印刷型图书发展成网络型电子图书数据库。

（4）按原创性分类。可以将网络信息资源分为零次资源、一次资源、二次资源、高次资源等。其中，一次资源是具有原创性的文献，高次资源是经过加工后的文献。

（5）按审核前后分类。可以将网络信息资源分为正式出版物和非正式出版物。其中，正式出版物的学术价值相对较高，一般具有ISBN或ISSN标记，或由公认权威学术机构编辑出版。这样形成的文献数据库通常按照检索量进行收费，用户必须付费并获得账号与密码后才能使用，没有账号与密码者只能浏览免费信息（如文献摘要），但不能浏览全文和进行下载；网络中的非正式出版物种类繁多，如教学网站、源程序清单、交流文章、讨论组文章、公告版文章、个人主页等，但可以免费利用。

（6）按搜索引擎范围分类。可以将网络信息资源分为可见资源和不可见资源。其中，可见资源属于搜索引擎可以检索的资源，这种资源必须为没有口令设置的超链接文本；不可见资源是没有超链接的资源或需要指定口令才能访问的所有资源。

7.3.2 网络信息检索工具及其使用技巧

1. 网络信息检索工具

网络信息检索也即网络信息搜索，它是指互联网用户利用网络终端并通过网络搜索工具或通过浏览器查找与获取信息的行为。这种检索系统都是基于互联网的分布式特点进行开发的，例如大量数据分散存储在不同的服务器中，终端用户可以在不同位置检索数据库，数据本身可以在互联网上的任何地方进行处理。

网络信息检索工具是指各种搜索引擎，包括百度、谷歌、搜狗等。所谓搜索引擎就是利用网络进行自动搜索的技术，在对互联网资源进行收集、标引并建立数据库后，就可以实现网络信息检索。

2. 检索运算符

在网络信息检索过程中，可以使用一般运算符和高级运算符。

（1）一般运算符。该类运算符可以用于搜索引擎的简单检索，在网络信息检索中使用一般运算符将使检索词更准确，搜索结果更全面，如表7-19所示。

表 7-19 一般运算符及说明

名 称	运算符	说 明
加号	＋	表示检索词必须出现在搜索结果中，例如“计算机＋通信”
减号	－	表示检索词不能出现在搜索结果中，例如“计算机系统－微机”
截词符	*	表示自动检索具有相同词干的所有单词，以提高检索结果的命中率，例如“计算机 * ”将检索“计算机系统”“计算机工程”“计算机网络”“计算机通信”“计算机器”等
引号	""	表示词组检索，即检索含有该词组的文献，例如“"计算机系统"”表示检索含有词组“计算机系统”的文献
管道符	|	表示一组检索词在搜索结果中只要出现一个即可，例如“计算机|通信”

（2）高级运算符。高级运算符将用于搜索引擎的高级检索，简单检索是搜索引擎的隐含工作模式。高级检索过程中使用的运算符包括逻辑运算符和位置运算符。

7.3.3 专利信息检索

国内专利信息始于 1985 年 9 月 10 日，包括发明、实用新型和外观设计 3 种专利的著录项目及摘要，并可浏览到各种说明书全文及外观设计图形，使用专利检索条目可以查找所需的专利发明。中文专利的检索，当然以国家知识产权局的检索页面最为权威。不过，知识产权出版社主办的“专利信息服务平台”在专利检索方面的功能最强大，而且同时可对检索到的专利文献进行分析。

按检索深度分类，专利检索可以分为字面检索和字义检索两种。其中，字面检索是指通过输入某个专利检索词后，系统将检索在文本中带有该检索词的专利申请文件；字义检索是指对某个“字义”进行检索，得到所有文本中包含该“字义”的专利申请文件。

1. 国家知识产权局

国家知识产权局（www.sipo.gov.cn）的专利数据库是国内唯一提供免费专利说明书的系统，使用该系统可以下载各种专利说明书，其菜单检索界面如图 7-35 所示。该数据库于 2001 年 11 月开始对外服务，主要内容包括 3 种专利：发明、实用新型、外观设计，时间范围包括自中国专利局接受专利申请（从 1985 年 4 月 1 日起）的所有专利公报、专利申请说明书、权利要求书、附图等，共计 130 万件。

国家知识产权局网站的检索界面，如图 7-36 所示。

2. 中国专利信息网

中国专利信息网（www.patent.com.cn）提供免费账号，但只能浏览、下载、打印专利文献的题录和文摘，以及浏览、下载、打印专利说明书的首页，不能下载全文。在进入中国专利信息网后，如图 7-37 所示，单击网页中的“专利检索”选项将进入检索界面。其后，可以选择简单检索、逻辑组配检索和菜单检索。

图 7-35　国家知识产权局网站的菜单检索界面

图 7-36　国家知识产权局网站的检索界面

图7-37　中国专利信息网的检索界面(简单检索)

7.3.4　数字图书馆

1. 数字图书馆概念

1988年,美国数字图书馆联盟将数字图书馆概念定义如下:“数字图书馆是一个拥有专业人员等相关资源的组织,该组织对数字式资源进行挑选、组织、提供智能化存取、翻译、传播、保持其完整性和永久性等工作,从而使得这些数字式资源能够快速且经济地被特定的用户或群体所利用。”实际上,数字图书馆是对数字形式的信息进行收集、整理、保存、发布和利用的实体,表现形式是由具体的社会机构或组织进行管理,并由虚拟的网站或任何数字化的信息资源进行实现。

数字图书馆使用数字技术进行处理和存储各种图书的图书馆,属于由多媒体制作的分布式信息系统。它将各种不同载体、不同地理位置的图书信息资源用数字技术进行存储,可以跨越地域进行网络检索和传播。传统图书馆一般使用人工来收集、存储并重组图书信息,并通过记录读者们的图书使用情况来进行管理。

在数字图书馆中将收集和创建数字化馆藏,它把各种文献替换成计算机系统能够检索的二进制形式图像,并使用访问许可、记账服务、安全保护等权限管理。同时利用互联网发布技术,让所有经过授权的信息实现共享,从而使读者可以在任何时间和地点通过计算机网络获取信息。

综上所示,数字图书馆属于虚拟图书馆。一方面它是基于网络环境的动态知识网络系统,另一方面它是智能检索、便于使用的、没有时空限制的、超大规模的、分布式的、可跨库无缝链接的知识中心。数字图书馆是面向互联网发展的信息管理模式,可以广泛地应用于大众传媒、终身教育、商业咨询、电子政务、电子商务、社会文化、休闲娱乐等方面。

2. 数字图书馆范畴

从概念的角度，可以将“数字图书馆”理解成两个范畴：数字化图书馆和数字图书馆系统。其中会涉及两个工作内容，一是要将纸质版的传统图书转化成电子版的数字图书，二是电子版数字图书的存储、交换、流通等工作的具体实现。

在建设数字图书馆时，要重视标准的制定。中国国家数字图书馆标准是一个很重要的标准，它在与国际标准兼容的同时又具有中国特色。例如，国家图书馆、北京图书馆等单位在国家标准化委员会委托下成立中国国家数字图书馆标准协会，并由该协会开始制定数字图书馆标准。

数字图书馆拥有多媒体形式的信息资源，能够为用户提供方便快捷的信息检索服务机制。它没有传统图书馆的“实体”机构，只具有对公共信息资源进行管理与传播的网络活动，表现形式为信息资源的组织、传播和检索。数字图书馆的内容特征是数字化信息，结构特征是通过网络进行分布式的检索和管理，外部特征是有个性化、人性化和动态化。

3. 中国数字图书馆工程

中国数字图书馆（www.nlc.gov.cn）于 2000 年 4 月 18 日正式运营，如图 7-38 所示。为使中国数字图书馆工程具有综合性和科学性的特点，2003 年 6 月，该工程办公室先后向国家科学数字图书馆、上海图书馆、中科院计算技术研究所图书馆、北京大学数字图书馆研究所和清华大学数字图书馆研究所征集《国家数字图书馆需求方案》，并于 2003 年 8 月组织了“国家图书馆二期工程暨国家数字图书馆工程”建筑设计方案展览。

图 7-38 中国数字图书馆

中国数字图书馆在全国范围内建立起完整的数字图书馆服务体系，提供包括电子政务、电子商务、数字资源核心技术研发与应用推广、数字化加工、数字版权管理、专业信息、数字内容整体解决方案、数字图书馆整体解决方案等服务。

7.3.5 搜索引擎

搜索引擎是指利用“蜘蛛”或“机器人”程序在Web上进行搜索，并将搜索到的文献编入指定数据库中。一般搜索引擎是由搜索软件、索引软件和检索软件3大部分组成。检索时由用户直接指定检索词，搜索引擎会自动根据规则将检索词与数据库中的文献进行匹配，从而形成检索结果。搜索引擎主要有两个功能：一是通过收集信息资源来建立索引数据库，并自动跟踪信息资源的变化，不断更新索引内容，定期维护数据库；二是提供网络导航与检索服务。

在互联网中，常用搜索引擎包括百度、谷歌、天网、搜狗等。它们的操作方法基本相同，主要有如下步骤：确定检索类别（如网页、图片、新闻、论坛等），确定检索内容，选择关键词，进行检索词组配，从检索结果中逐级展开直到找到所需的文献。

1. Excite搜索引擎

1993年初，斯坦福大学的6位大学生创立Architext Software Corporation公司，专门开发大型数据库中的高效搜索软件。1995年，ASC公司开发出同时具有超文本检索技术和自动提取文摘技术的Excite Web Search和Excite for Web Servers软件，该软件通过分析检索词之间的关联来检索互联网中的信息资源。同年10月成立Excite公司，并先后收购搜索引擎Magellan和Webcrawler，从而使Excite成为最著名的网络搜索引擎。

Excite搜索引擎包含一个存储新闻组的数据库，每天自动搜索300个新闻媒体，并将相关内容整理成索引数据库，同时提供6万多个检索站点。另外，Excite搜索引擎还支持目录检索和关键词检索，检索内容包括人物、电话簿、地图、股市行情、天气情况等。

Excite中文版是对Excite英文版进行汉化后得来的，内容包括全部中文网页、中国网页数据库、中国台湾网页数据库、中国香港网页数据库、新加坡网页数据库、中国澳门网页数据库和西文语言网页。如图7-39所示的是Excite英文版，网址为www.excite.com。

Excite英文版提供的检索模式包括基本检索、高级检索、按主题目录进行浏览检索、结果显示等。例如，单击Excite基本检索页面中的Environment链接就可以进入Environment页面，如图7-40所示。

Excite搜索引擎界面非常友好，用户可以利用关键词、词组和自然语言进行检索。由于它已经开发出包括中国在内的多种全球区域版本，为特定地区提供高效率的服务，因此它也是使用最为广泛的搜索引擎之一。

2. ChemIndustry搜索引擎

ChemIndustry（www.chemindustry.com）是世界性的化工类专业分类搜索引擎，内容涵盖化工行业的所有方面，拥有数百万的浏览页面，如图7-41所示。

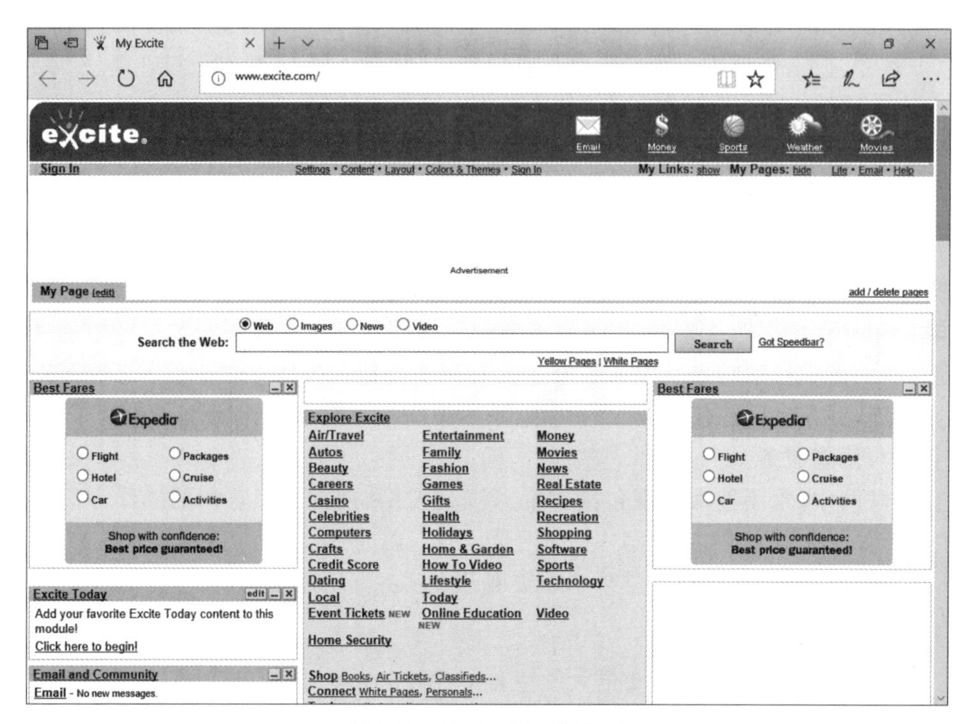

图 7-39　Excite 英文版主页

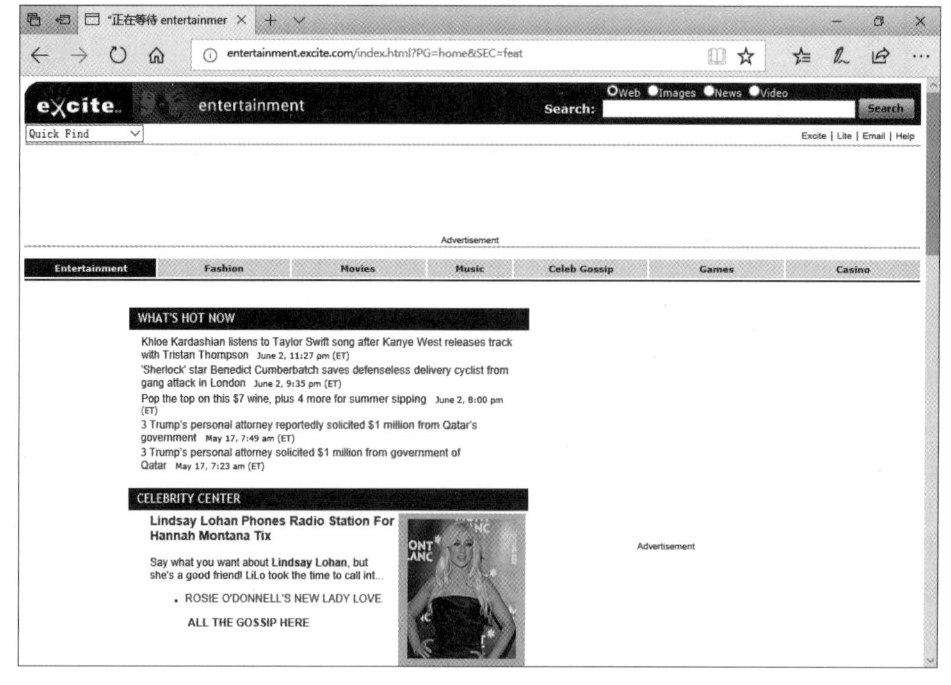

图 7-40　Environment 检索页面

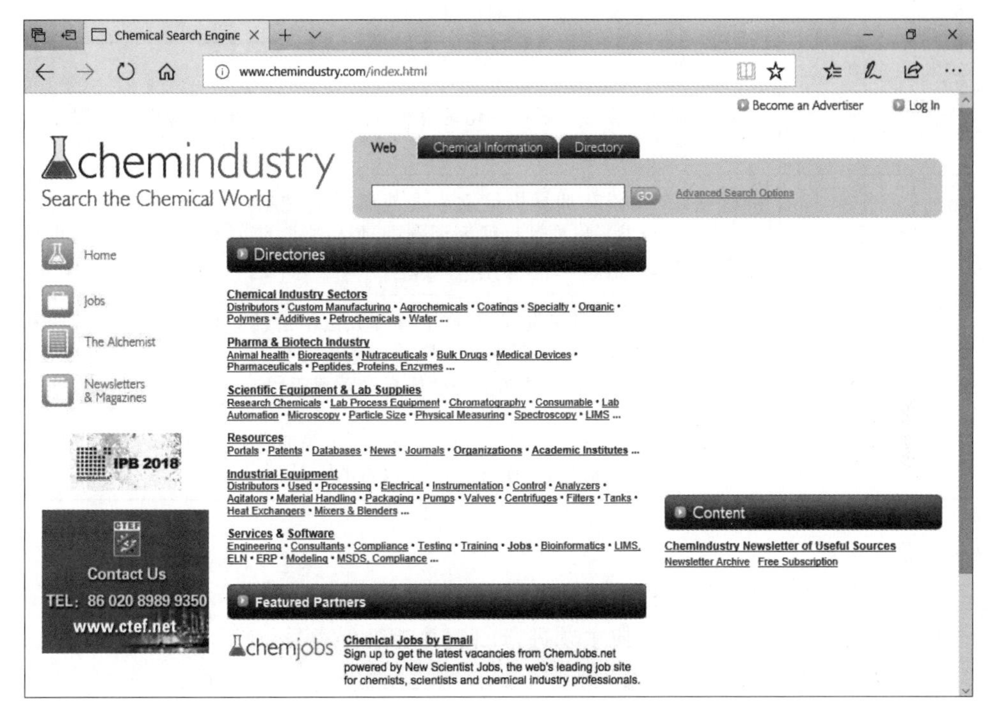

图 7-41　ChemIndustry 主页

7.4　信息资源的综合利用

信息利用是信息检索的关键，要全面、有效地利用知识和信息，就应该在学习、生活、科学研究等过程中加强信息检索。如果说获取信息是对所得信息进行分析、整理、归纳和总结，那么信息利用则是对各种信息进行重组，最终创造新知识和有效信息。本节主要介绍搜集、整理和分析信息资源，如何撰写科技和学位论文。

7.4.1　搜集、整理和分析信息资源

1. 搜集信息资源

搜集信息资源应该依据研究课题的学科性质和与相邻学科的关系、信息需求的目标等来确定搜集信息的范围。一般而言，基础研究主要利用学术论文、专著中提供的信息，而应用研究主要利用学术论文、技术报告、技术标准、专利说明书中提供的信息。在搜集信息资源时，可以使用 4 种方法：科学实验、系统检索、社会调查和访问考察，如表 7-20 所示。

2. 整理信息资源

搜集到的信息必须经过科学整理后才会具有实际价值，整理信息资源有两种方法：形式整理和内容整理。

表 7-20 搜集信息的方法

方　法	说　明
科学实验	将通过实验方法观察事物变化的过程、条件、测量数据、实验用仪器设备等信息进行记录
系统检索	指利用手工检索和计算机检索来查找所需的文献，首先可以检索三次文献（如参考工具书），以便明确研究课题的具体要求，汇总检索目标；然后再检索有价值的文献信息；最后获取各种原始文献
社会调查	指运用现场观察、直接询问、听取汇报等方法了解社会现状，以及收集资料和数据的活动。利用社会调查收集到的信息比较接近社会现实和生活状况，也比较真实可靠，这是获得真实可靠信息的重要手段
访问考察	指通过有目标地进行专访、座谈、实地参观、参加学术会议等方式，搜集许多没有公开发布的信息，以便弥补系统检索的不足

1）形式整理

通常使用3个步骤：首先，将信息按信息来源、题名、编著者、内容提要等属性进行著录；然后，按各种信息涉及的学科或主题进行归类并著录分类号；最后，将著录和归类后的信息，按分类或主题进行排序并编号。

2）内容整理

研究形式整理后的信息，从理论与技术水平、实用价值、信息来源、发表时间、可靠性、先进性等方面进行评估。一方面，剔除参考价值较低的部分；另一方面，提取与研究课题相关的论据、论点、结论、图表数据等，归纳相近观点，合并相同观点，汇总图表数据。

3. 分析信息资源

分析信息资源就是要充分利用整理过的资源，并将众多分散信息进行分析、对比、综合、推理等处理，以便重组成一个有机整体。信息资源分析方法包括：归纳法和分析法。

（1）归纳法。又称综合归纳法，它是把与研究课题有关的各种分散信息（如数据、图表、素材、相关情况等），进行汇集和归纳后形成系统的信息资源集合。归纳法就是从事物的各种复杂现象中探索其内在关联，从而能够整体把握并考察事物的发展过程并获得新知和结论。

（2）分析法。是将复杂事物分解为若干简单事物或要素，分析事物之间或事物内部的特定关联，并从中得到新知和结论。按分析角度划分，有对比分析与相关分析两种方法。前者是确定事物之间共同点和不同点的逻辑方法，后者是利用事物之间或事物内部存在的关联进行预测来获得新知和结论的逻辑方法。

7.4.2 如何撰写科技论文

学术论文（如科技论文、学位论文等）就是将新的科学研究成果、技术应用中的新发现等撰写成有论据的、有创新的文章，主要工作是将已有信息和新的结论进行系统处理、文字编辑等加工，以实现信息再创造的智力过程。

1. 科技论文特点

科技论文是表达、论证科学技术研究成果的一种科技写作文体，它的主要特点是：创造性、学科性和科学性，如表 7-21 所示。

表 7-21　科技论文特点

特　　点	说　　明
创造性	科技论文的价值体现在是否有所发现、发明、创新等方面
学科性	科技论文通常针对某个或几个学科来论证观点，行文中要求科学地使用专业术语
科学性	科技论文反映的科研成果是客观存在的自然现象和规律，其中采用的数据和资料必须是真实可靠的，并准确描述各种概念和专业术语

2. 科技论文内容

科技论文通常以期刊、会议文集等形式进行发表，内容包括：标题、作者信息、摘要、关键词、分类号、正文、参考文献等部分。

(1) 标题。这是文章中心内容的高度概括(如 20 字以内)，拟定标题必须准确表达文章的主要内容，恰当反映研究的对象和深度，用词要准确和精炼。

(2) 作者信息。包括作者姓名、工作单位、邮编等内容，个人成果由个人署名，集体成果按承担研究者的贡献大小顺序署名，要能够体现研究成果的荣誉和版权归属。

(3) 摘要。这是论文内容的简短陈述，包含与论文本身等量的主要信息。摘要一般应该说明研究目的、研究手段、实验方法、实验结果和最终结论。在摘要中，一般不能添加注释与评论、图表、化学结构式、通用符号等，篇幅一般不超过 300 字。

(4) 关键词。由从论文标题和全文中抽选出最能代表论文主题的实质性词表示，通常为 3～8 个，要尽量选用《汉语主题词表》或其他相关词表中提供的规范词。

(5) 分类号。依据论文主题涉及的学科门类，使用《中国图书馆图书资料分类法》和《国际十进分类法》中的规定，以便进行信息交换和处理。

(6) 正文。即论文主体，由研究对象、实验方法、实验技术、仪器设备、原始材料、实验结果、计算方法、编程技术、数据资料、数据图表、形成论点、导出结论等组成，要求论点明确、重点突出、客观真实、论据充分和逻辑严密。

(7) 参考文献。即论文参考和引用的文献，以反映科学的继承性和连续性。一方面，参考文献体现尊重他人的劳动成果；另一方面，参考文献能够方便读者进行检索和深入研究。

7.4.3　如何撰写学位论文

1. 学位论文特点

学位论文是本科生、硕士生、博士生多年从事学习与科学研究活动的学术论文，它的主要特点是观点明确、规模合理、学术价值高、语言规范和格式统一，如表 7-22 所示。

表 7-22 学位论文特点

特　　点	说　　明
观点明确	学位论文是经过慎重选题和搜集大量资料而成的，属于较为成熟的学术性文献，应该具有观点明确、结构严谨等特点
规模合理	学术论文需要有创新，对篇幅大小没有强制规定。但是，学位论文对选题和规模均有相关规定，如本科生学位论文通常为2万字以上，硕士生学位论文通常为6万字以上，博士生学位论文通常为10万字以上
学术价值高	学位论文是对本科生、硕士生和博士生学习成果及科研能力的检验，要体现一定的学术科研水平
语言规范	学位论文对于数字、标点、章节编号等的使用均有规定，要努力使用正规书面语言，不能使用无根据推测、敏感字眼、网络新词等
格式统一	许多高等院校的学位论文都有统一的写作格式和装订要求

2. 学位论文结构

学位论文通常是以独立形式存档的，内容包括封面、摘要、关键词、目次页、引言、正文、结论、致谢、参考书目、附录等。

习　题　7

一、简答题

1. 什么是狭义信息检索？什么是广义信息检索？
2. 简述信息检索的主要意义。
3. 简述信息检索要素。
4. 根据文献加工程度，可将信息来源分为哪些文献？
5. 根据出版形式，可将信息来源分为哪些文献？
6. 什么是文献分类法？简述常用的文献分类法。
7. 什么是信息检索对象？简述常用的信息检索对象。
8. 什么是文献检索方法？简述常用的文献检索方法。
9. 什么是内容特征途径？什么是外部特征途径？
10. 按照收录范围进行划分，检索工具可以分为哪些？
11. 简述计算机信息检索系统的发展过程。
12. 简述国内著名的光盘库及其主要内容。
13. 简述万方数据电子出版社提供的主要出版物。

二、上机题

1. 进入中国期刊全文数据库，了解检索界面，并检索“计算机网络发展”方面的文献，写一篇关于该题目的综述文章。

2. 进入中文科技期刊数据库，了解检索界面，并检索“Internet 技术”方面的文献，写一篇关于该题目的综述文章。

3. 进入中国专利数据库，了解检索界面，并检索“网络互联”方面的专利，写一篇关于该题目的综述文章。

4. 选择 INSPEC、CAS、SCI、SSCI 和 ISTP（可另选）中的任何一个光盘库，了解其检索范围，并检索 network architecture 方面的文献，写一篇关于该题目的综述文章。

5. 进入国家知识产权局网站和中国专利信息网（可另选），了解检索界面，并分别检索“数据交换”方面的专利，写一篇关于该题目的综述文章。

6. 进入中国博士学位论文全文数据库，了解检索界面，并检索“图像处理”方面的文献，写一篇关于该题目的综述文章。

7. 进入中国重要会议论文全文数据库，了解检索界面，并检索“计算机教育”方面的文献，写一篇关于该题目的综述文章。

8. 使用 Excite 搜索引擎了解检索界面，并检索“高速网络”方面的文献，写一篇关于该题目的综述文章。

第8章　实　　验

中国古代思想家荀子在《儒效篇》中讲到具体行动的意义,“不闻不若闻之,闻之不若见之,见之不若知之,知之不若行之,学至于行之而止矣。”若用通俗说法就是“我听到的会忘记,我看到的能记住,我做过的才会真正明白。”在大学计算机基础教育中,如何让学生形成计算思维和操作技能,并通过计算机网络来获取、表示、存储、传输、处理信息,和解决问题,已成为衡量一个人信息素养和网络应用能力的重要标志,所以充分且有效的上机实验是非常重要的。为此,本章安排了8个实验。

实验1　使用百度搜索引擎

1999年底,百度公司在美国硅谷成立,2000年1月,百度公司在北京成立百度网络技术有限公司,同年10月成立深圳分公司,2001年在上海成立办事处。2009年10月,根据中国互联网络信息中心于2018年1月公布的《第41次中国互联网络发展状况统计报告》显示,百度已成为全球最大的中文搜索引擎。

【实验目的】

(1) 理解百度搜索引擎的原理和功能。

(2) 掌握百度搜索引擎的使用方法,如新闻搜索、百度“知道”查询、音乐搜索、图片搜索、百科知识查询等。

【实验内容和操作过程】

1. 新闻搜索

百度新闻于2003年7月推出,网址为http://news.baidu.com。百度新闻坚持不含人工编辑、没有新闻偏见等特点,真实地反映世界各地每时每刻的新闻事件,突出新闻的客观性和完整性。百度新闻平均每天发布超过10万条新闻,保证全天候地提供新闻内容。具体操作过程如下:

(1) 在Edge浏览器地址栏中输入http://www.baidu.com,打开百度首页。

(2) 在百度主窗口中单击“新闻”超链接,打开百度新闻搜索页面,如图8-1所示。

图 8-1　百度新闻搜索页面

(3) 在百度新闻搜索页面中，主要包括新闻首页、国内、国际、军事、财经、娱乐、体育、互联网、科技、游戏、女人、汽车、房产、个性推荐等方面的新闻。从中可以浏览最新的新闻主题，打开并查看自己感兴趣的新闻。如果想直接搜索与某一事件相关的新闻，可以在搜索文本框中输入关键词，如"俄罗斯世界杯"，然后单击"百度一下"按钮或直接按 Enter 键，查询结果如图 8-2 所示。

图 8-2　关于"俄罗斯世界杯"的新闻

(4) 在如图 8-2 所示的页面中列出许多相关的超链接，单击某个超链接(如“今晚 19:20《通往俄罗斯世界杯之路》—俄罗斯 & 埃及”)后，就可以阅读相关内容了。

2. 百度知道

百度知道首次发布于 2005 年 6 月 21 日，并于 2005 年 11 月 8 日推出正式版本，网址是 http://zhidao.baidu.com。这是一个基于搜索技术的互动式知识问答分享平台，用户可以根据具体需求有针对性地提出问题，并由百度知道界面告知其他用户来解决该问题。同时，这些问题及其解答又会进一步作为搜索结果，提供给其他有类似疑问的用户，达到分享知识的效果。具体操作过程如下：

(1) 在百度主页中单击“知道”超链接，打开百度知道搜索页面。其中在搜索文本框中输入询问条目“网络连接”并单击“搜索”按钮，其搜索页面如图 8-3 所示。

图 8-3　百度知道搜索页面

(2) 在如图 8-3 所示的页面中列出许多相关的超链接，单击某个超链接(如网络连接)后，就可以阅读相关内容了，如图 8-4 所示。

3. 音乐搜索

百度 MP3 搜索是从庞大的 MP3 歌曲数据库中搜索歌曲的，它拥有自动验证下载速度功能，且总是把下载速度最快的排在前列，网址为 http://mp3.baidu.com/。具体操作过程如下。

(1) 在百度主页中单击“更多产品”→“音乐”超链接，打开百度音乐搜索页面，如图 8-5 所示。

(2) 在搜索文本框中输入要搜索的歌曲名称，然后单击“百度一下”按钮或直接按 Enter 键。

图 8-4 百度知道搜索示例

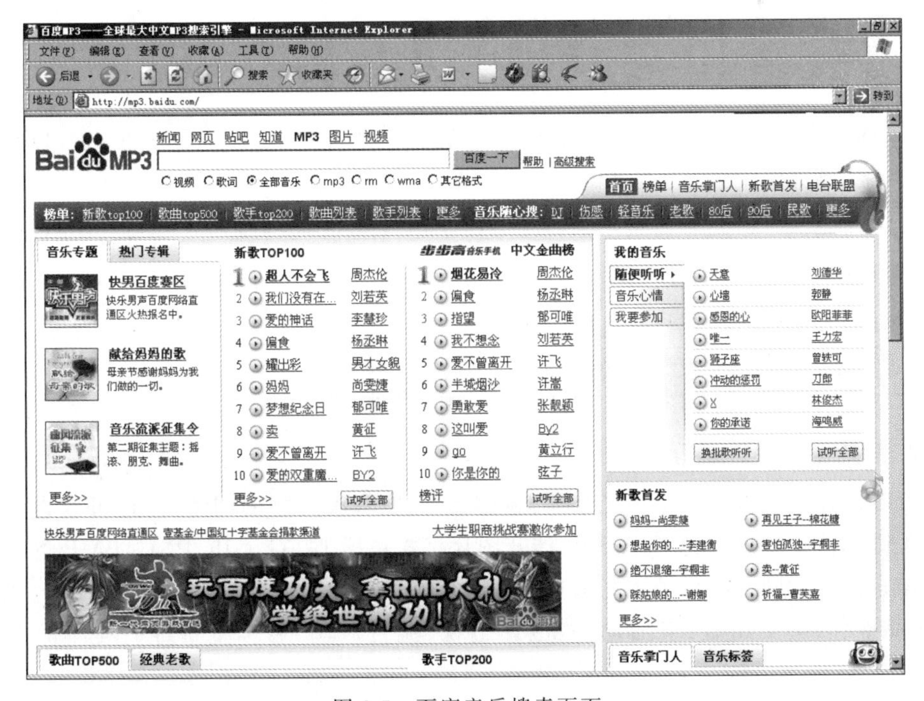

图 8-5 百度音乐搜索页面

(3) 百度音乐搜索引擎中的歌曲全部经过分类，读者可以选择自己喜欢的 MP3 曲目。在单击某个超链接(如歌曲“后来”)后，就可以欣赏歌曲了，如图 8-6 所示。

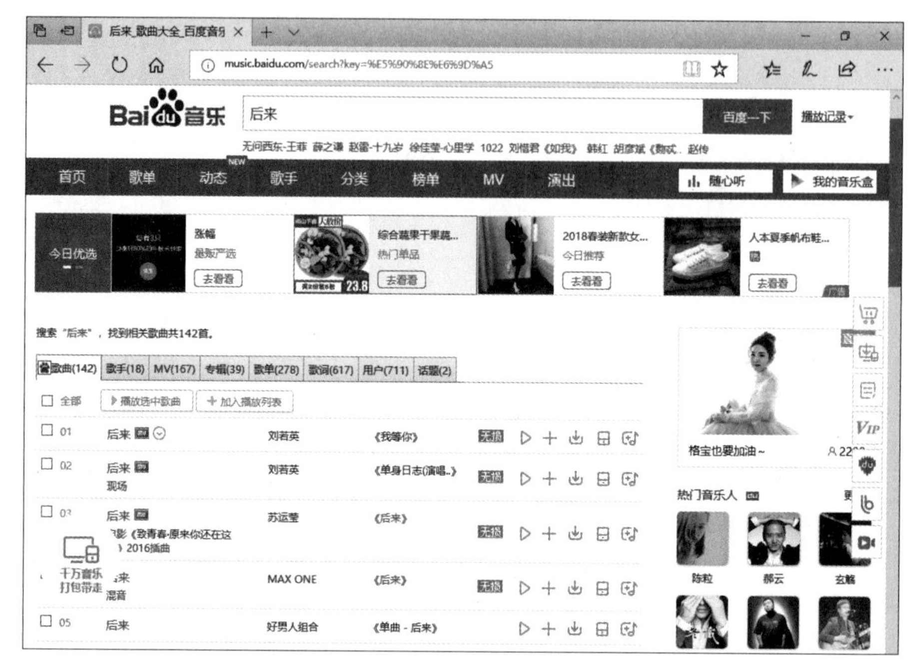

图 8-6　歌曲"后来"的歌曲列表

在百度 MP3 搜索结果页面中包括许多选项，如表 8-1 所示。

表 8-1　百度 MP3 搜索结果页面选项

选　　项	说　　明
搜索结果链接	百度 MP3 搜索已为用户找到的全部音频文件名称
在线试听	通过点击该超链接就可以进入试听页面进行试听，而不必下载
歌词链接	通过点击该超链接就可以搜索指定歌曲的歌词清单
歌曲大小	提供歌曲文件大小以供用户参考
音乐格式	提供歌曲的音乐格式以供用户参考

4. 图片搜索

百度图片搜索可以从十多亿个中文网页中提取各种类型的图片，用户可以直接输入任何关键词搜索到想要的图片资料，涉及图片格式包括 JPEG、GIF、PNG、BMP 等。百度图片搜索可按不同分类目录浏览来自百度图片库丰富的图片资料，例如新闻图片、风景名胜、精品推荐、美女明星、卡通动漫、电影电视、流行风潮、名车鉴赏等。具体操作过程如下：

(1) 在百度主页中单击"更多产品"→"图片"超链接，打开百度图片搜索页面。

(2) 在搜索文本框中直接输入想查询的关键词，如"阿凡达"，然后单击"百度一下"按钮或直接按 Enter 键，如图 8-7 所示。

(3) 在搜索结果界面中，单击要查看图片的缩略图，就会看到较大的原始图片。

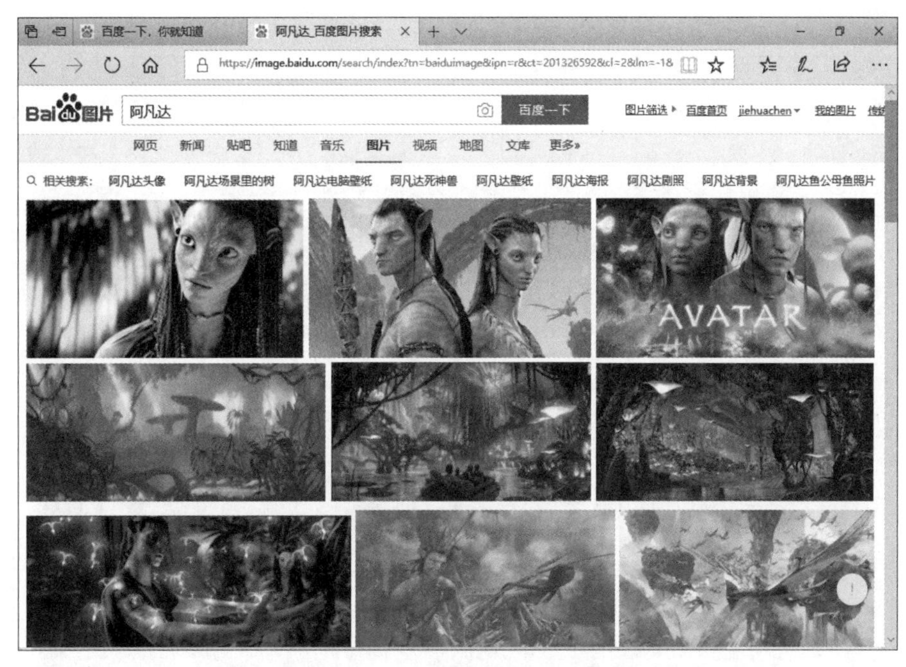

图 8-7　有关“阿凡达”图片的缩略图

在具体搜索时，用户可以选择搜索全部图片，这样将最大范围地搜索到要找的图片。用户也可以选择仅搜索某种文件格式的图片。下面就是常用的搜索图片技巧。

搜索壁纸时，可以搜索检索词“壁纸”，如图 8-8 所示。

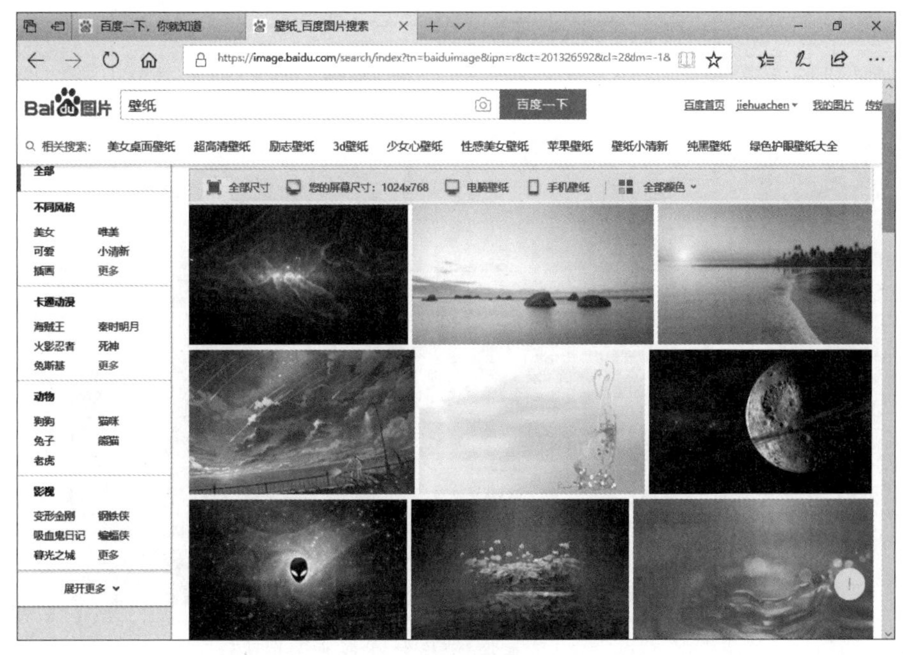

图 8-8　搜索壁纸

搜索旅游风景照片时,可以输入旅游风景名胜名称(如北京故宫),如图 8-9 所示。

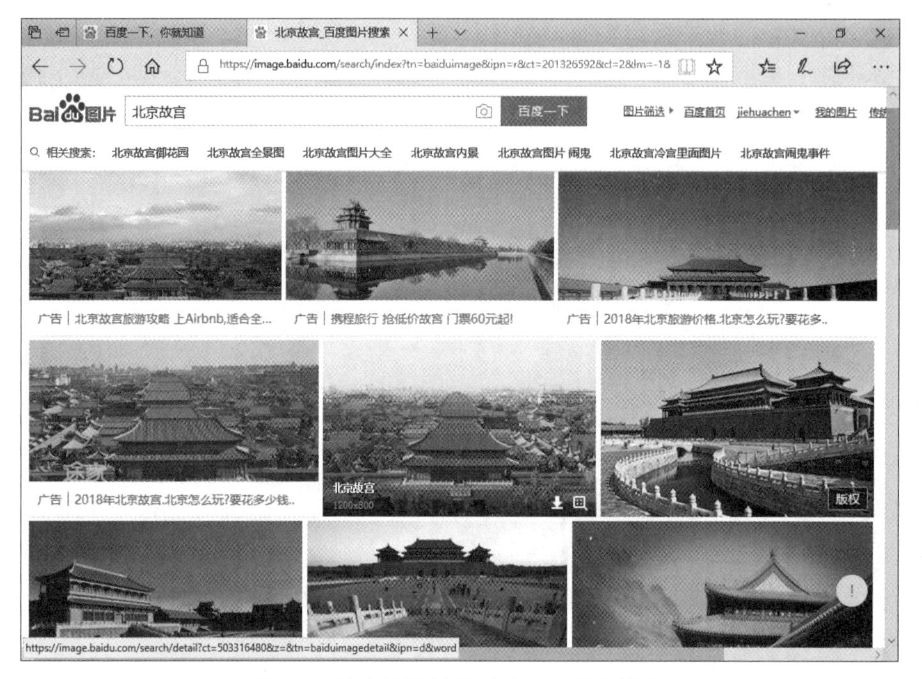

图 8-9 搜索旅游风景照片——北京故宫

搜索名人字画时,可以搜索"作者 作品",如图 8-10 所示。

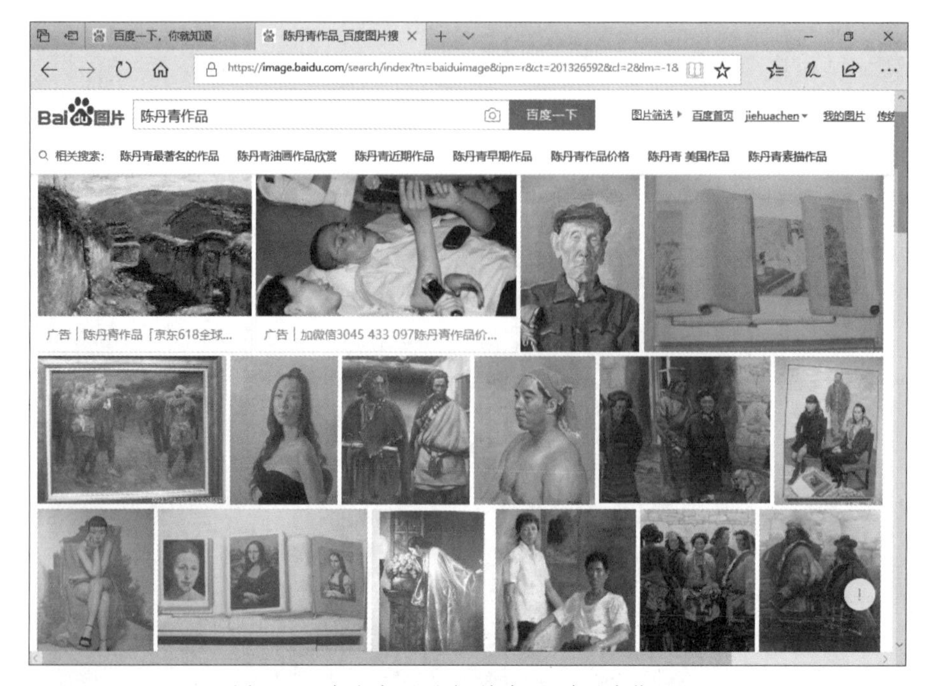

图 8-10 名人字画照片(检索词"陈丹青作品")

5. 百科知识查询

百度百科知识就是一部在线的百科全书，读者可以利用它来查询各种知识，网址为http://baike.baidu.com。百度百科的主旨是建立一个涵盖所有领域知识、服务所有互联网用户的知识性中文百科全书，提倡平等、协作、分享、自由的互联网精神。实际上，百度百科体现"网络面前人人平等、所有人共同协作编写"的成书理念，让知识在指定技术规则和人文思想下得以不断综合。具体操作过程如下：

（1）在Edge浏览器地址栏中输入http://baike.baidu.com，打开百度百科知识页面。

（2）在搜索文本框中输入一个词汇，如"咏春拳"，然后单击"进入词条"按钮或直接按Enter键，查询结果如图8-11所示。

图8-11　关于"咏春拳"知识的页面

（3）搜索结果如图8-11所示，网页中给出"咏春拳"的详细解释。

6. 使用搜索引擎时的注意事项

（1）不要使用敏感关键词，要易区分。

（2）不要使用错别字，可能错查。

（3）不要使用多义词，容易重复。

实验2　使用百度网盘

【实验目的】

（1）理解百度网盘的功能。

(2) 掌握百度网盘的使用方法。

【实验内容和操作过程】

网盘是互联网公司推出的一种在线存储服务,利用服务器为用户专门划定磁盘空间并提供文件的存储、访问、备份、共享等,所以用户可以将网盘作为一个在线的磁盘,通过互联网使用、管理、编辑网盘中的文件。

百度网盘是百度公司2012年正式推出的一项免费存储服务,首次注册的用户可以获得5GB的磁盘空间,若绑定个人银行卡则可以获取1024GB的磁盘空间。目前,百度网盘有Windows客户端、手机客户端等多种应用模式。例如,通过Windows客户端用户可以实现离线下载、文件智能分类、视频在线播放、文件在线压缩等功能。

具体操作过程如下。

1. 下载并安装百度网盘6.1.0版软件

进入百度网盘官网(pan.baidu.com),下载"百度网盘"最新版的软件,如图8-12所示。

图8-12 百度网盘PC 6.1.0版

下载完毕后,直接按步骤安装即可,成功后将出现如图8-13所示的页面。

2. 注册与登录

若用户已有百度账号,则可以直接登录。否则需要注册百度账号,如图8-14所示。

3. 网盘主页内容

网盘主要选项包括文件分类、隐藏空间、我的分享和回收站,其中文件分类包括图片、视频、文档、音乐、种子、其他等,如图8-15所示。

4. 文件上传

单击图8-15中的"上传"选项,在系统弹出的"请选择文件/文件夹"对话框中指定文

图 8-13　百度网盘主页

图 8-14　注册与登录界面

件，并单击“存入百度网盘”按钮，如图 8-16 所示。

其后，系统将呈现文件上传过程，如图 8-17 所示。

5. 文件下载

要下载文件时，可以直接在图 8-15 所示页面中双击要下载的文件，并指定文件保存位置即可。

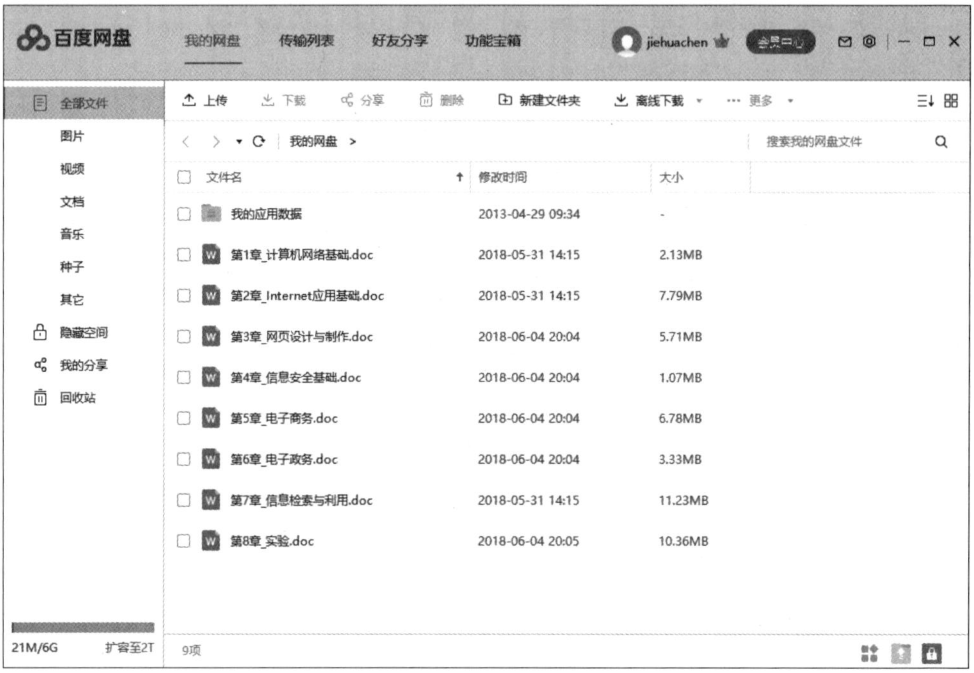

图 8-15 网盘主页内容

图 8-16 “请选择文件/文件夹”对话框

6. 功能宝箱

功能宝箱中包括垃圾文件清理、自动备份、手机忘号、数据线、回收站、锁定网盘等辅助存储功能，如图 8-18 所示。

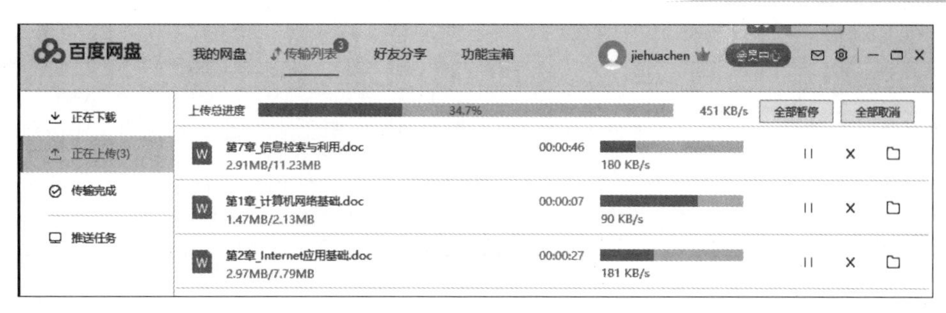

图 8-17 文件上传过程

图 8-18 功能宝箱

实验 3 使用智联招聘网

利用互联网可实现求职与招聘，内容包括查询招聘信息、编写求职信、填写个人简历和发送给招聘单位。网上求职只需要一台可以连接到互联网的计算机，就可以帮助现代人求职择业和实现自我价值。网上求职网站非常多，有些针对特定行业，有些针对特定地区。具体操作是，应聘者首先进入相应的网上求职网站，然后根据网站提示进行用户注册，并浏览招聘单位和发送求职简历，实现网上求职的目标。常用的网上求职站点如表 8-2 所示，本实验以智联招聘网为例。

表 8-2 网上求职站点

站点与网址	说　明
中华英才网 www.chinahr.com	成立于 1997 年，是国内最早、最专业的人才招聘网站。企业客户可在网上发布职位和聘请人才，个人求职者可在网上投递简历和寻找工作
智联招聘网 www.zhaopin.com	为个人用户提供网上求职、简历中心、求职指导等服务，为企业客户提供以网络招聘为核心的人才解决方案

续表

站点与网址	说　明
前程无忧招聘网 www.51job.com	一是为白领和专业人士提供更好的职业发展机会，二是为企业招募最优秀的人才
中国人才热线 www.cjol.com	网上招聘系统、校园招聘、行业招聘会、HR经理沙龙等

【实验目的】

（1）理解网上求职的作用和功能。

（2）掌握网上求职的具体操作过程。

【实验内容和操作过程】

智联招聘的成立于1997年，是国内最早、最专业的人力资源服务商之一，主要服务包括网络招聘、报纸招聘、校园招聘、猎头服务、招聘外包、企业培训、人才测评等。其中，网上招聘服务在国内属于行业领先，一方面为个人用户提供网上求职、简历中心、求职指导等服务，另一方面为企业客户提供以网络招聘为核心的人才解决方案。

智联招聘的总部位于北京，在上海、深圳、广州、成都等城市设有分公司，业务遍及全国的绝大多数城市。从创建以来，已经为超过20万家企事业客户提供专业人力资源服务，遍及各行各业，尤其在工业制造、医药保健、信息技术、快速消费品、咨询及金融服务等领域享有丰富的经验。

具体操作过程如下：

（1）打开智联招聘网主页，如图8-19所示。

图8-19　智联招聘网主页

(2) 注册为智联招聘网的会员。在智联招聘网主页中，单击主页左上角的“注册找工作”超链接，打开“用户注册”页面，如图 8-20 所示。

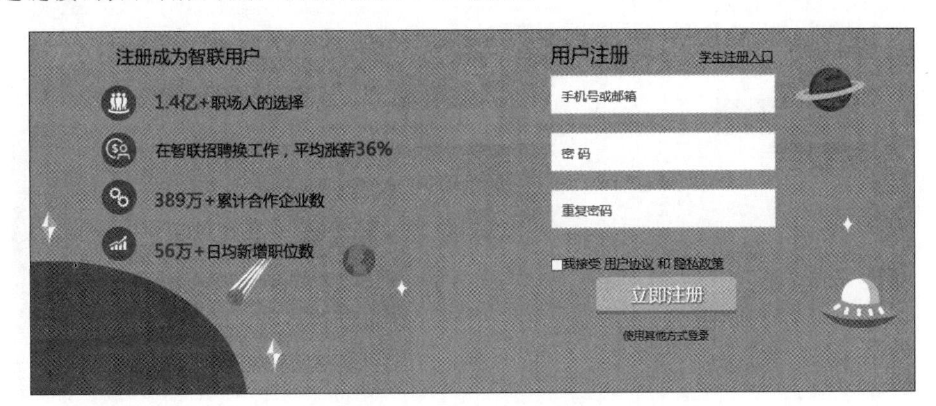

图 8-20 “用户注册”页面

(3) 在“用户注册”页面中，填写邮件地址和密码，单击“确定”按钮，打开“创建简历”窗口。

(4) 在“创建简历”页面中，首先填写姓名、性别、出生年月、参加工作年份、户口所在地、现居住城市、手机号码、电子邮箱等个人信息，然后按要求填写最高学历、教育背景、语言能力、工作经验等内容，如图 8-21 所示。

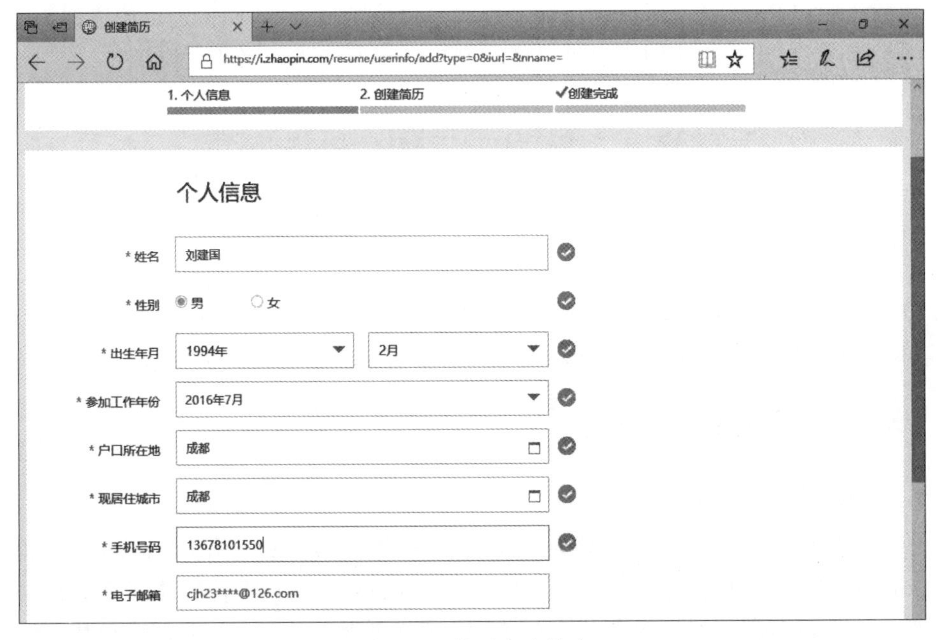

图 8-21 填写个人信息

(5) 填写完成后，单击“保存并完成”按钮，系统提示“恭喜您，简历创建完成!”，如图 8-22 所示。

图 8-22　“恭喜您，简历创建完成！”页面

在完成用户注册后，就可以在该网上查看单位招聘信息，并向指定单位投递简历。网站作为操作平台，相关企业同时也可以就招聘求职事宜与求职者进行交流。

实验 4　使用 HTML 制作网页

【实验目的】

（1）理解 HTML 标记的作用和使用技巧。
（2）掌握 HTML 标记构成网页文件的方法，如建立框架组和超链接。

【实验内容和操作过程】

1. frame 对象

frame 是关于页面布局的对象，由 HTML 中的框架标记<frame>和框架组标记<frameset>创建。实际上，JavaScript 脚本经常通过 frame 对象来设计页面的整体结构。如果一个浏览器窗口包含若干个框架，那么每个框架就是 window 对象中的一个实例，即 window 对象是 frame 对象的父对象。

HTML 中的<frame> 标记定义<frameset>中的一个特定的框架，换言之，框架组由若干个框架构成，且其中的每个框架都可以设置不同的属性，比如 border（边框）、scrolling（滚动）、noresize（缩放）等。虽然使用 JavaScript 可以操作框架，但框架本身却是由 HTML 标记创建的。另外,单一框架通常不会出现,常用情况是将若干个框架组成一个左右排列、上下排列或综合排列的框架组。

一个简单的三框架页面。

```
1  <html>
2  <frameset cols="25%,50%,25%">
3      <frame src="fig01.jpg">
4      <frame src="fig02.jpg">
5      <frame src="fig03.jpg">
6  </frameset>
7  </html>
```

说明:程序中的第 2～6 行定义一个框架组,内含 3 个左右排列的框架,且分别占用 25%、50%、25%的宽度来显示指定图像。

2. 设计含框架组和超链接的页面

使用 HTML 标记产生如图 8-23 所示的页面。

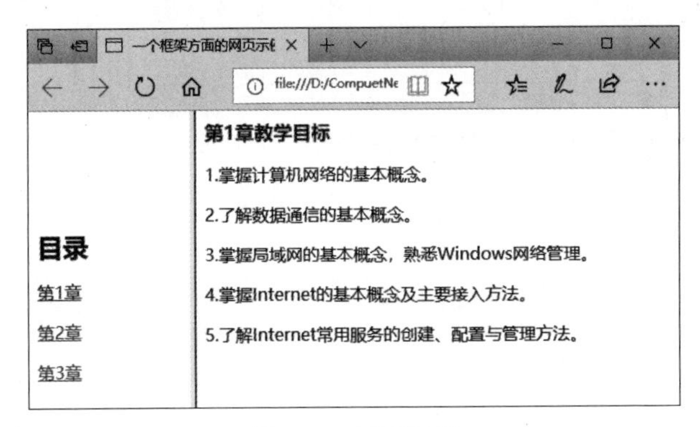

图 8-23　页面示例

选择“开始”→“附件”→“记事本”选项后,分别输入 HTML 文档内容。

(1) 图 8-24 所示为 main.html 文档。

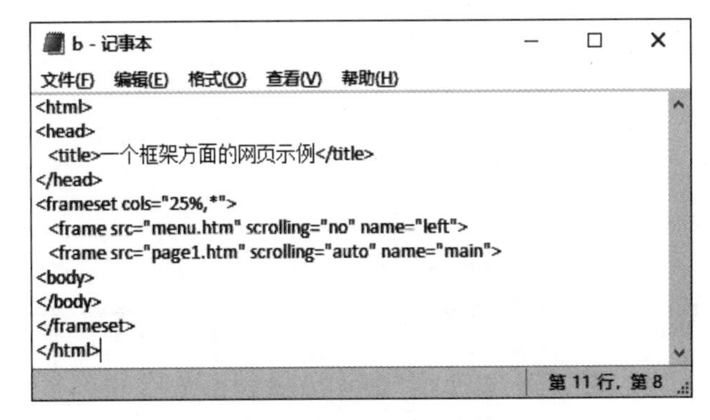

图 8-24　main.html 文档

main.html 文档内容如下。

```
1   <html>
2   <head>
3      <title>一个框架方面的网页示例</title>
4   </head>
5   <frameset cols="25%, * ">
6      <frame src="menu.htm" scrolling="no" name="left">
7      <frame src="page1.htm" scrolling="auto" name="main">
8   <body>
9   </body>
10  </frameset>
11  </html>
```

说明：HTML 文档中的第 3 行指定网页标题是“一个框架方面的网页示例”，第 5～7 行表示网页被分为左右各占 25%和 75%的两部分，其中左边部分将对应 menu.htm 文档，右边部分将对应 page1.htm 文档。

（2）图 8-25 所示为 menu.html 文档。

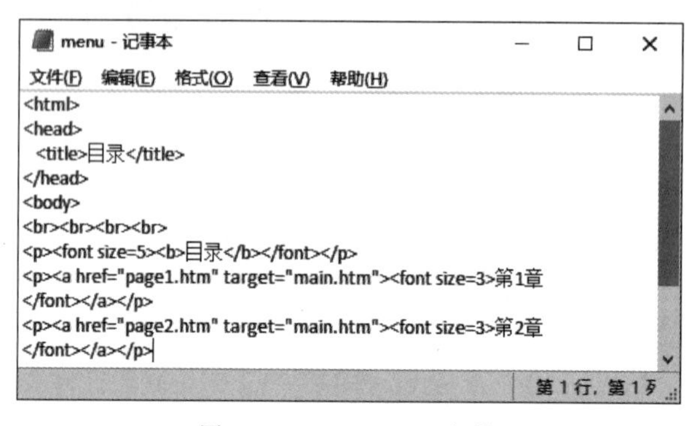

图 8-25　menu.html 文档

menu.html 文档内容如下。

```
1   <html>
2   <head>
3      <title>目录</title>
4   </head>
5   <body>
6   <br><br><br><br>
7   <p><font size=5><b>目录</b></font></p>
8   <p><a href="page1.htm" target="main.htm"><font size=3>第 1 章</font></a>
    </p>
9   <p><a href="page2.htm" target="main.htm"><font size=3>第 2 章</font></a>
    </p>
10  <p><a href="page3.htm" target="main.htm"><font size=3>第 3 章</font></a>
    </p>
```

```
11  </html>
```

说明：HTML 文档中的第 3 行指定网页标题是“目录”，第 6 行表示产生 4 条水平线，第 7～10 行表示网页中的左框架部分，其中还指定了 3 个超链接。

(3) 图 8-26 所示为 page1.html 文档。

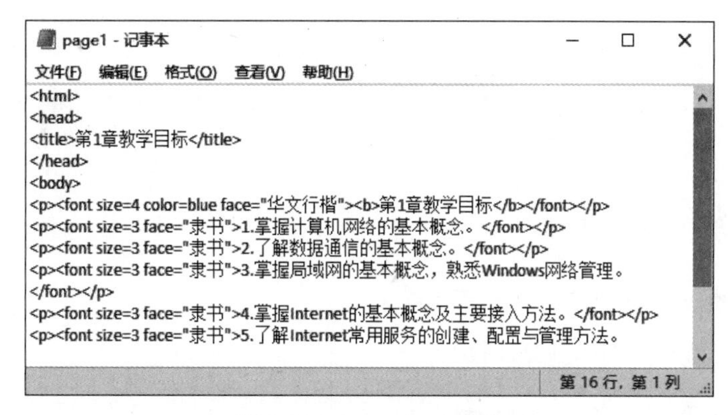

图 8-26　page1.html 文档

page1.html 文档内容如下。

```
1   <html>
2   <head>
3   <title>第 1 章教学目标</title>
4   </head>
5   <body>
6   <p><font size=4 color=blue face="华文行楷"><b>第 1 章教学目标</b></font>
   </p>
7   <p><font size=3 face="隶书">1.掌握计算机网络的基本概念。</font></p>
8   <p><font size=3 face="隶书">2.了解数据通信的基本概念。</font></p>
9   <p><font size=3 face="隶书">3.掌握局域网的基本概念,熟悉 Windows 网络管理。
    </font></p>
10  <p><font size=3 face="隶书">4.掌握 Internet 的基本概念及主要接入方法。
    </font></p>
11  <p><font size=3 face="隶书">5.了解 Internet 常用服务的创建、配置与管理方法。
    </font></p>
12  </body>
13  </html>
```

说明：HTML 文档中的第 3 行指定网页标题是“第 1 章教学目标”，第 6～11 行表示网页中的右框架部分，主要内容由 6 个段落标记指定的文本信息。

(4) page2.html 文档(略)。

(5) page3.html 文档(略)。

(6) 要浏览该网页文件，可以使用两种方法：一是在资源管理器中双击 main.html 文件；二是在 Edge 浏览器中打开 main.html 文件。

实验5 使用JavaScript制作网页

【实验目的】

（1）理解JavaScript制作动态网页的原理和应用。

（2）掌握JavaScript制作动态网页的基本方法，如产生一个图片的水中倒影和实现一个数字时钟。

【实验内容和操作过程】

1. 编程产生一个图片的水中倒影

（1）网页浏览效果如图8-27所示。

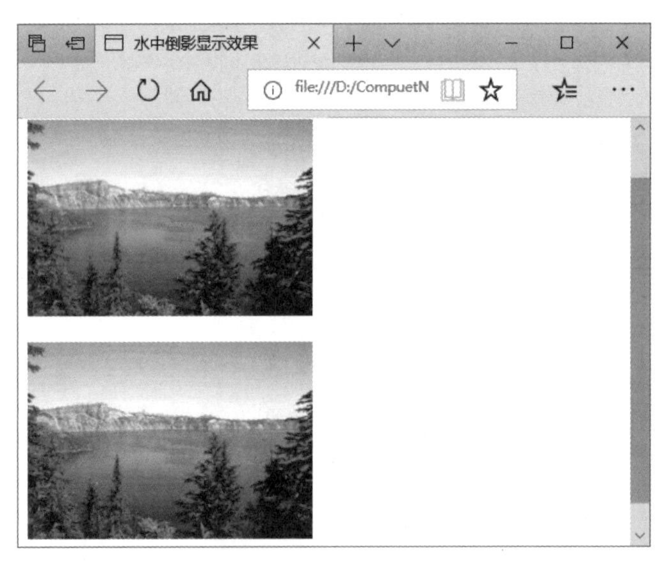

图8-27 一个页面

（2）选择“开始”→“附件”→“记事本”选项后，输入HTML文档内容。

源程序（文件名index02.html）：

```
1    <html>
2    <head>
3        <title>水中倒影显示效果</title>
4    </head>
5    <body onload="water_display()">
6    <p>
7    <img src="water.jpg" width="240" height="160">
8    <br><br>
9    <img id="reflection" src="water.jpg" width="240" height="160"
```

```
   style="filter:wave(strength=4,freq=4,phase=0,lightstrength=36) blur()
   flipv()">
10 <br><br>
11 <script language="JavaScript">
12 function water_display() {
13     setInterval("reflection.filters.wave.phase+=16",400);
14 }
15 </script>
16 </p>
17 </body>
18 </html>
```

说明：HTML 文档中的第 3 行指定网页标题是“水中倒影显示效果”，第 5 行表示网页文件加载后将自动调用函数 water_display()，第 7 行指定原始图片为 water.jpg，第 9 行使用垂直滤镜函数 flipv()和倒影滤镜函数 wave()产生波纹效果，第 13 行通过定时器不断改变波纹的偏移量，从而使倒影产生动态波纹效果。

(3) 要浏览该网页文件，可以使用两种方法：一是在资源管理器中双击 index02.html 文件；二是在 Edge 浏览器中打开 index02.html 文件。

2. 编程实现一个数字时钟。

(1) 网页浏览效果如图 8-28 所示。

图 8-28 数字时钟

(2) 选择“开始”→“附件”→“记事本”选项后，输入 HTML 文档内容。

源程序(文件名 index03.html)：

```
1  <html>
2  <head>
3      <title>实现一个数字时钟</title>
4  <script language="javascript">
5  var TM;                              //保存定时器句柄
6  function Time_Set() {
7    TM=window.setTimeout("Time_Set()",1000);
8    var today=new Date();
9    digit_clock.innerText=today.toLocaleString();
10 }
```

```
11  function digital_click() {
12    if (btnCTRL.value=="打开数字时钟") {
13      btnCTRL.value="关闭数字时钟";
14      Time_Set();                        //打开定时器
15    }
16    else {
17      window.clearTimeout( TM );         //关闭定时器
18      btnCTRL.value="打开数字时钟";
19      digit_clock.innerText="";
20    }
21  }
22  </script>
23  </head>
24  <body>
25  <p>
26  <input type="button" id="btnCTRL" value="打开数字时钟" onclick="return
    digital_click()">
27  </p>
28  <p id="digit_clock" style="font-size:32pt;color:red;font-weight:bold">
    </p>
29  </body>
30  </html>
```

说明：HTML 文档中的第 3 行指定网页标题是"实现一个数字时钟"，第 6～10 行定义函数 Time_Set()用于设置时间，第 11～21 行定义函数 digital_click()用于按钮选择后是否显示数字时钟，第 26 行定义一个按钮和单击事件以便打开数字时钟，第 28 行指定数字时钟的显示格式。

(3) 要浏览该网页文件，可以使用两种方法：一是在资源管理器中双击 index03.html 文件；二是在 Edge 浏览器中打开 index03.html 文件。

实验 6　使用金山毒霸

【实验目的】

(1) 理解金山毒霸软件的功能。

(2) 掌握金山毒霸软件的使用方法。

【实验内容和操作过程】

金山毒霸(Kings oft Antivirus)是国内著名的反病毒软件，最初版本出现于 1999 年。金山毒霸融合启发式搜索、代码分析、虚拟机查毒等技术，拥有成熟可靠的反病毒技术和丰富的经验积累，从而在查杀病毒种类、查杀病毒速度、未知病毒防治等方面达到世界先进水平。另外，金山毒霸还具有病毒防火墙实时监控、压缩文件查毒、查杀电子邮件病毒等先进功能。从 2010 年 11 月 10 日起，金山毒霸的杀毒功能和升级服务永久免费。2014 年 3 月 7 日，金山毒霸发布新版本，增加了定制的 XP 防护盾。

具体操作过程如下：

(1) 进入金山毒霸官网下载“金山毒霸 11”软件，安装完成后就可以进入“金山毒霸 11”窗口，如图 8-29 所示。

图 8-29 “金山毒霸 11”主页

(2) 在“金山毒霸 11”窗口中，软件操作选项包括“全面扫描”“软件净化”“闪电杀查”“垃圾清理”“电脑加速”“软件管家”“百宝箱”等。下面分别进行说明。

1. 全面扫描

全面扫描就是由杀毒软件对内存与硬盘中的全部文件(仅系统盘中就超过 6 万个文件)进行扫描，通常会耗费数十分钟，如图 8-30 所示。

2. 软件净化

上网过程中若经常出现弹出广告或推广软件，则可以使用“软件净化”工具进行屏蔽，如图 8-31 所示。

3. 闪电杀查

闪电杀毒与全面扫描不同的是，前者只针对系统中最为容易感染木马的位置进行扫描与排查，并对扫描出来的木马进行隔离和警报，这一操作通常会耗费两三分钟，如图 8-32 所示。

4. 垃圾清理

在上网过程中，计算机系统将产生许多冗余文件和数据。使用垃圾清理就是对临时文件夹与文件、历史记录、回收站、注册表等进行清理，如图 8-33 所示。

图 8-30　全面扫描过程

图 8-31　软件净化过程

图 8-32 闪电杀查过程

图 8-33 垃圾清理过程

实验7　使用网易公开课

【实验目的】

(1) 理解网络教学的原理和作用。
(2) 掌握网络教学的各种方法。

【实验内容和操作过程】

2010年11月1日,网易公司正式推出“全球名校视频公开课项目”,首批1200集课程上线,其中有200多集配有中文字幕。用户可以在线免费观看来自哈佛大学、耶鲁大学、牛津大学等世界知名学府的公开课课程,在线免费观看可汗学院、TED等教育性组织的精彩视频,内容涵盖人文、社会、艺术、科学、金融等领域。

在网易公开课的项目上线之初,每天即有上千的点击量,一时间引起国内许多网站纷纷效仿。目前,网易公开课包括付费精选、TED、国际名校公开课、中国大学视频公开课、赏课、公开课策划、可汗学院、态度公开课等项目,如图8-34所示。

图8-34　网易公开课主页

网易公开课主页中的栏目包括:文学、数学、哲学、语言、社会、历史、商业、传媒、医学/健康、美术/建筑、工程技术、法律/政治、宗教、心理学、教学/学习、学校/机构等。

1. TED学院

TED(Technology,Entertainment,Design,技术、娱乐、设计),这是美国的一家私立

非营利机构。以 TED 大会而闻名，该会议的宗旨是“用思想的力量来改变世界”。自 1990 年开始，每年在美国加利福尼亚州的蒙特利湾举办一次为期 4 天的会议，而如今每年也会选择其他城市举办 TED 大会。TED 大会主办方通常会邀请世界上的思想领袖与实干家来分享他们最热衷从事的事业，如比尔·克林顿、比尔·盖茨都曾经担任过 TED 大会的演讲嘉宾，演讲者通过分享自己的故事来展示他在该领域的建树和思考，如图 8-35 所示。

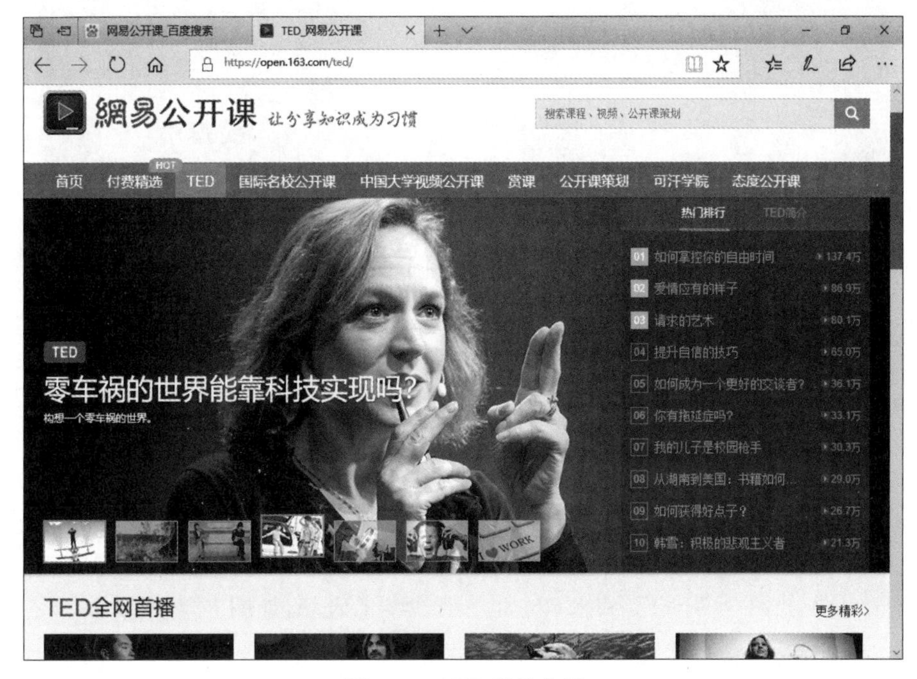

图 8-35 TED 学院主页

2. 中国大学视频公开课

网易 2011 年 11 月 9 日宣布旗下网易公开课项目正式推出中国大学视频公开课，这也是继网易公开课上线一周年后，首次大规模上线的国内大学的公开课程。网易首批上线了 20 门国内大学课程，覆盖信息技术、文化、建筑、心理、文学和历史等不同学科，这些课程分别来自北京大学、清华大学等十余所国内著名的高等院校。

首批上线的课程主讲者中不乏国内名家，如信息系统专家、两院院士、北京理工大学王越教授，世博会中国馆设计者、中国工程院院士、华南理工大学何镜堂教授，首届国家级教学名师奖获得者、吉林大学孙正聿教授等知名学者。同时也包含一些中国传统文化的课程，例如北京大学历史系阎步克教授、邓小南教授的《中国古代政治与文化》，北京师范大学于丹教授的《千古明月》等内容，如图 8-36 所示。

3. 可汗学院

可汗学院(https://www.khanacademy.org)创立于 2007 年的免费在线课堂，它是一家非营利性教育机构，创立者是孟加拉裔的美国人，麻省理工学院及哈佛大学商学院毕业

图 8-36 中国大学视频公开课主页

生萨尔曼·可汗(Salman Khan)。可汗学院主要通过网络提供高品质的免费短视频课程与教材，目前有超过4700段的教学影片，内容涵盖数学、历史、医疗卫生、医学、金融、物理、化学、生物、天文学、经济学、宇宙学、有机化学、美国公民教育、美术史、宏观经济学、微观经济学、计算机科学等，均受到来自全世界青少年的青睐，如图8-37所示。

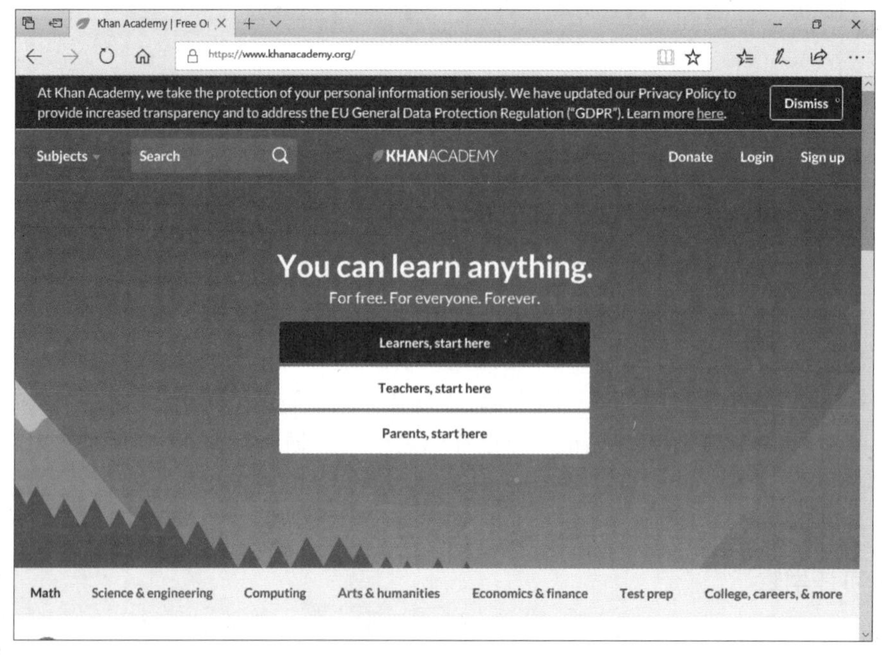

图 8-37 可汗学院主页

网易作为可汗学院在中国唯一官方授权合作的门户网站，将推出更多面向 14～18 岁年龄层学生的基础课程教学，如图 8-38 所示。

图 8-38 可汗学院中文主页

4. 注册与登录

使用网易公开课要求以网易邮箱进行注册与登录，若读者原来拥有网易邮箱，则可以直接登录，否则必须申请网易邮箱并指定密码进行注册与登录，如图 8-39 所示。

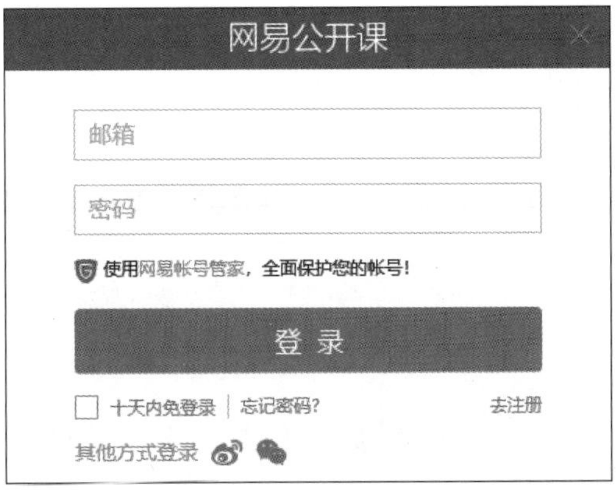

图 8-39 注册与登录

5. 课程搜索

如果在课程分类浏览中不方便查询要找的课程，可以在“搜索”栏中输入课程关键字或学校关键字来比较精确地查询课程。网易公开课会记录用户的搜索历史，并在搜索框的下拉列表中实时显示。选择课程关键字“人工智能”将得到如图 8-40 所示的检索结果。

图 8-40　课程"人工智能"检索结果

在图 8-40 中可以发现，共检索出 130 个公开课。其中，课程 49 个，视频 81 个。

6. 收看在线课程

单击"播放"按钮或者直接单击课时按钮，经过短暂的缓冲之后便可以开始在线收看课程，如图 8-41 所示。

图 8-41　在线课程示例

由于是在线收看，因此课程的视频与音频均不可能达到高清播放效果，不过对于知识传授与接受是完全可以满足的。另外，在收看过程中可以单击屏幕任意位置调出播放控制按钮，以便进行暂停、快进、快退等操作，以及拖动进度条至视频的任意位置。

实验8　信息检索与利用

【实验目的】

(1) 了解信息与信息检索的基本知识。
(2) 掌握常用信息检索的使用方式。
(3) 熟悉检索《中国期刊全文数据库》中的信息资源。

【实验内容】

在用户的专业领域，按照自己的认定标准(如1个重要检索词)，利用搜索引擎找到国内3个顶级高等院校的下属学院，列出相应学院的名称、地址、科研成果与产品、重点科研人员、重点研究方向等信息；横向比较所选的下属学院，并与自身所在学院进行对比；列出该专业领域的研究热点；若要进入该下属学院深造，自身需要做出哪方面的努力。

在《中国期刊全文数据库》中搜索该专业领域(如1个重要检索词)2017年共发表多少篇科研论文。选取下载次数最多的前10篇论文，通过对关键词、期刊、作者单位、基金项目等信息的汇总，分析该专业领域目前的研究热点、学科的交叉融合情况、企业的科研投入力度、基金资助的偏好、所属期刊的档次等信息，列出其中一种你感兴趣的期刊的投稿方式。

比较上述从研究机构调研出的研究热点和从科研论文中调研出的研究热点之间的关系。

按照自身思路进行调研，包括但不限于上述指定内容。

以Word文档格式提交至教师指定邮箱。

参考文献

[1] 尚晓航，等. Internet 技术与应用教程[M]. 2 版. 北京：清华大学出版社. 2016.

[2] 尤晓东，等. Internet 应用教程[M]. 3 版. 北京：清华大学出版社. 2015.

[3] 李志鹏. 精解 Windows 10[M]. 2 版. 北京：人民邮电出版社. 2017.

[4] 赵旭霞，等. 网页设计与制作[M]. 3 版. 北京：清华大学出版社. 2018.

[5] 陈杰华，等. JavaScript Web 开发技术[M]. 2 版. 北京：清华大学出版社. 2013.

[6] 宋文官. 电子商务概论[M]. 4 版. 北京：清华大学出版社. 2017.

[7] 蔡立辉，等. 电子政务[M]. 2 版. 北京：清华大学出版社. 2014.

[8] 陈英. 科技信息检索[M]. 6 版. 北京：科学出版社. 2017.

[9] 曾健民，等. 信息检索技术实用教程[M]. 2 版. 北京：清华大学出版社. 2017.

[10] 中国科学院科技战略咨询研究院，等. 2017 研究前沿[OL]. http://clarivate.com.cn/research_fronts_2017/report.htm. 2017.

图书资源支持

感谢您一直以来对清华版图书的支持和爱护。为了配合本书的使用,本书提供配套的资源,有需求的读者请扫描下方的"书圈"微信公众号二维码,在图书专区下载,也可以拨打电话或发送电子邮件咨询。

如果您在使用本书的过程中遇到了什么问题,或者有相关图书出版计划,也请您发邮件告诉我们,以便我们更好地为您服务。

资源下载、样书申请

书圈

我们的联系方式:

地　　址:北京市海淀区双清路学研大厦 A 座 701

邮　　编:100084

电　　话:010-83470236　010-83470237

资源下载:http://www.tup.com.cn

客服邮箱:2301891038@qq.com

QQ:2301891038(请写明您的单位和姓名)

扫一扫,获取最新目录

课　程　直　播

用微信扫一扫右边的二维码,即可关注清华大学出版社公众号"书圈"。